冶金专业教材经典传承国际传播工程
Project of the Inheritance and International Dissemination
of Classical Metallurgical Textbooks

普通高等教育"十四五"规划教材

冶金工业出版社

耐火材料生产机械设备

赵惠忠　张　寒　余　俊　编著

U0315800

本书数字资源

北　京
冶金工业出版社
2023

内 容 提 要

　　本书主要内容包括块状耐火原料的破碎与粉碎设备、破粉碎后物料的分级筛分与输送设备、分级后物料的称量与配料设备、按最紧密堆积原理及化学与物相要求配料后物料的混合设备、各粒级物料的贮料与给料设备、除尘设备等主要机械设备的工作原理、类型、构造及工作参数。

　　本书可作为无机非金属材料工程专业（耐火材料方向）本科生的专业基础课教材，也可作为具有材料科学及相关工程学基础知识的科教人员的教学用书和参考书。

图书在版编目（CIP）数据

耐火材料生产机械设备/赵惠忠，张寒，余俊编著. —北京：冶金工业出版社，2023.11

冶金专业教材经典传承国际传播工程　普通高等教育"十四五"规划教材

ISBN 978-7-5024-9563-3

Ⅰ.①耐… Ⅱ.①赵… ②张… ③余… Ⅲ.①耐火材料—生产设备—高等学校—教材 Ⅳ.①TQ175.6

中国国家版本馆 CIP 数据核字（2023）第 121019 号

耐火材料生产机械设备

出版发行	冶金工业出版社	电　话	（010）64027926
地　址	北京市东城区嵩祝院北巷 39 号	邮　编	100009
网　址	www.mip1953.com	电子信箱	service@ mip1953.com

责任编辑　于昕蕾　美术编辑　彭子赫　版式设计　郑小利
责任校对　范天娇　责任印制　禹　蕊
三河市双峰印刷装订有限公司印刷
2023 年 11 月第 1 版，2023 年 11 月第 1 次印刷
787mm×1092mm　1/16；18 印张；437 千字；274 页
定价 **48.00 元**

投稿电话　（010）64027932　投稿信箱　tougao@cnmip.com.cn
营销中心电话　（010）64044283
冶金工业出版社天猫旗舰店　yjgycbs.tmall.com
（本书如有印装质量问题，本社营销中心负责退换）

冶金专业教材和工具书
经典传承国际传播工程
总　　序

　　钢铁工业是国民经济的重要基础产业，为我国经济的持续快速增长和国防现代化建设提供了重要支撑，做出了卓越贡献。当前，新一轮科技革命和产业变革深入发展，中国经济已进入高质量发展新时代，中国钢铁工业也进入了高质量发展的新时代。

　　高质量发展关键在科技创新，科技创新离不开高素质人才。党的二十大报告指出："教育、科技、人才是全面建设社会主义现代化国家的基础性、战略性支撑。必须坚持科技是第一生产力、人才是第一资源、创新是第一动力，深入实施科教兴国战略、人才强国战略、创新驱动发展战略，开辟发展新领域新赛道，不断塑造发展新动能新优势。"加强人才队伍建设，培养和造就一大批高素质、高水平人才是钢铁行业未来发展的一项重要任务。

　　随着社会的发展和时代的进步，钢铁技术创新和产业变革的步伐也一直在加速，不断推出的新产品、新技术、新流程、新业态已经彻底改变了钢铁业的面貌。钢铁行业必须加强对科技进步、教育发展及人才成长的趋势研判、规律认识和需求把握，深化人才培养体制机制改革，进一步完善相应的条件支撑，持续增强"第一资源"的保障能力。中国钢铁工业协会《"十四五"钢铁行业人力资源规划指导意见》提出，要重视创新型、复合型人才培养，重视企业家培养，重视钢铁上下游复合型人才培养。同时要科学管理，丰富绩效体系，进一步优化人才成长环境，造就一支能够支撑未来钢铁行业高质量发展的人才队伍。

高素质人才来源于高水平的教育和培训，并在丰富多彩的创新实践中历练成长。以科技创新为第一动力的发展模式，需要科技人才保持知识的更新频率，站在钢铁发展新前沿去思考未来，系统性地将基础理论学习和应用实践学习体系相结合。要深入推进职普融通、产教融合、科教融汇，建立高等教育+职业教育+继续教育和培训一体化行业人才培养体制机制，及时把钢铁科技创新成果转化为钢铁从业人员的知识和技能。

一流的专业教材是高水平教育培训的基础，做好专业知识的传承传播是当代中国钢铁人的使命。20世纪80年代，冶金工业出版社在原冶金工业部的领导支持下，组织出版了一批优秀的专业教材和工具书，代表了当时冶金科技的水平，形成了比较完备的知识体系，成为一个时代的经典。但是由于多方面的原因，这些专业教材和工具书没能及时修订，导致内容陈旧，跟不上新时代的要求。反映钢铁科技最新进展和教育教学最新要求的新经典教材的缺失，已经成为当前钢铁专业人才培养最明显的短板和痛点。

为总结、提炼、传播最新冶金科技成果，完成行业知识传承传播的历史任务，推动钢铁强国、教育强国、人才强国建设，中国钢铁工业协会、中国金属学会、冶金工业出版社于2022年7月发起了"冶金专业教材和工具书经典传承国际传播工程"（简称"经典工程"），组织相关高校、钢铁企业、科研单位参加，计划用5年左右时间，分批次完成约300种教材和工具书的修订再版和新编，以及部分教材和工具书的对外翻译出版工作。2022年11月15日在东北大学召开了工程启动会，率先启动了高等教育和职业教育教材部分工作。

"经典工程"得到了东北大学、北京科技大学、河北工业职业技术大学、山东工业职业学院等高校，中国宝武钢铁集团有限公司、鞍钢集团有限公司、首钢集团有限公司、河钢集团有限公司、江苏沙钢集团有限公司、中信泰富特钢集团股份有限公司、湖南钢铁集团有限公司、包头钢铁（集团）有限责任公司、安阳钢铁集团有限责任公司、中国五矿集团公司、北京建龙重工集团有限公司、福建省三钢（集团）有限责任公司、陕西钢铁集团有限公司、酒泉钢铁（集团）有限责任公司、中冶赛迪集团有限公司、连平县昕隆实业有限公司等单位的大力支持和资助。在各冶金院校和相关钢铁企业积极参与支持下，工程相关工作正在稳步推进。

征程万里，重任千钧。做好专业科技图书的传承传播，正是钢铁行业落实习近平总书记给北京科技大学老教授回信的重要指示精神，培养更多钢筋铁骨高素质人才，铸就科技强国、制造强国钢铁脊梁的一项重要举措，既是我国钢铁产业国际化发展的内在要求，也有助于我国国际传播能力建设、打造文化软实力。

让我们以党的二十大精神为指引，以党的二十大精神为强大动力，善始善终，慎终如始，做好工程相关工作，完成行业知识传承传播的使命任务，支撑中国钢铁工业高质量发展，为世界钢铁工业发展做出应有的贡献。

中国钢铁工业协会党委书记、执行会长

2023 年 11 月

前　言

　　耐火材料制品从原料开始到最终的成品，除了需要工艺技术路线先进外，还需要一整套生产操作安全可靠、技术经济指标合理的生产机械设备。不同的生产机械设备，最终可能直接影响到制品的产量和质量，进而影响到企业的生产效益。因此对于无机非金属材料工程专业（耐火材料方向）的学生来说，除了学好"耐火材料工艺学""耐火材料工厂设计概论"等专业课程外，更重要的是要掌握各种耐火材料生产机械设备的作用、特点及各主要设备的工作参数。

　　以"学生为中心、产出导向、持续改进"为教育教学理念的材料类工程教育专业认证，强调必须提供与专业名称相符的、具有相应的深度和广度的现代工程内容，以及分析和设计与专业名称相符的复杂对象所必需的现代工程内容。

　　"耐火材料生产机械设备"作为高等学校无机非金属材料工程专业（耐火材料方向）的一门重要的必修课程，不仅起到为后续专业课程学习提供基础性平台的作用，而且在耐火材料厂工艺设计和耐火材料生产中有着广泛的应用，其课程内容是工程教育认证过程中必不可少的。

　　本书共分 11 章，主要内容为绪论及各类在耐火材料生产过程中常用的机械设备，包括物料的破粉碎设备的类型、工作原理及工作参数，物料筛分与输送设备、物料称量及配料设备、物料混合设备、分级后物料贮料、给料与成型设备的类型及其特点，最后一章主要讲述耐火材料生产过程中各环节的除尘设备。

　　本书可作为无机非金属材料工程专业（耐火材料方向）本科学生的专业必修课程教材，也可作为材料科学与工程、冶金工程、资源与环境工程等跨专业专业硕士的辅修教材，同时也可供从事耐火材料生产的工程技术人员参考。

　　本书第1~7章由赵惠忠教授负责编写，第8、9章由张寒副教授编写，第10、11章由余俊副教授编写，全书由赵惠忠教授负责统稿。

　　本书在编写过程中得到了江苏晶鑫新材料股份有限公司总经理何健先生、瑞泰马钢新材料科技有限公司总工张松林先生、浙江自立高温科技股份有限公司总经理赵义先生等的大力支持。

　　本书内容主要侧重于机械设备，编著者才疏学浅，疏漏和谬误之处在所难免，敬请使用本书的专家学者和读者批评指正。

　　　　　　　　　　　　　　　　　　　　　　　　作　者
　　　　　　　　　　　　　　　　　　　　　　2023 年 4 月

目　　录

1 绪　论

本章要点

（1）了解定形耐火材料制品的基本制造工艺；

（2）掌握物料破碎的目的与意义，熟悉破碎比、物料的粒形、粒度的概念；

（3）了解耐火材料常用破碎机的基本原理及破碎理论。

耐火材料属脆性材料，其在受力时只有很小的形变或没有形变。这种特性决定了不能采用常用的铸、锻、切、焊等金属制品加工方法来对耐火材料制品进行制备加工。

耐火材料烧成定形制品的基本制备工艺有两种：一是粉末烧结方法，即以细颗粒为原料，加上黏结剂后，用成型设备制成规定尺寸的坯体，然后在高温下烧结成所需的制品。粉末烧结工艺过程一般分为三个阶段，即原料破粉碎阶段、坯体成型阶段、烧结致密化阶段，有时需要对成型后制品表面进行机械加工以达到一定的光洁度。二是熔铸法，即将原料熔融成液体，然后在冷却凝固时成型，例如玻璃制品、熔铸耐火材料等。对于不定形耐火材料，在生产时更是需要破碎后的不同粒级的耐火原料进行配料。

不管是定形耐火制品，还是不定形耐火材料，在制备产品前均需对原料进行破碎和粉磨加工，以获得制造产品所需要的颗粒尺寸或加工特性。

1.1　物料的粉碎

凡用外力克服脆性物料的内聚力，将大颗粒物料变成小颗粒物料的过程称为破碎，其使用的机械设备称为破碎机。凡用外力将小颗粒物料变成粉体物料的过程称为粉碎或粉磨，其所使用的机械设备称为粉磨机。将破碎和粉磨联合起来简称为破粉碎，所使用的机械设备简称为破粉碎机。

物料的破粉碎是一个复杂的变形过程，外界对物料施加多种形式的力，使其生成微裂缝，微裂缝不断扩展，最终发生物料的脆性破坏或塑性破坏而破碎。另外，物料之间也产生相互作用力，使物料发生破碎。由于破碎过程的复杂性，研究破碎需要运用到多方面的知识，是一个多学科交叉的综合性学科。

1.1.1　粉碎的目的

（1）增加物料的比表面积。物料破碎或粉碎后，其比表面积增加，因而可提高物料的物理作用效果和化学反应速度。如几种不同组成的固体物料的混合，若物料破碎得越细，则混合均匀程度越高。定形烧成耐火制品坯体的烧成，基本上是一种固相烧结过程，其烧结速度与物料粉碎粒度有关，基质部分的物料磨得越细，烧结速度进行得越快，相应地热量节省得越多。合成耐火原料，如莫来石、尖晶石和堇青石等耐火原料的合成，基本上都是固相反应，其反应速度直接与物料的细度有关，物料越细则合成反应速度越快。

（2）制备骨料。制备耐火制品及耐火砼时，都需要各种粒度的骨料，这些骨料是由各种耐火原料或开采出来的大块石料，经破碎、筛分加工后得到的不同粒级的矿物原料或碎石。

（3）分离有用成分。在耐火矿物的选矿作业中，破碎与粉碎的作用是把矿物中与之共生并紧密结合在一起的杂质分开，即"解离"。物料解离后，才能用选矿的方法除去杂质而得到精矿。

（4）为原料的深加工和使用作准备。在炼焦、烧结、球团等冶金部门及水泥、陶瓷等建筑材料工业中，其原料块度一般都较大，生产时均需要碎磨到一定粒度以下，才能供深加工处理。

在食品、化学医药、化肥及农药等工业部门中，常将产品磨成粉末状，以便使用。

1.1.2 粉碎的意义

固体物料的破粉碎，有利于其均化、提高化学反应速度，且有利于烘干、运输和储存。

烧成定形耐火制品是由不同化学组成、不同矿物组成和不同颗粒尺寸的耐火原料经混合、成型及烧成而制得，为确保不同耐火原料间混合的均匀性、促进烧结反应的进行，须对耐火材料进行粉碎，粉碎按处理后物料尺寸大小的不同分为破碎和粉磨。

粉碎过程常按以下方法进行划分：

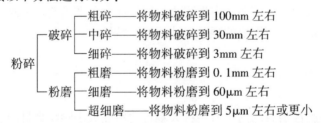

物料的粉碎是无机盐、冶金、矿山、建材、煤炭等工业部门广泛应用的一种物料处理工艺过程。在选矿工业中，物料的破碎占有重要地位。选矿厂破碎与磨碎作业的生产费用，平均占全部选矿生产费用的 40% 以上，而粉磨设备的投资占选矿厂总投资的 60% 左右。在耐火材料与水泥的制备过程中，粉磨作业费用占生产总成本的 30% 以上，随着我国国民经济的快速发展，能源短缺问题日益明显，急需不断改善粉磨作业，特别是研制高效粉碎设备和改进现有粉磨机械，这对节能减碳，实现耐火制备的优质、高产、低成本制造具有重要的意义。

1.1.3 破碎比与粉碎流程

1.1.3.1 破碎比

破碎比是衡量破碎机破碎效果的一个名词，是指破碎前物料的粒度与破碎后产品的粒度之比，表示破碎后原料粒度减小的倍数。

破碎比（i）常用以下几种计算方法：

（1）用破碎前物料的最大粒度与破碎后产品的最大粒度之比进行计算：

$$i = \frac{D_{\max}}{d_{\max}} \qquad (1-1)$$

式中　　$D_{\max}$——破碎前物料的最大粒度，mm；

$\qquad d_{\max}$——破碎后物料的最大粒度，mm。

因各国的习惯不同，最大粒度取值方法也不尽相同。英国、美国以物料80%能通过筛孔的筛孔宽度为最大粒度的直径，我国则以物料的95%能通过筛孔的筛孔宽度为最大粒度的直径。

（2）用破碎机给料口的有效宽度和排料口的有效宽度的比值计算：

$$i = \frac{0.85B}{b} \qquad (1-2)$$

式中　B——破碎机给料口的宽度，mm；

$\qquad b$——破碎机排料口的宽度，mm。

式中，0.85是为保证破碎机咬住物料的有效宽度系数；排料口宽度 b 的取值，对于粗碎破碎机取最大排料口宽度，对于中、细碎破碎机取最小排料口宽度。

用式1-2计算破碎比方便，因在实际生产中不可能经常对大批物料进行筛分分析，因此只要知道破碎机给料口和排料口宽度，便可按式1-2计算破碎比。

（3）用平均粒度计算：

$$i = \frac{D_{cp}}{d_{cp}} \qquad (1-3)$$

式中　　D_{cp}——破碎前物料的平均直径，mm；

$\qquad d_{cp}$——破碎后物料的平均直径，mm。

这种方法求得的破碎比，能较真实地反映破碎程度，理论研究中采用此法。

1.1.3.2　粉碎流程

图1-1为典型的耐火原料破粉碎筛分流程图。原矿进入棒条筛1进行预先筛分，这样可以把原矿中细粒级分出，从而减轻破碎机负荷。筛上料进入颚式破碎机2里，经破碎后，所得产品与棒条筛1的筛下物料均落到振动筛3上。经筛分后，筛上料进入中碎圆锥破碎机（简称中碎机），筛下料落到振动筛5上，从中碎机4排出的产品也落到振动筛5上。经筛分后，筛上料再进入细碎圆锥破碎机6（简称细碎机）里。这样，振动筛5既是预先筛分又是检查筛分。检查筛分的作用是对破碎机排出的物料进行筛分。筛上不合格的物料进入细碎机6，其产品返回到振动筛5，而筛下合格品一部分进入配料仓9、10，另一部分进入球磨机供料仓7并被送入球磨机8。振动筛5上的不合格物料再进入细碎机6。

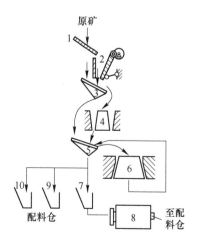

图1-1　物料破粉碎流程图

在这个流程中，细碎机为闭路破碎，颚式破碎机与中碎圆锥机都是开路破碎。颚式破碎机为一段破碎（也称一次破碎）；中碎圆锥机为二段破碎（也称二次破碎），细碎圆锥破碎机为三段破碎（也称三次破碎）。整个流程也可分为粗碎段、中碎段、细碎段和磨碎段。各破碎段给料和破碎产品的粒度范围见表1-1。

表 1-1 破碎段的划分

破碎段	粗碎	中碎	细碎
给料粒度 D/mm	500~1500	100~350	40~100
排料粒度 d/mm	100~350	40~100	10~30

表1-1的划分方法适用于颚式、旋回、圆锥和辊式等破碎机。冲击式和锤式破碎机可将1000mm大块物料一次破碎至10mm以下。又如自磨机能将600mm大块物料，一次破碎到0.044mm以下，即一台机器能完成粗、中、细碎或粗、中、细碎及磨碎的全部作业。

1.2 粒度及物料破碎力学分析

1.2.1 粒形与粒度分析

1.2.1.1 粒形与粒度

粒形是指颗粒的几何形状，粒度是指颗粒尺寸的大小。不论是粒形还是粒度，都是衡量破碎产品质量的重要指标。因工艺要求的不同，有时只要求产品的最大粒度限定值，且细粉（过粉碎）不得超过限定值；有时不仅要求粒度，同时还要求粒形，如在制备耐火浇注料时，从强度角度出发，不光对粒度有一定要求，还要求粒形为立方体（所谓立方体是指颗粒的三维尺寸 a、b、c，其中 $a>b>c$，且 a/c 值不得大于3），又希望以带棱角的颗粒为好，这样可提高浇注料的强度；但从浇注料的施工性能上讲，希望物料尽可能地呈球形，这样有利于减少浇注料的施工用水量；作为炼钢造渣用的石灰石，要求粒度大小控制在一定范围，并要求不产生或少产生粉末。

1.2.1.2 粒度分析

A 颗粒粒度表示方法

因耐火物料的块度（简称料块）都是不规则的几何体，所以要用几个尺寸才能表示它的大小。但通常都用平均直径或等值直径来表示料块的大小。平均直径一般用来表示破碎机的给料与排料中最大料块尺寸，可用它计算破碎比。料块的平均直径可用下式求得：

$$d = \frac{l + b}{2} \tag{1-4}$$

或

$$d = \frac{l + b + h}{3} \tag{1-5}$$

式中　d——料块平均直径；

　　　l——料块长度；

　　　b——料块宽度；

　　　h——料块高度。

当物料粒度很小时，可用等值直径来表示。等值直径是将细物料颗粒作为球体计算，其计算公式为：

$$d = \sqrt[3]{\frac{6V}{\pi}} = 1.24\sqrt[3]{\frac{m}{\rho}} \tag{1-6}$$

式中　m——料块质量；

　　　ρ——物料密度；

　　　V——料块体积。

对于由不同粒度混合在一起的颗粒群，通常用筛分法确定其平均直径。如：上层筛孔尺寸为 d_1，下层筛孔尺寸为 d_2，通过上层筛孔而留在下层筛面上的物料，其粒度既不能用 d_1 表示，也不能用 d_2 表示。当粒级的粒度范围很窄，上、下层筛孔尺寸之比不超过 $\sqrt{2}$ 时，则此粒级的平均直径可用式 1-7 计算：

$$d = \frac{d_1 + d_2}{2} \tag{1-7}$$

B　产品粒度分析

破碎颗粒的产品都是由各种不同粒度的混合粒组成。为了鉴定破碎产品的质量和破碎机的破碎效果，需要对破碎后的产品进行筛分分析（简称筛析）。利用筛析方法可以确定矿物的粒度组成和粒度特性曲线。

筛析一般采用标准筛，筛面是使用正方形筛孔的筛网。标准筛是由一组带有不同筛孔尺寸的套筛组成，最上层筛的筛孔最大，下面各层筛的筛孔尺寸按一定的规律依次逐渐缩小。

我国通常采用泰勒标准筛，其筛孔大小用网目来表示。网目是指 1in（英寸）（1in = 25.4mm）长度内所具有的筛孔数目。网目越多则筛孔越小。这种筛子是以 200 目（筛孔宽为 0.074mm）作为基本筛，筛孔由上到下逐渐减小，构成筛序。两个相邻筛子的筛孔尺寸之比称为筛比，泰勒标准筛有两个筛比，即基本筛比（$\sqrt{2} = 1.414$）和补充筛比（$\sqrt[4]{2} = 1.189$）。补充筛比即在筛比为 $\sqrt{2}$ 的基本筛序中间又插入一套筛比为 $\sqrt[4]{2}$ 的附加筛序构成。筛孔尺寸可根据筛比来计算。

例如计算基本筛的上一基本筛序为 150 目的筛子筛孔尺寸时，用基本筛的筛孔乘以基本筛比确定，即 $0.074 \times \sqrt{2} = 0.105$mm。若计算两筛之间的补充筛筛孔尺寸，则用基本筛的筛孔尺寸乘以补充筛比得到，即 $0.074 \times \sqrt[4]{2} = 0.088$mm。泰勒标准筛的筛序如表 1-2 所示，表 1-2 中未列出的大孔套筛的筛孔尺寸，可按筛比为 $\sqrt{2}$ 或 $\sqrt[4]{2}$ 依次推算。

表 1-2　泰勒标准筛的筛序

网目/孔·in^{-1}	2.5	3	3.5	4	5	6	7	8
孔尺寸/mm	7.925	6.63	5.619	4.699	3.962	3.327	2.794	2.262
网丝直径/mm	2.235	1.778	1.651	1.165	1.118	0.914	0.833	0.813
网目/孔·in^{-1}	9	10	12	14	16	20	24	28
孔尺寸/mm	1.981	1.651	1.397	1.168	0.991	0.833	0.701	0.589
网丝直径/mm	0.838	0.889	0.711	0.635	0.597	0.437	0.353	0.318

网目/孔·in⁻¹	32	35	42	48	60	65	80	100
孔尺寸/mm	0.495	0.417	0.351	0.295	0.246	0.208	0.175	0.147
网丝直径/mm	0.300	0.310	0.254	0.234	0.178	0.183	0.162	0.107
网目/孔·in⁻¹	115	150	170	200	230	270	325	400
孔尺寸/mm	0.124	0.104	0.088	0.074	0.062	0.053	0.043	0.038
网丝直径/mm	0.097	0.066	0.061	0.053	0.041	0.041	0.036	0.025

C　筛析的一般操作过程

将被筛析的物料均匀拌好，称出适量（对于原矿或破碎产品约 3kg）的试样，放入标准套筛的最上一层筛面上，并用盖封闭，然后用振动器进行筛分，筛分时间一般为 15min 左右，以保证被筛物料在各层筛面上分级。将筛分好的物料从各层筛面上取出，分别称其质量并记录结果，即可得出每级相应的产率，用百分数表示。

根据筛析所得到的数据，可对原矿或产品粒度特性进行分析。粒度的特性用粒度特性曲线表示，纵坐标表示套筛中各筛筛上物料质量的累积百分数（简称筛上量累积产率，%），横坐标用筛孔尺寸与最大粒度之比，或用筛孔尺寸与排矿口尺寸之比表示。

图 1-2 为物料粒度特性曲线，从中可以看出，难碎性矿石的粒度特性曲线 1 都是凸形曲线，这表明矿石中粒度较大粒级的质量分数较高；中等可碎性矿石的粒度特性曲线 2 近似于直线，表明矿石中各种粒级所占质量分数大致相等；易碎性矿石的粒度特性曲线 3 是凹形曲线，这表明该矿石中，细粒级所占质量分数比较大。根据物料粒度特性曲线，可比较各种矿石的破碎难易程度、检查破碎机械的工作情况和比较各种破碎机的破碎效果。

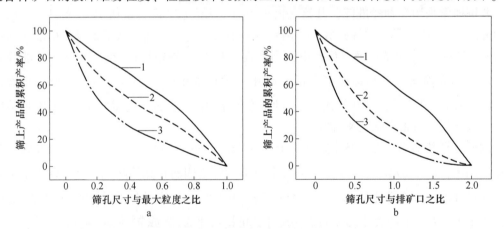

图 1-2　物料粒度特性曲线

a—原矿粒度特性曲线；b—颚式破碎机产品粒度特性曲线

1—难碎性矿石；2—中等可碎性矿石；3—易碎性矿石

1.2.2　破碎力学分析

1.2.2.1　物料破碎方法

随着科学技术的发展，对物料破碎的认识也取得了很大进展。大的颗粒物料采用各种不同的破碎方法，可获得几个微米的产品，以适应各种不同工艺的要求。

在耐火材料工业化生产过程中，广泛应用的物料破碎方法仍是机械力破碎，主要有挤压、劈碎、折断、研磨和冲击破碎等。非机械力破碎至今尚未在大工业生产中使用。

物料在外力作用下，所产生的应力达到极限强度，物料即被破碎。破碎机械施力方式有下列几种。

（1）压碎。物料处于两挤压表面之间（图1-3a），施力后，因物料压力达到抗压强度而破碎。

（2）劈碎。将物料放在一个平面和一个牙齿之间（图1-3b），当施加挤压力后，物料中产生拉应力，因其拉应力达到拉伸强度极限，则沿作用力方向劈裂。

（3）折断。将物料放在两个带牙齿的表面之间（图1-3c），当施加挤压力后，其弯曲应力达到物料弯曲强度极限时，则物料被折断。

（4）冲击破碎。物料受高速旋转的冲击力而破碎（图1-3d）。这种方法可用多种方式来实现。由于施力是瞬间作用的，变形来不及扩展到被撞击物的各部位，只在被冲击处产生巨大的局部应力，沿着内部的微裂纹破碎。因此，动载荷的破碎作用远比静载荷大。

（5）磨碎。将物料放在两个相对运动工作表面之间（图1-3e），同时施加压力和剪切力，物料中产生的剪应力达到其剪切强度极限时，则物料破碎。

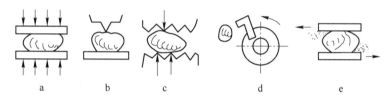

图1-3　物料的破碎方法

a—压碎；b—劈碎；c—折断；d—冲击破碎；e—磨碎

实际上，各种破碎机在破碎物料过程中，都是几种破碎方式综合作用的结果。但其中必以某一种或两种施力方式为主，兼有其他破碎方式。由于各种物料物理力学性质差别很大，所以破碎机施力方式应该与物料力学性质相适应，才能取得好的破碎效果。对于硬度大的物料，采用冲击破碎并配合折断破碎比较合适，而用研碎，机件磨损严重；对于脆性物料，采用劈碎、折断和压碎比较有利，而用研磨粉碎，则产品中细粉会增多；对于韧性及黏性较大物料采用磨碎和劈碎方式比较适宜。

1.2.2.2　物料破碎力学分析

所有机械破碎，都是用外力施于被破碎的物料上，克服物料内聚力而使物料产生破碎。物料的内聚力有两种：一种是作用于晶体内部各质点间的内聚力，另一种是作用于晶体与晶体之间（即晶界面上）的内聚力，前者比后者大得多。

内聚力的大小，取决于物料晶体本身的性质和结构，也与晶体结构中的错位和微裂纹等缺陷有关。若选择从晶体的缺陷处破碎，不仅能省功而且又能确保要求的粒度，减少过粉碎，这种破碎叫"选择性破碎"。

要实现选择性破碎，必须使被破碎的物料在破碎腔内的体积料层中承受全方位的挤压，同时在晶体或微晶边缘引发应力，且料块应承受组合负荷，包括剪切、弯曲、扭转和拉伸。

具体到破碎机中的物料，物料在破碎腔中须承受全方位的挤压；料块间或物料与衬板间，发生多次冲击或撞击，料块群发生快速转移；控制料层有一定的密实度，并使物料从破碎腔入口到出口，其受的破碎力逐渐增加。此外，若对料层采用高频强振作用，使料块不断改变方向，强迫在料块中产生交变剪切和弯曲应力，此种破碎法称强迫内层振动破碎。

现有的破碎机，如惯性振动圆锥破碎机，即兼具上述多种破碎办法，具有强迫内层振动破碎的功能，从而可实现选择性破碎。

旋盘破碎机采用"料层破碎"，料块承受全方位挤压，并产生物料层间冲击作用以及动锥对物料的冲击取向作用。物料有一定的密实度并满足逐渐增加破碎力的要求，从而在一定程度上实现了选择性破碎。

传统圆锥破碎机若能采用旋转布料器正确控制给料，也能在一定程度上实现选择性破碎。

对传统复摆颚式破碎机，若不改变结构和运动特性，仅改善腔形及其运动参数很难实现选择性破碎。早年德国洪堡特公司曾研制一种冲击颚式破碎机，它的冲击速度高达500~1200r/min，国内也曾试制，至今均未得到推广使用。惯性振动颚式破碎机基本上可以实现选择性破碎，但也没能得到广泛应用。

冲击破碎可实现选择性破碎。因在冲击破碎开始的瞬间，颗粒内部产生应力波，迅速向物料内部传播，并在内部缺陷、裂纹和晶粒界面等处产生应力集中，促使颗粒首先沿这些脆弱面破碎。

从物料破碎机理来看，已有的冲击式破碎机（如反击式破碎机和立轴冲击式破碎机等）是非常先进和有发展前途的设备。但这种破碎机易损件寿命较低，一直是阻碍其快速发展的重要因素。

应用选择性破碎方法的研究成果，可建立新的破碎工艺，制成各种规格尺寸的破碎机，可破碎极高强度的物料而没有晶粒的过粉碎，从而达到在一个工作循环中用最小的力和能耗获得高的破碎比的目的。

研究矿石的力学性能对物料破碎效果、破碎机零部件的磨损、强度和选择破碎方法等有重要意义。

1.3　破碎理论及破碎机类型

破碎是尺寸逐渐变小、形状不断变化的不可逆的过程。外部力作用于原料的裂缝处、损伤处、解理处、结晶的晶界处等产生应力集中而破碎。新产生的粒子吸收了破碎能，使之再次产生裂缝。

1.3.1　破碎理论

破碎理论是阐明物料粉碎过程的输入功与破碎前后物料潜能变化间的关系，并阐明输入功是如何消耗的。为了寻找这种能耗规律和降低能耗的途径，许多学者从各种不同角度提出了不同形式的破碎功耗学说，其中公认的有表面积学说、体积学说和裂缝学说。

1.3.1.1　表面积学说

雷廷智（P. R. Rittinger）于 1867 年提出了表面积学说："粉碎物料所消耗的能量与物料新生的表面积成正比"。根据此学说经数学推导，最后可得物料破碎所消耗的功 W（J/kg）为：

$$W = K\left(\frac{1}{d} - \frac{1}{D_0}\right) \tag{1-8}$$

式中　D_0——破碎前物料的粒径，m；

　　　d——破碎后物料粒径，m；

　　　K——比例系数，由实验确定。

Rittinger 理论是一种理想的假设，认为破碎功全都用来克服新生表面物料原分子之间的内聚力。这一理论在较大破碎比时，与实验结果较为吻合。

1.3.1.2　体积学说

基尔皮切夫（в. л. Кирпипев）于 1874 年和 F. 基克于 1885 年先后提出了体积学说："在相同条件下，将几何形状相似的物料粉碎成相似的成品时，所消耗的能量与物料体积或质量成正比"。该学说的物理基础是任何物料受到外力时，在其内部引起应力和产生应变，应力和应变随外力增加而增加，当应力达到强度极限后，导致物料破碎，应力与应变近似看作线性关系，经数学推导可得粉碎功 W（J）为：

$$W = \frac{\sigma_{max}^2 V}{2E} \tag{1-9}$$

式中　σ_{max}——物料强度极限，Pa；

　　　V——物料体积，m³；

　　　E——弹性模量，Pa。

这一假设是以弹性理论为基础，在理想状态下进行的假设，对物料的其他性质如表面形状、质地等未做考虑，所以一般较符合物料的压碎和击碎过程。

1.3.1.3　裂缝学说

F. C. 邦德（Bonf）于 1952 年和中国学者王仁东根据大量的实验结果，提出裂缝学说："粉碎物料消耗的能量与物料产生的裂缝长度成正比，而裂缝又与物料粒径的平方根成反比"。该学说认为，物料先在压力作用下变形，积累一定变形功后，物料中某些脆弱面的内应力达到极限强度，因而产生裂缝，此时变形功就集中于裂缝附近并使裂缝加大，变为产生断裂面所需的功。经数学推导可得破碎单位质量所消耗的功 W（J/kg）为：

$$W = W_1\left(\frac{10}{\sqrt{d}} - \frac{10}{\sqrt{D_0}}\right) \tag{1-10}$$

式中　D_0——给料质量 80% 所通过的标准筛孔尺寸的粒径，μm；

　　　d——产品质量 80% 所通过的标准筛孔尺寸的粒径，μm；

　　　W_1——功指数，J/kg，可通过试验求得，在已有文献中也常给出实验数据。

这一假设认为物料在外力作用下先产生形变，当物体内部的形变能积累到一定程度时，在某些薄弱处产生裂隙，变形能量集中，裂隙扩大而形成物料的破碎。

以上三个学说，各有一定的应用范围，R. T . 胡基（Hukki）的试验研究证实，粗碎以体积学说较为准确，而细碎以面积学说较为准确。在粗碎与细碎之间的较宽范围内，裂缝学说计算结果比较符合实际。三个学说的本质就是揭示物料强度、给料粒度、产品粒度及功耗等各因素间的关系。在破碎机设计中，必须进行修正，才能用于计算破碎机功率。

1.3.2　破碎机类型

（1）颚式破碎机。图 1-4a 所示为颚式破碎机，其工作部件由固定颚板和活动颚板组成。当活动颚板周期性地接近固定颚板时，借助压碎作用破碎物料。因在两颚板上的衬板有牙齿，故兼有劈碎和折断作用。

（2）圆锥破碎机。图 1-4b 所示为旋回式圆锥破碎机，其工作部件是由固定的外锥和活动的内锥组成。内锥以一定的偏心半径绕外圆锥中心线做偏心运动，物料在两锥体之间被压碎和折断。

（3）锤式破碎机。图 1-4c 所示为锤式破碎机，其工作部件是铰接在转盘上的锤头。物料被高速旋转的锤头冲击破碎后被带到下面算条筛上，小于筛孔的物料从筛孔排出。

（4）反击式破碎机，图 1-4d 所示为反击式破碎机，其工作部件是固定在转盘上的板锤。物料被高速旋转的板锤冲击破碎并抛射到反击板再次破碎，同时发生块料间的撞击破碎，最后从机体下部排出。

（5）立轴破碎机。图 1-4e 所示为立轴破碎机。它有两种形式：立轴冲击式破碎机和立轴反击式破碎机，其工作部件与锤式反击式破碎机相似，工作原理也一样。物料从上部进料斗经第一级转子破碎后落到第二级转子后再进行第二次破碎，产品从机体下部自由排出。

（6）冲击式破碎机。图 1-4f 所示为冲击式破碎机（原立轴冲击式破碎机），其工作部件是高速旋转的叶轮。物料从中心给料筒落到叶轮中心，然后沿叶轮的流道被抛射到衬板上被撞碎，撞碎后的物料沿叶轮与衬板圆周空间自由排出。

（7）辊式破碎机。图 1-4g 所示为辊式破碎机，其工作部件是做相向旋转的两个辊子。物料在两辊之间，随着辊子旋转将物料拉入辊间后被挤压破碎，这种破碎机是强制排料的。

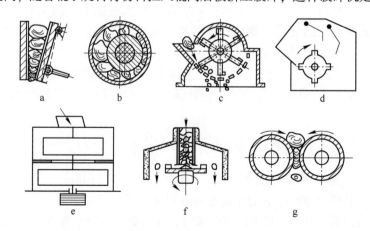

图 1-4　破碎机示意图

a—颚式破碎机；b—圆锥破碎机；c—锤式破碎机；d—反击式破碎机；e—立轴破碎机；
f—冲击式破碎机；g—辊式破碎机

复习思考题

1-1　耐火材料制品与金属材料制品的加工有何本质区别？

1-2　耐火材料生产过程中破粉碎的目的和意义在哪？

1-3　破碎和粉磨的区别在哪？

1-4　什么叫破碎比，破碎比对指导耐火材料实际生产有何意义？

1-5　掌握图 1-1 中各图例代表的设备名称及在工艺流程中的作用。

1-6　查阅文献资料，了解耐火材料生产中粒形和粒度对产品质量的影响。

1-7　什么叫筛析？了解筛析在耐火材料生产过程中的作用。

1-8　物料破碎方法有哪些？耐火材料在生产过程中常用哪些破碎设备？

1-9　图 1-5 为耐火材料破粉碎工艺流程图。

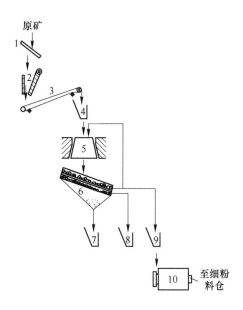

图 1-5　耐火材料破粉碎工艺流程图

（1）请分别指出流程图中的数字 1~10 代表什么设备，在流程中起何作用。

（2）说明为何要在颚式破碎机前设置 1。

（3）这个流程中哪个设备是闭路破碎？哪些设备是开路破碎？

（4）一段（一次）破碎、二段（二次）破碎、三段（三次）破碎分别对应于什么设备？

（5）在这个破碎流程中，你认为在哪几个地方需要布置除（收）尘风口？

（6）请说明设备 2 的工作原理。

1-10　请指出图 1-6 所示两个破碎流程的异同点。

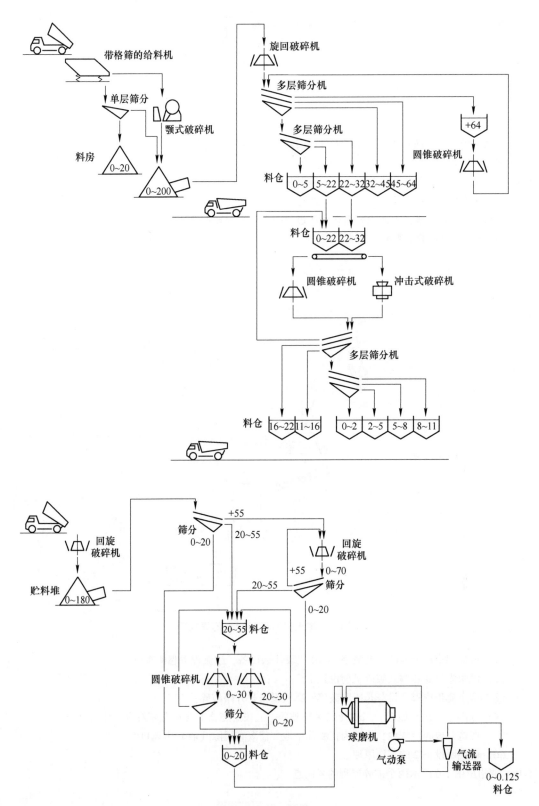

图 1-6 题 1-10 图

2 颚式破碎机

本章要点

(1) 掌握颚式破碎机的基本类型及其工作原理；

(2) 了解颚式破碎机的构造；

(3) 熟悉颚式破碎机的工作参数的推导过程及其意义。

破碎机械设备在无机材料生产和冶金等工业领域应用十分广泛，按物料的粒度范围，可将破碎设备分为破碎机与磨碎机两大类。两者的根本区别是：破碎机的破碎部件在工作中不直接接触，破碎面间总有一间隙，被破碎的物料就夹在这一间隙中；而磨碎机的工作部件相互接触，工作时可能被物料隔开。另外，破碎机的产物比磨碎机的产物粒度要大。

颚式破碎机（jaw crusher），俗称"老虎口"，1858 年由美国人 E. W. Blake 发明，至今已有 160 多年的历史。在此漫长的过程中，其结构得到了不断的完善。颚式破碎机虽是历史悠久的破碎机之一，但仍是破碎硬质物料最有效的设备。

一般情况下，破碎分粗碎、中碎和细碎三种方式。粗碎机械主要有：颚式破碎机、圆锥破碎机（也称旋回破碎机）、反击式破碎机（impact crusher）等。耐火材料加工过程中，将大的耐火矿石原料破碎成小的矿石原料这一"第一级"物理过程中，主要用颚式破碎机作为粗破主机设备。在耐火材料生产厂家，废砖坯和废砖的处理也是用颚式破碎机。

随着智能技术的不断发展，颚式破碎技术也亟待更新，需要更自动化和智能化。但由于颚式破碎机的作业特点，仅能从控制方式，如采用可编程序的微机控制来实现颚式破碎机的自动控制和自动化，主要表现在恒定功率条件下获得最大产量、恒定给料量条件下获得最佳的粒度控制等。

2.1 颚式破碎机类型

颚式破碎机的规格用给料口宽度 B 和长度 L 表示。通常给料口宽度大于 600mm 者为大型颚式破碎机，300~600mm 者为中型颚式破碎机，小于 300mm 者为小型颚式破碎机。目前耐火材料生产中广泛应用的颚式破碎机，按动颚的运动方式，可将颚式破碎机分为简摆式（图 2-1a）和复摆式（图 2-1b）两种类型。

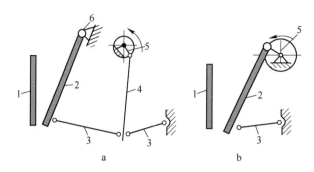

图 2-1   颚式破碎机基本类型

a—简摆式；b—复摆式

1—定颚板；2—动颚板；3—推力板；4—连杆；5—偏心轴；6—悬挂轴

2.2 颚式破碎机的工作原理

图 2-2 为简摆颚式破碎机示意图，其工作原理为：电动机 8 驱动皮带 7 和皮带轮 5，通过偏心轴 6 使连杆 11 上下运动。当连杆上升时，衬板 10、12 之间的夹角变大，从而推动动颚板 3 向固定颚板 1 接近，与此同时物料 2 被压碎；当连杆下行时，衬板 10、12 之间的夹角变小，动颚板在拉杆弹簧 9 的作用下离开固定颚板，此时被压碎的物料从破碎腔排出。这种破碎机由于动颚是绕悬挂点做简单摆动，故称简摆颚式破碎机。该机是曲柄双摇杆机构，动颚绕悬挂轴摆动的轨迹为圆弧。

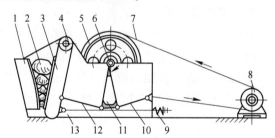

图 2-2   简摆颚式破碎机工作原理图

1—固定颚板；2—物料；3—动颚板；4—动颚悬挂轴；5—皮带轮；6—偏心轴；

7—皮带；8—电动机；9—拉杆弹簧；10—后衬板；11—连杆；12—前衬板；13—机架

将简摆破碎机的动颚悬挂轴去掉，并将动颚悬挂在偏心轴上，同时去掉前衬板和连杆，便构成复摆颚式破碎机，如图 2-3 所示。由于该机在动颚绕偏心轴转动的同时，还绕同一中心做摆动，构成一种复杂运动，故称为复摆颚式破碎机。该机是曲柄连杆机构，动颚运动轨迹为连杆曲线，视为椭圆。

这两种破碎机，简摆颚式破碎机的优点是动颚垂直行程较小，衬板磨损轻；在工作中，连杆施以较小的力而衬板能产生很大的推力。其缺点是：结构较复杂又重，比同规格的破碎机重 20%~30%；其次是它的动颚运动轨迹不理想，其上部水平行程较小而下部水平行程较大，此外，动颚在压碎物料的过程中，有阻碍排料作用。因此，在相同条件下，它比复摆破碎机生产效率低约 30%。随着滚动轴承质量和耐磨材料耐磨性的提高，以及采用现代的设计方法，复摆颚式破碎机基本已代替了简摆颚式破碎机。

尽管两种颚式破碎机的结构有所差异，但其破碎物料的原理相同。当动颚上升时，衬板和动颚间夹角变大，从而推动动颚板向定颚板接近，同时物料在被挤、搓、碾等多重作用下而破碎；当动颚下行时，衬板和动颚间夹角变小，动颚板在拉杆、弹簧的作用下离开定颚板，被破碎的物料靠自重从破碎腔排料口排出，而大于排料口的物料留在破碎腔内再次破碎。随着电动机连续转动，破碎机动颚作周期性的压碎和排料，可实现批量生产。

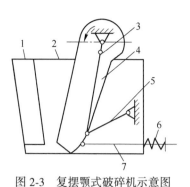

图 2-3　复摆颚式破碎机示意图
1—固定颚；2—动颚；
3—偏心轴（曲柄）；4—连杆；
5—衬板（摇杆）；6—弹簧；7—拉杆

颚式破碎机属于间歇式破碎设备，工作行程时对物料进行破碎，空转行程时排出物料。

耐火厂常用的颚式破碎机规格有：PEF400×600，PEF250×400。其中 PE 是颚破的拼音，PEF 代表复摆颚破，PEJ 代表简摆颚破，PEX 表示细破颚破。

2.3 颚式破碎机的构造

颚式破碎机由破碎部件（动颚、定颚）、传动装置（偏心轴、三角带轮、飞轮、推力板、皮带、电动机）、锁紧装置（水平拉杆、弹簧，其作用是保证动颚、推力板、支撑滑块三者的紧密结合）、排料口调整装置（推力板、滑块、滑块支座、调整楔铁、调整螺栓，其作用是调整排料口的大小）和保险装置（推力板）组成。图 2-4 为复摆式颚式破碎机的结构及其拆解图。

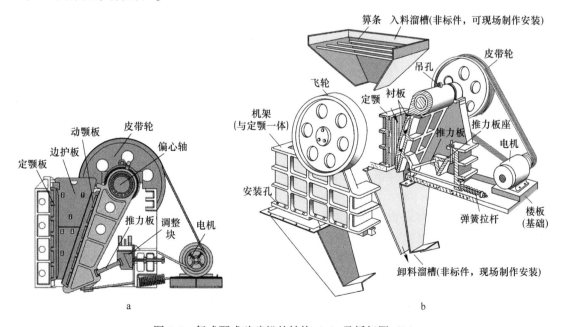

图 2-4　复式颚式破碎机的结构（a）及拆解图（b）

2.3.1　破碎部件

颚式破碎机的主要破碎部件是动颚衬板和定颚衬板（即机架），物料在动颚和定颚板所组成的破碎腔里被破碎。动颚衬板的下端支承在动颚体下端的凸台上，上端用楔铁螺栓紧固。定颚由机架的前壁和定颚衬板组成。为了防止定颚衬板上下串动，用螺栓把它紧固在机架上。为保证衬板与机架及动颚体的紧密接触，衬板与机架及动颚体之间要敷一层塑性垫片，如铅板、铝板或锌合金等。机架在工作中承受巨大的冲击载荷，要求其具有足够的强度和刚度，一般用铸钢或铸铁制造，也可用钢板焊制。中小型机架为整体式结构，大型机架可为组合式结构。

衬板又称齿板，是直接与物料接触的零件，工作时承受很大的破碎力和物料的摩擦作用，故衬板是易磨损件，用过一定时间后需更换。一般定颚衬板比动颚衬板磨损要快，衬板的下部又比上部磨损要快。为延长衬板的使用寿命，将衬板制成上下对称，以便下部磨损后将其倒置继续使用，大型破碎机用几块可互换的衬板组成。

衬板的表面制成带有纵向牙齿型，牙齿的排列应使动颚衬板的齿峰恰好对准定颚衬板的齿谷，如图 2-5 所示。这样对物料除了挤压作用外，还兼有弯曲和劈碎作用，后两种破碎方法对物料的破碎是有利的，因物料的弯曲和劈裂强度极限仅为压碎强度极限的 $1/15 \sim 1/10$，从而可提高破碎效果。

牙齿的顶角在 $90° \sim 110°$ 之间，齿高 h 平均为齿距 t 的 $1/3 \sim 1/2$。中碎破碎机齿距 $t = 40 \sim 50\text{mm}$，粗碎用破碎机齿距 $t = 100 \sim 150\text{mm}$。破碎腔的两个侧壁分别装有表面平滑的侧衬板。衬板两侧与侧衬板之间要留出不小于 4mm 的间隙。衬板与侧衬板一般采用耐磨性能好的锰钢铸成。

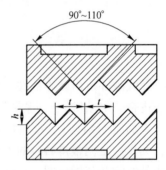

图 2-5　衬板的牙齿形状与排列

2.3.2　传动机构

传动机构的作用是用来传递动力、减速和把电动机的转动转化为动颚的周期性摆动。当电动机转动时，通过三角胶带、带轮使偏心轴转动。

动颚靠偏心轴支承和带动，偏心轴在工作中受到很大的冲击力，承受弯曲和扭转作用，故对大中型破碎机需用合金钢制造，小型破碎机可用优质碳素钢制成。中小型破碎机的偏心轴的轴承多采用滚动轴承，大型破碎机一般用滑动轴承。动颚体用滚动轴承悬挂在偏心轴的偏心部分。

在偏心轴的两端分别装有飞轮和三角皮带轮，此两轮的作用在于均衡电动机在工作行程和空转行程的负荷，当动颚向后摆动离开定颚即空转行程时，把能量储存起来，以便在破碎物料即工作行程时能将能量释放出来，使破碎机能稳定运转。因此三角带轮除起传动作用外还兼起飞轮作用。

推力板分别与动颚体及滑块支座中的支承滑块滚动接触。推力板起支承动颚的作用，并将破碎力传到机架后壁。推力板工作时承受挤压或弯曲作用，常用灰口铸铁制成。

设计时应使推力板与主承滑块形成滚动接触，支承要留有间隙以利润滑，减少磨损

（图 2-6）。为提高耐磨性，两端应进行冷硬处理。为防止物料等杂质进入摩擦表面加速磨损，还应设置防护挡板。

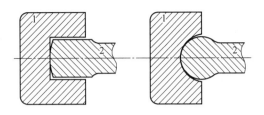

图 2-6　推力板的两种支承
1—支承滑块；2—推力板

2.3.3　锁紧装置

锁紧装置是由水平拉杆和弹簧组成。当动颚向前摆动即工作行程时，动颚与推力板将产生惯性力，而当动颚回程时，由于惯性力的作用，可能使动颚体、推力板和滑块支座三者脱开，为避免产生此种现象，将水平拉杆铰接于动颚体的下端，另一端用弹簧拉紧在机架的后壁上。这样，当动颚工作行程时，弹簧被压缩；当空转行程时，靠弹簧力使上述三者保持紧密接触，并能促使动颚来回摆动，以便正常运转。

2.3.4　调整装置

为满足产品粒度变化需要，以及解决因衬板不断磨损造成排料口尺寸的增大、物料粒度逐渐变粗的问题，排料口尺寸的大小必须是可调的，设置有调整块装置，定期调整排料口的尺寸。颚式破碎机的调整块装置位于滑块支座与机架后壁之间，设有可升降的调整楔铁，借助调整螺栓可使调整楔铁沿着机架的后壁上升或下降。

通过图 2-7 中的滑块支座 3、推力板 1 带动动颚体向左或向右移动，则可达到调节排料口使其增大或减小的目的。此法属无级调整，不必停车调整。中小型颚式破碎机都采用这种调整装置。大型破碎机排料口的调整方法，通常是在机架后壁与滑块之间，安放一组厚度相等的调整垫片，利用增减垫片个数，可使排料口增大或减小。采用此法调整时一定要停车。而液压颚式破碎机排料口的调整，可通过调节液压缸来实现，既方便迅速，又无须停车。

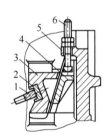

图 2-7　楔铁调整装置
1—推力板；2—滑块；3—滑块支座；
4—调整楔铁；5—机架；6—调整螺栓

2.3.5　保险装置

推力板（图 2-7）对动颚除有支承作用外，还用其来做保险装置。当破碎腔内进入金属物块时，推力板因突然超载而自行断裂，使动颚停止摆动，从而保护设备免受损坏。为此，在设计推力板断面时，应按超载时能自行断裂的条件来确定其尺寸。因此，没有特殊原因，不可随意改动推力板的断面尺寸或更换材料。推力板一般采用铸铁制成。有时还用它来调整排料口的大小，即更换不同长度的推力板。

液压颚式破碎机是采用液压保险装置，当破碎机超负荷时，液压保险装置起作用，既安全可靠，又不损坏推力板，当故障排除后，破碎机能自行恢复正常工作。

表 2-1 为国产的部分颚式破碎机的技术规格。选用颚式破碎机时，务必使其进料口尺寸适合物料的尺寸，且其生产能力与要求的小时产量相适应。

表 2-1 国产颚式破碎机的技术规格

类型	规格	进料口尺寸 $B×L$/mm×mm	排料口调整范围/mm	最大给料粒度/mm	偏心轴转速/r·min⁻¹	生产能力/t·h⁻¹	电动机功率/kW	电动机转速/r·min⁻¹	机器质量/t
复摆	PEF150×250	150×250	10~4	125	300	1~4	5.5	1500	1.1
	PEF250×400	250×400	20~80	210	300	5~20	15	1000	2.8
	PEF400×600	400×600	40~160	350	250	17~115	30	750	6.5
	PEF600×900	600×900	75~200	480	250	56~192	80	730	17.6
简摆	PEJ900×1200	900×1200	150~180	650	180	140~200	110	730	61.97
	PEJ1200×1500	1200×1500	130~180	850	135	170	180	735	124
	PEJ1500×2100	1500×2100	250~300	1100	100	400~500	260~280	490	219

2.4 颚式破碎机的工作参数

设计颚式破碎机时，必须正确地选择和计算它的参数，以便进一步计算零件的强度和刚度，保证破碎机运转的可靠性和经济性。熟悉颚式破碎机的主要工作参数的选择与计算，对合理地选择使用颚式破碎机的型号有重要的意义。

2.4.1 啮角

动颚板与定颚板之间的最大夹角 α，称为啮角，也叫钳角。破碎机工作时，破碎腔内的物料不允许被挤出，因此，要求物料与颚板之间有足够的摩擦力，要求两颚板之间有一定大小的夹角。此夹角极限数值的确定可通过物料破碎时的受力分析推导而得。

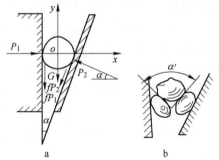

如图 2-8 所示，P_1 和 P_2 分别表示物料被动颚板和定颚板压紧时作用在物料上的压碎力，其方向垂直于动颚板和定颚板。由压碎力引起的摩擦力为 fP_1 和 fP_2，它们分别平行于动颚板和定颚板，α 为两颚板之间的夹角，f 为物料与颚板之间的摩擦系数。物料块本身的重力与破碎力相比数值很小可略去不计，

图 2-8 颚式破碎机的作用角

当直角坐标的位置如图 2-8a 所示时，若使物料不致被挤出，须满足下列条件：

$$\sum P_x = 0, \quad P_1 - P_2\cos\alpha - fP_2\sin\alpha = 0 \tag{2-1}$$

$$\sum P_y = 0, \quad -fP_1 - fP_2\cos\alpha + P_2\sin\alpha = 0 \tag{2-2}$$

将式 2-1 各项乘以 f，再与式 2-2 相加并消去 P_1，得：

$$-2f\cos\alpha + \sin\alpha(1 - f^2) = 0$$

则有 $\tan\alpha = \dfrac{2f}{1 - f^2}$，因摩擦系数 f 与摩擦角 φ 的关系为 $f = \tan\varphi$，故：

$$\tan\alpha = \frac{2\tan\varphi}{1 - \tan^2\varphi}$$

因 $\tan 2\varphi = \dfrac{2\tan\varphi}{1 - \tan^2\varphi}$（倍角公式），因此上式可写成 $\tan\alpha = \tan 2\varphi$，从而得 $\alpha = 2\varphi$。

当 $fP_1 + fP_2\cos\alpha \geqslant P_2\sin\alpha$ 时，即向下的垂直分力大于或等于向上的垂直分力时，物料才不至于被挤出破碎腔，因而啮角 α 应小于 2φ：

$$\alpha < 2\varphi \tag{2-3}$$

即两颚板之间的啮角 α（又称最大有效作用角）应小于摩擦角的 2 倍，方能确保颚式破碎机的正常破碎。

一般摩擦系数 $f = 0.2 \sim 0.3$，则啮角的最大值为 $22° \sim 33°$。实际上，当破碎机的加料粒度大小相差很大时，仍然可能有少量物料被挤出加料口的情况，这是由于大块物料挤塞在两个小块物料之间。如图 2-8b 所示，这时角 α' 必然大于 2 倍的摩擦角。因此，一般颚式破碎机的啮角取 $\alpha = 20° \sim 24°$。

实验证明，适当减小夹角可提高破碎机的生产能力，特别是当破碎硬物料时更为显著。当用 PEF400×600 破碎机破碎花岗岩时，把夹角从 $21°41'$ 改成 $17°30'$ 后，破碎机的生产能力可增加 $20\% \sim 40\%$。因夹角减小后，物料在破碎腔内完全破碎所需的动颚挤压次数减少了，使得破碎腔的上部区域的破碎能力较排出能力大，这样在破碎机中，总是存在需要排出的物料，而不至于因破碎不及时影响排料。

在减小啮角时会导致破碎比减小，被破碎的物料粒度增大。当这个因素不影响下一段破碎作业时，则可适当减小破碎机的啮角以提高生产能力。

2.4.2　破碎比与破碎产品粒度

颚式破碎机在工作时，为了能够有效地咬住物料并加以破碎，最大给料粒度应比破碎机进料口的宽度小 $15\% \sim 25\%$。复式颚式破碎机最大给料粒度是进料口宽度的 85%，简摆式颚式破碎机则取进料口宽度的 75%。

由于破碎时在颚板上产生巨大的弯曲应力，因此颚板不能做得太长。由 2.4.1 节讨论过的颚板之间夹角的大小可知，颚式破碎机的破碎比是不大的。简摆式颚式破碎机破碎比一般为 $3 \sim 5$，复摆式颚式破碎机则要高些。

同时破碎比的大小还与进料块的尺寸有很大关系，当进料中大块物料所占的百分数过高时（经筛分分析），破碎比也可能达到较大的数值。例如 PEJ1200×1500 颚式破碎机，当进料块最大粒度相同，而平均进料尺寸由 140mm 增加到 516mm 时，破碎比由 2.0 增加到 5.7。

图 2-9 为颚式破碎机破碎产品粒度的特性曲线示例。将各层上的物料分别进行称量，然后以各个粒级的质量除以物料的总质量，则可得到每一粒级的相应的产率，以百分数表示。图 2-9 中直角坐标的横轴表示筛孔尺寸与破碎机排料口宽度之比，纵轴表示每一层筛上物料质量累积百分数或简称筛上量累积产率（%）。

由破碎产品粒度特性曲线可知，破碎后物料的粒度取决于被破碎物料的性质，尤其是其硬度。根据各种不同类型破碎机各自破碎产品的粒度特性曲线，不仅可以比较各种破碎机的破碎效果，比较各种物料的破碎难易程度，而且为检查破碎机的工作情况和调整破碎机的排料口提供了依据。由图 2-9 可知，易碎、中等可碎和难碎性物料经破碎后，产品中大于排料口尺寸的颗粒含量分别达到 15%、27% 和 38%，其中破碎产品中最大粒度为排料口尺寸的 1.42 倍、1.69 倍及 1.79 倍。在颚式破碎机的选型和考虑下一道工序作业时，应注意此点。

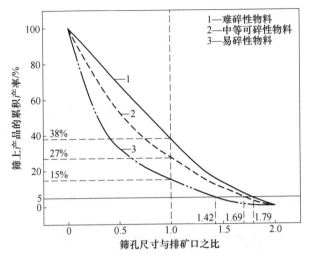

图 2-9　颚式破碎机破碎产品粒度特性曲线

2.4.3　偏心轴转速

偏心轴转速决定了动颚的摆动次数。偏心轴转一圈，动颚往复摆动一次，前半圈为破碎物料，后半圈为卸出物料。为获得最大的生产能力，破碎机的转速 n 应满足如下要求：当动颚后退时，破碎后的物料能在重力作用下全部卸出，然后动颚立即返回破碎物料。转速过高或过低都会使生产能力不能达到最大值。

为了求得偏心轴的转速，假设动颚是作平移运动的，即啮角 α 不变（图 2-10），动颚离开定颚时，已破碎好的物料呈梯形断面的棱柱体靠自重自由落下。

令出料口宽度为 e，动颚行程为 s。破碎后的物料在颚腔内堆积成一梯形体。BC 线以下的物料尺寸皆小于出料口宽度，因而每次所能卸出的物料高度为：

$$h = \frac{s}{\tan\alpha}。$$

物料在重力作用下自由落下，破碎后物料卸料高度应为：$h = \dfrac{1}{2}gt^2$。

高度 h 的梯形体全部物料自由卸出所需时间为：$t = \sqrt{\dfrac{2h}{g}}(\mathrm{s})$。

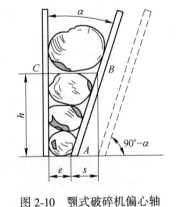

图 2-10　颚式破碎机偏心轴
转速计算简图

为了保证已达到要求尺寸的物料能及时地全部卸出，卸料时间 t 应等于动颚板行程经历的时间 t'（也即偏心轴转动半圈所用的时间）。

设 n 为偏心轴的转速（r/min），则偏心轴转一圈用：$\dfrac{1}{n}(\mathrm{min}) = \dfrac{60}{n}(\mathrm{s})$。

因而 $t' = \dfrac{1}{2n} = \dfrac{60}{2n} = \dfrac{30}{n}$（s）。

而 $t = t'$，因此：$\sqrt{\dfrac{2h}{g}} = \dfrac{30}{n}$。

$$n = \frac{30}{\sqrt{\dfrac{2h}{g}}} = \frac{30}{\sqrt{\dfrac{2s}{g\tan\alpha}}} = 664\sqrt{\frac{\tan\alpha}{s}} \tag{2-4}$$

式中　n——偏心轴转速，r/min；

　　　s——动颚行程，cm；

　　　α——啮角，(°)。

注意：g 为物体自由下落的加速度，其值为 $9.8\text{m/s}^2 = 980.722\text{cm/s}^2$。

在动颚空转行程的初期，物料仍处于压紧状态，不能立即落下。因此，偏心轴的转速应比上式算出的值低 30% 左右。因此一般取 $n = 470\sqrt{\dfrac{\tan\alpha}{s}}$（r/min）。

上式未考虑物料性质和破碎机类型等因素的影响。因此，只能用来粗略确定颚式破碎机的转速。对于破碎坚硬物料，转速应取小些；对于破碎脆性物料，转速可适当取大些；对于较大尺寸的破碎机，转速应适当降低，以减小惯性振动，节省动力消耗。

偏心轴的转速（r/min）还可用下述经验公式确定。

对于进料口宽度 $B \leqslant 1200$ mm 时：

$$n = 310 - 145B \tag{2-5}$$

对于进料口宽度 $B > 1200$ mm 时：

$$n = 160 - 42B \tag{2-6}$$

式中，B 为破碎机进料口宽度，m。

利用以上经验式计算偏心轴的转速与颚式破碎机实际转速比较相近。

2.4.4　生产能力

2.4.4.1　理论公式

颚式破碎机生产能力的计算是以动颚摆动一次，从破碎腔中排出一个梯形断面的棱柱体为依据的（图 2-11）。

断面为梯形的棱柱体的长度为 b（进料口的长度）等于破碎腔的长度 L（$b = L$），而高度 $h = \dfrac{s}{\tan\alpha}$，则梯形断面积为：$F = \dfrac{e + (e + s)}{2} \cdot h = \dfrac{2e + s}{2} \cdot \dfrac{s}{\tan\alpha}$。

当动颚离开定颚时，梯形断面的棱柱体从破碎腔中落下，其体积为：

$$V = F \cdot L = \frac{Ls(2e + s)}{2\tan\alpha}$$

当偏心轴每分钟转速为 n 时，其生产能力为：

$$Q = 60nV\mu\gamma = \frac{60n\mu\gamma Ls(2e + s)}{2\tan\alpha} \tag{2-7}$$

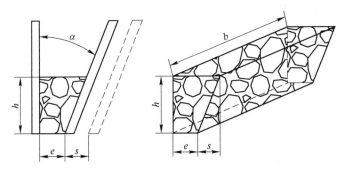

图 2-11　颚式破碎机生产能力计算简图

令破碎产品最小粒度 $d_{\min} = e$，最大粒度 $d_{\max} = e + s$，则平均粒度为：

$$d = \frac{d_{\min} + d_{\max}}{2} = \frac{2e + s}{2} \tag{2-8}$$

将式 2-8 代入式 2-7，则颚式破碎机理论的生产能力 Q(t/h) 可按式 2-9 求得：

$$Q = \frac{60n\mu\gamma Lsd}{\tan\alpha} \tag{2-9}$$

式中　n ——偏心轴的转速，r/min；

μ ——破碎产品的松散系数，$\mu = 0.25 \sim 0.6$，破碎硬物料时，取小值，反之取大值；

γ ——物料的容重，t/m³；

L ——排料口长度，m；

s ——动颚底部的水平行程，m；

d ——破碎产品的平均粒度，m。

简摆式颚式破碎机的生产能力可按式 2-9 计算。

复摆式颚式破碎机的生产能力，由它的动颚运动轨迹和构造所决定，其生产能力较高，可按式 2-9 计算出数值后再加大 20%~30%。

由式 2-9 可知，在一定范围内，生产能力随偏心轴转速的增高而增大，并且与啮角 α 的正切值成反比，即随着啮角 α 减小而增大。由于给料粒度的变化和给料的不均匀，式 2-9 是颚式破碎机生产能力的近似计算式。

2.4.4.2　经验公式

破碎机的生产能力与物料性质（可碎性、比重、解理、粒度组成等），破碎机的类型、规格及其性能、破碎机的操作条件（破碎比、负荷系数、加料均匀程度）等因素有关。

在开路破碎时，颚式（也适用旋回、标准、中型、短头圆锥）破碎机的生产能力可按下式计算：

$$Q = k_1 k_2 k_3 Q_0 \tag{2-10}$$

式中　Q ——破碎机的生产能力，t/h；

Q_0 ——标准条件（指中等硬度，容重 1.6t/m³）开路破碎时的生产能力，t/h，见式 2-11；

k_1 ——矿石可碎性系数，见表 2-2；

k_2 ——矿石比重修正系数，按 $k_2 = \dfrac{\gamma}{1.6}$ 计算；

γ ——矿石的容重，t/m^3；

k_3 ——给料粒度修正系数，见表 2-3。

表 2-2　矿石可碎性系数 k_1

矿石强度	抗压强度/MPa	普氏硬度	k_1
硬	160~200	16~20	0.9~0.95
中硬	80~160	8~16	1.0
软	<80	<8	1.1~1.2

表 2-3　给料粒度修正系数 k_3

给料最大粒度 $D_{最大}$ 和进料口 B 之比 $\dfrac{D_{最大}}{B}$	0.85	0.60	0.40
粒度修正系数 k_3	1.0	1.1	1.2

破碎机在标准条件下（中硬矿石，容重 $1.6t/m^3$）开路破碎时的生产能力，可按下式计算：

$$Q_0 = q_0 e \tag{2-11}$$

式中　Q_0 ——标准条件下（中硬矿石，容重 $1.6t/m^3$）开路破碎时的生产能力，t/h；

q_0 ——颚式（旋回、标准、中型、短头圆锥）破碎机单位排料口宽度的生产能力（表 2-4），$t/(mm·h)$；

e ——破碎机排料口宽度，mm。

表 2-4　颚式破碎机单位排料口宽度的生产能力　　　　$(t/(mm·h))$

破碎机规格	250×400	400×600	600×900
q_0	0.4	0.65	0.95~1.0

利用上面的经验公式，计算颚式破碎机的生产能力与实际生产能力有所出入，尽管其考虑了物料的性质、破碎机的规格和排料口尺寸等因素对生产能力的影响，但它并未考虑动颚运动轨迹对生产能力的影响，因此，在设计和选型中欲确定颚式破碎机的生产能力，应参照类似生产厂矿同一规格破碎机的实际生产能力，结合式 2-11 计算出的结果，并根据实际条件加以调整。表 2-5 为颚式破碎机破碎不同物料时的生产能力及作业率推荐值，表 2-6 为颚式破碎机的生产实例。

表 2-5　颚式破碎机设计指标

设备规格	加工物料种类	最大加料粒度 /mm	排料口间隙 /mm	生产能力 /t·h⁻¹	作业率 /%
PEF250×400	硬质黏土、硅石、白云石及石灰石	<210	40	8~10	80
	黏土熟料、高铝熟料	<210	40 20	10~12 5~6	
	烧结镁砂、烧结白云石	<210	40	12~15	

续表 2-5

设备规格	加工物料种类	最大加料粒度 /mm	排料口间隙 /mm	生产能力 /t·h⁻¹	作业率 /%
PEF400×600	硬质黏土、硅石、白云石及石灰石	<350	40	13~15	80
	黏土熟料、高铝熟料	<350	40	15~20	
	烧结镁砂、烧结白云石	<350	40	20~25	

表 2-6　颚式破碎机生产能力实例

项 目		PEF250×400	PEF400×600
加料粒度/mm		<200	<200
排料口间隙/mm		<40	<40
生产能力 /t·h⁻¹	高铝熟料	6~10	10~13
	黏土熟料	8~12	10~20
	硅石	8~12	10~20
	硬质黏土	6~11	8~15
	铬矿	6~10	20~30
	白云石	6~10	10~20
	石灰石	10~15	10~20
	废砖	6~12	20~25
产量波动范围/t·h⁻¹		6~15	15~30

2.4.5　功率

　　颚式破碎机的功率是指用于破碎物料功率及克服设备本身摩擦损失功率的总和。由于工作时需要产生巨大的破碎力,因此,破碎物料所需要的功率是主要的。

　　颚式破碎机在破碎过程中,其功率的消耗与破碎机的转速、尺寸规格、啮角、排料口宽度以及被破碎物料的物理性质和粒度特性等有关,以物料的物理力学性质对功率的消耗影响最大。随着破碎机转速的增高和增大破碎比,功率消耗也随之增加。设备规格尺寸越大,功率消耗也越大。

　　颚式破碎机所需的功率,可以根据体积理论,按照破碎物料需要的破碎力算出。

　　实验表明,颚式破碎机破碎物料时所需要的破碎力,与被破碎物料的纵向断面尺寸成正比,与物料的抗拉强度极限成正比。因此,在颚式破碎机中,破碎单块物料所需的破碎力(N)为:

$$P = \sigma b h$$

式中　σ——料块断裂面上的破碎应力,Pa,一般为物料抗拉强度极限的 1.2 倍,破碎单块不规则形状的花岗岩时,$\sigma = 10.8 \times 10^6 \text{Pa}$;

　　　　b——料块的纵向长度,m;

　　　　h——料块的厚度,m。

　　为计算方便,设颚式破碎机工作时整个颚腔内充满物料;且沿颚腔长度 L 方向成平行圆柱体排列（图 2-12）。每个圆柱体沿作用力方向劈开时所需的破碎力为：$P_1 = \sigma D_1 L$，$P_2 = \sigma D_2 L$，$P_3 = \sigma D_3 L$，……

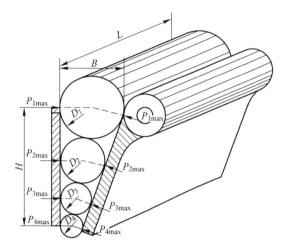

图 2-12　颚式破碎机中物料的劈裂图

整个颚腔内的物料所需的总破碎力 P_c 为：

$$P_c = P_1 + P_2 + P_3 + \cdots = \sigma L(D_1 + D_2 + D_3 + \cdots)$$

而 $D_1 + D_2 + D_3 + \cdots \approx H$，于是

$$P_c = \sigma L H \tag{2-12}$$

式中　L——颚口的长度，m；

　　　H——颚腔高度，m。

实际上，由于物料形状的不规则，颚板表面并非完全与物料接触，而只是颚板的一部分承受破碎力。因此，上式还须乘以颚板利用系数 f_0。这样，实际上最大破碎力（N）为：

$$P_{max} = \sigma f_0 L H$$

一般取 $f_0 = 0.25$，$\sigma = 10.8 \times 10^6 \mathrm{Pa}$ 来计算，则：$P_{max} = 10.8 \times 10^6 \times 0.25 L H = 2.7 \times 10^6 L H$（N）。

动颚在每一工作循环期间，对物料所施加的作用力是变化的。动颚摆向定颚破碎物料时，作用力从零逐渐增大，至物料发生破碎的瞬间增至最大值 P_{max}，然后又降至零。因此，主轴每一转中颚板对物料的平均作用力 P_m 为：$P_m = \beta P_{max}$，根据实验测定，$\beta = 0.20 \sim 0.21$。

颚式破碎机破碎物料时，主轴每一转需要的破碎功（J）为：

$$A = P_m S'$$

式中　S'——平均作用力合力的着力点行程，m。

颚式破碎机破碎物料时需要的功率（单位时间内做功，kW）则为：

$$N = \frac{P_m S' n}{1000 \times 60 \eta}$$

$$\eta = W_{有用} / W_{总}$$

式中　n——偏心轴转速，r/min；

η——机械效率，一般 $\eta = 0.60 \sim 0.75$；

其他符号意义同前。

因作用力垂直于定颚表面，合力着力点 C 通过定颚中部的水平线上（图 2-13），行程 S' 等于该点的位移 CC'，即

$$S' \approx CC' = \frac{L_C}{L_A} \cdot S = mS$$

式中　m——颚式破碎机的结构参数，$m = L_C/L_A$。

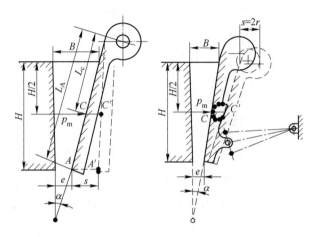

图 2-13　确定结构参数简图

对于简摆颚式破碎机，$m = 0.56 \sim 0.60$。取 $m = 0.57$，$\eta = 0.75$，$\beta = 0.2$，得简摆颚式破碎机破碎物料时需要的功率（kW）为：

$$N = \frac{0.2 \times 2.7LHSn \times 0.57 \times 10^6}{1000 \times 60 \times 0.75} = 6.8LHSn$$

同理可推得复摆颚式破碎机破碎物料时需要的功率（kW）为：

$$N = \frac{0.2 \times 2.7LHrn \times 10^6}{1000 \times 60 \times 0.75} = 12LHrn$$

颚式破碎机需要的电动机功率，考虑到破碎物料时可能过载以及启动的需要，一般应有 50% 的储备功率。因此，对于简摆颚式破碎机的电动机功率（kW）为：

$$N_M = 1.5 \times 6.8LHSn = 10.2LHSn$$

对于复摆颚式破碎机的电动机功率（kW）为：

$$N_M = 1.5 \times 12LHSn = 18LHrn$$

要精确地确定颚式破碎机所需的功率是相当复杂的，因为在破碎过程中有很多难以估计的动力消耗无法准确地决定，要完全反映出来比较困难，因此常用经验公式来计算颚式破碎机的电动机功率。

对于大型颚式破碎机所需的功率（kW）可按下式计算：

$$N = \frac{B \times L}{100} \sim \frac{B \times L}{120} \tag{2-13}$$

对于中、小型颚式破碎机（600mm×900mm 以下）所需功率为：

$$N = \frac{B \times L}{50} \sim \frac{B \times L}{70} \qquad (2\text{-}14)$$

式中　N——破碎机的电动机功率，kW；

　　　B——破碎机进料口的宽度，cm；

　　　L——破碎机进料口的长度，cm。

要选择最合适的电动机，以式 2-13 和式 2-14 计算的数据为基础，结合对破碎机在运转时的试验测定结果共同来确定。

2.5　颚式破碎机的安装、试车、维护和检修要点

颚式破碎机安装在混凝土的基础上，地基一定要与厂房的地基隔开，以免破碎机产生的有害振动传给厂房。地基的深度不应该小于安装地区的冻结深度。地基的质量应该是设备的质量的 3~5 倍。

设计厂房时，应考虑物料的运输、给料装置、检修用的起重设备等所需要的面积及高度。

在试车前，必须认真检查安装的正确性、紧固零件的可靠性及润滑系统，经检查后才能试车。

破碎机应先进行空车试验，中小型破碎机不得少于 3h。消除空车试验中发现的问题之后，就可进行有载试验，有载试验时应特别注意摩擦零件的发热情况。小型破碎机不得少于 12h，如轴承的温升超过 60℃时，待破碎腔内物料破碎完后停车设法消除问题后再重新试验。

当破碎机工作时发现设备有激烈的撞击，说明连接零件松弛或推力板安装得不正确，此时应注意校正推力板端部在支承滑块中结合的正确性，注意调整好拉紧弹簧的拉紧力。

有载试车完毕，各运动部件互相作用正常，轴承温度不超过 60℃，又无其他毛病，即可正式投产。

破碎机开车前的准备工作：在颚式破碎机开车前，必须对设备进行全面仔细的检查，各连接螺栓有无松脱现象，拉紧弹簧的松紧要合适，各润滑系统有无失效现象，破碎腔内不得有物料或其他金属块，注意衬板的磨损情况，按操作规程的规定，检查各种电器设备及各种安全防护措施等。

破碎机的正常运转：在开动破碎机前，如设备有自动润滑系统，应先开动油泵电动机，经过 3~4min 后，待润滑系统工作正常时，再开动破碎机的电动机。破碎机必须空载起动，空转 1~2min 后方可给料。

破碎机运转时，必须注意均匀地给料，不允许将物料充满破碎腔，更要防止过大的物料块或金属块进入破碎机中。

为了保证破碎机生产过程的连续性，作业线上各设备的开车顺序应按工艺过程的方向从后到前，停车顺序则相反。

造成破碎机轴承温度过高的原因，常常是由于润滑油不足或中断或有脏物进入。应注意供油和维护，并定期更换润滑油，或采用水冷却。采用干油润滑时，应定期注油，确保各润滑点润滑性。

设备在运转中，绝对禁止去矫正破碎腔中大块物料的位置或从中取出，以免发生事故。

破碎机的停车：破碎机停车前，必须先停止给料，待破碎腔中的物料完全破碎排出后，才能停主电动机，当破碎机停转后，再停止油泵的电动机。

破碎机的维修：在破碎机的使用过程中应注意维护和检修。在日常维护中常见的故障、发生的原因和排除的方法可参照表2-7。

表 2-7 颚式破碎机常见的故障

常见故障	发生原因	排除方法
在操作时有不正常的声响	衬板固定不紧	紧固衬板
	拉紧弹簧压的不紧	压紧弹簧
	其他紧固件没有拧紧	各紧固处复查一遍
破碎粒度增大	衬板下部显著磨损	将衬板调转180°或调整排料口
弹簧拉杆断裂	弹簧压得过紧	放松弹簧
	在减小排料口时忘记放松弹簧	每次调整排料口应相应调整压紧弹簧

PEF250×400 型、PEF400×600 型颚式破碎机检修情况可参阅表2-8。

表 2-8 PEF250×400 型、PEF400×600 型颚式破碎机检修情况

项目	大修	中修	小修
周期/年	1~2	0.5~1	1~3
所需时间/班	6~10	3~6	1~2
检修工具	起重机、钳工、气、电焊工配合	起重机、钳工、气、电焊工配合	起重机与钳工
内容	检查轴承、偏心轴、槽轮、撑板及颚板，据具体情况补修或更换； 校正开口方牙螺杆； 检查及补焊机身，检查基础螺栓，补焊防尘罩壳	检修及清洗偏心轴、轴承等；更换或补修边护板、颚板拉杆螺钉、撑板等，并包括小修项目	颚板上下调转方向或更换衬板及衬承； 有时清洗电动机及加油，多以单项部件进行检修

为了保证设备连续运转，搞好计划检修，必须储备一定数量的易损备品备件。

2.6 颚式破碎机的智能化技术

随着信息与智能化技术的不断发展，使得传统耐火材料的生产设备在操作运行、监测监控、安全生产等方面变得更加可靠和智能化，主要体现在如下几个方面：

（1）定颚板、动颚板衬板厚度实时监测，及时发布更换提醒。

（2）排料口大小自动检测，配合液压系统和斜楔结构实现自动调节，确保出料粒度的稳定性。

（3）进料量智能控制功能：当设备工作负荷偏低时，自动增加给料量；当设备负荷偏高时，自动减少给料量。有效提高设备的日产量，同时防止过载堵料。

（4）轴承温度实时监测，及时发现异常情况、及时维护，延长轴承使用寿命。

（5）主电机电流实时监测，设备过铁时自动报警停机。

（6）主轴转速实时监测，皮带滑带或电机故障，可实现自动报警停机。

（7）具有联网功能，设备的运行状态可以实现远程实时监测，积累的历史大数据可用于回溯分析和工艺优化。

复习思考题

2-1　根据粒度尺寸大小，破碎设备分为哪两类？

2-2　颚式破碎机主要有简摆式和复摆式，请说明其名称的由来。

2-3　颚式破碎机由哪些部件和装置组成？

2-4　叙述颚式破碎机的工作原理。

2-5　颚式破碎机的偏心运行是如何产生的？

2-6　颚式破碎机的规格如何表示？

2-7　什么叫颚式破碎机的钳角？

2-8　请说明颚式破碎机的产品粒度特性曲线特征。

2-9　破碎机与磨碎机的区别在哪里？

2-10　用 400mm×600mm 复摆颚式破碎机破碎中硬石灰石，最大进料块为 340mm。已知该破碎机的钳角 $\alpha = 20°$，偏心轴的偏心距 $r = 10mm$，动颚行程 $s = 13.3mm$，出料口宽度为 100mm。试计算偏心轴转速、生产能力及功率。

2-11　某厂拟采用 PEF900×1200 破碎硬电熔镁砂，问其最大允许入料粒度为多少？当其排料口宽度为 160mm 时，试估计破碎机的转速、生产能力和功率（已知：钳角 $\alpha = 20°$，$\rho_{电熔镁砂} = 3.40t/m^3$，偏心轴距 $e = 30mm$，动颚行程 $s = 1.33e$）。

圆锥破碎机

本章要点

　(1) 掌握圆锥破碎机的工作原理及分类;

　(2) 了解圆锥破碎机的构造;

　(3) 熟悉圆锥破碎机的工作参数及其意义。

　　世界上第一台圆锥破碎机 (cone crusher) 的专利公布于 1878 年,1898 年制成产品。因由美国西蒙斯 (Simons) 兄弟设计,故称 Simons 圆锥破碎机。

　　1954 年,我国自行设计生产了 1200 弹簧式圆锥破碎机;1958 年又设计制造了大型 2200 弹簧式圆锥破碎机。目前已批量生产的弹簧式圆锥破碎机有 600、900、1200、1750、2200 五个规格 14 种型号。

　　圆锥破碎机广泛应用于矿山、冶金、建筑、筑路、化学及硅酸盐行业;适用于破碎坚硬与中硬矿石及岩石,如铁矿石、石灰石、铜矿石、石英、花岗岩、砂岩等。圆锥破碎机是一种连续式破碎设备,其破碎作业效率较高。

　　在耐火材料厂,常用短头圆锥破碎机 (PYD) 作为第二段细碎设备,用来细碎各种不同硬度的物料。

3.1　圆锥破碎机的工作原理及其分类

　　圆锥破碎机 (图 3-1) 的工作原理与颚式破碎机基本相似,其工作部件是由两个截头的圆锥体,即活动圆锥 (简称动锥) 6 和固定圆锥 (简称定锥) 7 组成。电动机 1 的动力由传动轴 2 传给圆锥齿轮 3,并带动偏心轴套 4 旋转。主轴 5 自由地插在偏心轴套的锥形孔里,动锥 6 固定安装在主轴上并支承在球面轴承 8 上。随着偏心轴套的旋转,动锥 6 的中心线 OO_1 以 O 为顶点绕破碎机的中心线 OO_2 作锥面运动。当动锥中心 OO_1 转动到图示位置时,动锥靠近定锥 7,则矿石处于被挤压和破碎的过程,而动锥另一面则离开定锥,此时被挤压破碎后的物料靠自重从两锥体的底部排出。圆锥破碎机破碎腔中的物料随动锥连续地被破碎,所以它比颚式破碎机的生产效率更高且运行更平稳。

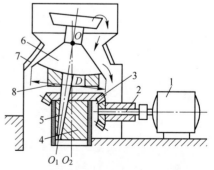

图 3-1　圆锥破碎机破碎原理图

1—电动机;2—传动轴;3—圆锥齿轮;

4—偏心轴套;5—主轴;6—动锥;

7—定锥;8—球面轴承

圆锥破碎机可以根据其用途分为粗碎圆锥破碎机、中碎圆锥破碎机和细碎圆锥破碎机。粗碎圆锥破碎机又称旋回破碎机，中碎和细碎圆锥破碎机又称菌形圆锥破碎机，如图3-2所示。尽管它们的结构有所差异，但工作原理一样，均属于旋摆破碎方式。

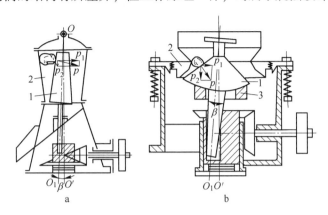

图 3-2　旋回破碎机（a）和菌形圆锥破碎机（b）
1—动锥；2—定锥；3—球面座

中碎、细碎圆锥破碎机又分为标准型（中碎用）、中间型（中碎、细碎用）和短头型（细碎用）三种。三者的主要区别是：破碎腔剖面形状和平行带的长度 l 不同，如图3-3所示。标准型平行带 l 最短，短头型平行带 l 最长，中间型介于它们两者之间。此外，中碎、细碎圆锥破碎机按保险方式和排料口调整装置的不同，分为弹簧圆锥破碎机和液压圆锥破碎机。

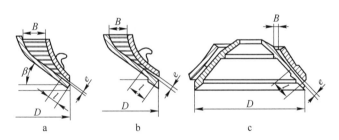

图 3-3　圆锥破碎机破碎腔剖面图
a—标准型；b—中间型；c—短头型

圆锥破碎机与颚式破碎机相比较，前者工作连续，破碎比大，产量高，破碎单位质量物料耗电量少，产品粒度均匀，适合破碎各种硬度物料。

耐火材料工业大都选用短头型弹簧圆锥破碎机，因为它的破碎腔有较长的平行带，物料在平行带内受到不止一次的挤压，破碎的物料粒度均匀，且多呈棱角状，有助于提高制品的体积密度。

中碎、细碎圆锥破碎机的规格用动锥底部直径 D 来表示。例如 $\phi1200$ 圆锥破碎机，表示其动锥底部直径 D 为 1200mm。

旋回破碎机的规格是以进料口宽度/排料口宽度表示的，例如 1200/250 旋回破碎机，表示进料口宽度为 1200mm，排料口宽度为 250mm。

3.2　圆锥破碎机的构造

目前国内大多原料破粉碎企业、大型耐火材料企业，采用的是如图 3-4 所示剖面构造的弹簧式圆锥破碎机对原料进行中碎、细碎。

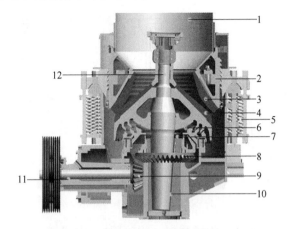

图 3-4　弹簧式圆锥破碎机的剖面图

1—进料斗；2—调整套；3—定锥衬板；4—动锥衬板；5—弹簧；6—球面轴瓦；
7—配重盘；8—大圆锥齿轮；9—小圆锥齿轮；10—主轴衬套；11—传动轴套；12—主轴

图 3-5 为圆锥破碎机详细构造图。它由机架、传动装置、偏心轴套、动锥、定锥、调

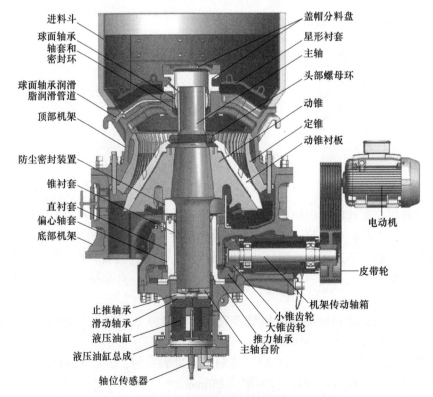

图 3-5　圆锥破碎机结构图

整装置、保险装置、防尘装置和润滑系统组成，其中动锥和定锥是圆锥破碎机的主要破碎部件。

机架（有顶部机架和底部机架）是整个破碎机的主体，所有部件都装在机架上，它被地脚螺栓固定在地基上。

传动轴部分装在机架传动轴箱里，其前端小锥齿轮和偏心轴套上的大锥齿轮相啮合。另一端借助皮带轮和皮带与电动机相连接。圆锥破碎机传动轴轴承为滚动轴承（也有滑动轴承）。

偏心轴套部分是由偏心轴套、大锥齿轮和锥衬套组成。锥衬套用巴氏合金或青铜材料制作。锥衬套压装在偏心轴套的锥形孔里，并在其上部缺口处用铸锌或环氧树脂加固。大锥齿轮与偏心轴套之间是用 $H7/k6$（注：H 是孔的公差，k 是轴的公差）过盈配合，并用键连接。

为平衡动锥部件的惯性力，同时使偏心轴套与直衬套沿全长接触，大锥齿轮顶部装有平衡重。偏心轴套被支承在二片止锥盘和垫片及机架底盖上。上止锥盘用销子与偏心轴套相连，能随偏心轴套转动。

球面轴承部分由球面轴承座和球面瓦组成。球面瓦用销子固定在球面轴承座上。球面瓦上有回油孔，而球面轴承座外圈有挡油环。

动锥部分由动锥体和主轴组成，用热压配合装配在一起。动锥的外表面装有锰钢衬板。为使它们之间紧密贴合，中间用铸锌或环氧树脂，上部用锁紧螺母锁紧。在锁紧螺母的顶部装有分料盘。一般弹簧式圆锥破碎机都装有分料盘。它的作用是使矿石能沿破碎腔圆周方向均匀分布。对于不装分料盘的破碎机最好装有旋转布料器，它能使破碎机增加产量，降低破碎产品粒度和延长衬板使用寿命。

破碎机的传动轴承、止推盘、锥衬套与主轴、直衬套与偏心轴套、两个锥齿轮以及球面轴承的表面，是相对运动的摩擦表面。为保证破碎机正常运转，各摩擦表面必须要很好的润滑与防尘。此外，为了保证各传动部件的安全，还应设有保险装置。

中碎、细碎圆锥破碎机比粗碎圆锥破碎机产生灰尘更加严重，因此要求它有完善的防尘装置。目前中细碎机大多用水封防尘装置，也有采用油脂密封或空气密封。

表 3-1 为弹簧式圆锥破碎机的基本参数。不同类型的圆锥破碎机结构大同小异，在此不再赘述，有需要者请参考相关参考资料。

表 3-1　弹簧式圆锥破碎机的基本参数

型号	规格		最大给料粒度/mm	排料口调整范围/mm	处理能力/t·h⁻¹	主电动机功率/kW	机器参考质量/t
	破碎壁大端直径/mm	给料口宽度/mm					
PYB-0607		70	60	6~38	15~50		
PYB-0609	600	95	80	10~38	18~65	≤22	4.5
PYB-0611		110	90	13~38	22~70		
PYB-0910		100	85	10~22	45~90		
PYB-0917	900	175	145	13~38	55~160	≤75	10.0
PYB-0918		180	150	25~38	110~160		

续表 3-1

型号	规格		最大给料粒度/mm	排料口调整范围/mm	处理能力/t·h⁻¹	主电动机功率/kW	机器参考质量/t
	破碎壁大端直径/mm	给料口宽度/mm					
PYB-1213	1200	130	110	13~30	60~165	≤110	17.0
PYB-1215		155	130	16~38	100~195		
PYB-1219		190	160	19~50	140~300		
PYB-1225		250	210	25~50	190~310		
PYB-1313	1300	135	115	13~30	105~180	≤150	22.0
PYB-1321		210	175	16~38	130~250		
PYB-1324		240	205	19~50	170~345		
PYB-1226		260	220	25~50	230~335		
PYB-1721	1750	210	175	16~38	180~320	≤220	43
PYB-1724		240	205	22~50	255~410		
PYB-1727		270	230	25~64	290~630		
PYB-1737		370	310	38~64	430~680		
PYB-2228	2200	280	235	19~38	380~725	≤280	67.5
PYB-2233		330	280	25~50	600~990		
PYB-2237		370	310	32~64	780~1270		
PYB-2246		460	390	38~64	870~1360		
PYBZ-2228	2200	280	235	19~38	540~1020	≤375	87.5
PYBZ-2233		330	280	25~50	855~1410		
PYBZ-2237		370	310	32~64	1110~1800		
PYBZ-2246		460	390	38~64	1240~1920		
PYD-0603	600	35	30	3~13	9~35	≤22	4.58
PYD-0605		50	40	5~15	22~70		
PYD-0904	900	40	35	3~13	25~90	≤75	11.5
PYD-0906		60	50	3~16	25~100		
PYD-0908		80	65	6~19	55~120		
PYD-1206	1200	60	50	5~16	50~130	≤110	18.0
PYD-1207		70	60	8~16	85~140		
PYD-1209		90	75	13~19	140~180		
PYD-1212		120	100	16~25	160~210		
PYD-1306	1300	60	50	3~16	35~160	≤150	23.5
PYD-1309		90	75	6~16	80~160		
PYD-1310		105	90	8~25	95~220		
PYD-1313		130	110	16~25	190~230		
PYD-1707	1750	70	60	5~13	90~200	≤220	44.5
PYD-1709		90	75	6~19	135~280		
PYD-1713		130	110	10~25	190~330		

续表 3-1

型号	规格		最大给料粒度/mm	排料口调整范围/mm	处理能力/t·h⁻¹	主电动机功率/kW	机器参考质量/t
	破碎壁大端直径/mm	给料口宽度/mm					
PYD-2210	2200	105	90	5~6	190~400	≤280	71.0
PYD-2213		130	110	10~19	350~500		
PYD-2218		180	150	13~25	450~590		
PYD-2220		220	170	16~25	500~650		
PYDZ-2210	2200	105	90	5~6	270~575	≤375	91.0
PYDZ-2213		130	110	10~19	490~700		
PYDZ-2218		180	150	13~25	630~840		
PYDZ-2220		220	170	16~25	720~900		

注：1. 表中的机器参考质量不包括电动机、电控设备、润滑站、液压站的质量。

2. 表中的破碎机处理能力是满足下列条件时的设计通过量：（1）物料含水量不超过4%，不含黏土；（2）给料粒度小于排料口的细颗粒物料占给料总量的10%以下，且给料在破碎腔360°圆周均布；（3）给料松散密度为1.6t/m³，抗压强度为150MPa。

3.3 圆锥破碎机的主要参数

圆锥破碎机在构造上虽与颚式破碎机有较大差别，但工作原理基本相似。两者破碎过程的不同点是：颚式破碎机是间歇破碎，圆锥破碎机是连续破碎。但就锥面上任意一点而言，圆锥破碎机的破碎过程也是间歇的。因此，推导圆锥破碎机的主要参数与前面介绍的颚式破碎机类似。

中碎、细碎圆锥破碎机的主要参数有：啮角、破碎比与破碎产品粒度、动锥的摆动次数、生产能力、功率消耗及破碎力等。

3.3.1 啮角

动锥与定锥衬板间的夹角称为啮角，并用 α_0 表示。它的作用是保证破碎腔两衬板能有效咬住物料不能向上滑动。

给料口处的啮角，必须小于物料与定锥衬板以及物料与动锥衬板的摩擦角之差（图3-6）。啮角可按下式计算：

$$\alpha_0 = \alpha_1 - (\alpha \pm \gamma_0) \qquad (3-1)$$

式中　γ_0——动锥中心线与定锥中心线之间的夹角，称为偏心度；

　　　α——底锥角，"+"号用于计算开口边啮角，"-"号用于计算闭口边啮角。

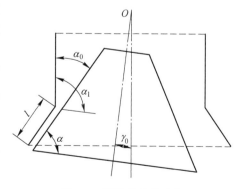

图3-6　圆锥破碎机啮角

啮角过大，物料将在破碎腔内打滑，降低生产能力，增加衬板磨损和电能的消耗；啮角太小，则破碎腔过长，增加破碎机的高度，通常啮角为 21°~23°，$\alpha_{0max} = 26°$。

底锥角 α 较大者为陡锥型破碎机，也叫深腔破碎机，如单缸液压圆锥破碎机，其 α 角为 55°~60°；底锥角 α 较小者为平锥型破碎机，如弹簧圆锥破碎机和多缸液压圆锥破碎机，其 α 角为 40°~50°。

3.3.2 偏心距、动锥摆动行程

偏心距也叫偏心半径，并用 e 表示，一般是指排料口平面内的动锥轴线的摆动距离，动锥转一周，整个摆动距离为 $2e$。

确定偏心度 γ_0 和偏心距 e 值是为了满足动锥摆动行程的要求。动锥摆动行程（冲程）又与物料性质、排料口（物料粒度）、破碎机型和腔型有关。

摆动行程和偏心度随机型的不同而不同，如弹簧机和单缸机的摆动行程和偏心度就不一样。多缸机由于采用层压破碎原理，要求破碎腔物料有足够的密实度，就要有较大的摆程，又要有较高摆频。故多缸机摆动行程和偏心度也跟弹簧机、单缸机不一样，现有的多缸机偏心度为 2°23′，而它的摆程可按下列压缩行程比 $(S+b)/b$ 来确定（式中，S 为动锥摆动行程，b 为闭边最小排料口）：

标准型：$\qquad\qquad i = (S + b)/b \approx 4 \sim 6.5 \qquad\qquad$ (3-2)

短头型：$\qquad\qquad i = (S + b)/b \approx 7 \sim 21 \qquad\qquad$ (3-3)

若排料口 b 值小则取 i 值大；若 b 值大选 i 值小者。偏心度 γ_0 的大小是由偏心距和球面中心点到偏心距平面的距离决定的。对于细碎型 2200 细碎圆锥破碎机，其偏心度 $\gamma_0 = 1.6°$，而对于细碎型 3000 圆锥破碎机，其偏心度 $\gamma_0 = 1.5°$。

如图 3-7 所示，闭边排料口 $b_0 = A_1A_2$，动锥摆动行程 $S = A_2A_3$，开边排料口 $b_0 = b + S = A_1A_3$。A_2A_3 相当于以 O 为圆心，以 OA_2 为半径（L）的圆弧。根据 OA_2 与 OA_3 之间的夹角为 $2\gamma_0$（γ_0 为进动角），则动锥摆动行程近似为：

$$S \approx \frac{2\pi L \times 2\gamma_0}{360°} = \frac{2\pi L\gamma_0}{180°} \qquad\qquad (3-4)$$

此外，还可按经验式求偏心距：

$$e = 0.5D\tan\gamma_0\tan\alpha \qquad\qquad (3-5)$$

式中　D——动锥底部直径，mm；

其他符号意义同前。

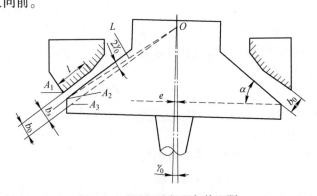

图 3-7　动锥摆动行程与偏心距

将各种规格破碎机已知数据代入式 3-5 中，求得的结果列于表 3-2。表 3-3 为国产圆锥破碎机的偏心距和动锥摆动行程。

表 3-2 中碎机的计算结果

参数	动锥底部直径 D/mm				
	600	900	1200	1750	2200
进动角 γ_0 /(°)	2.43	2.28	2.17	2	2
$\tan\gamma_0$	0.0425	0.040	0.038	0.035	0.035
按式 3-5 求 e/mm	10.7	15.0	19.0	25.6	32.2

表 3-3 国产圆锥破碎机的偏心距和动锥摆动行程

破碎机规格	600	900	1200	1750	2200
偏心距 e/mm	10	12	15.5	21.5	30
动锥摆动行程 S/mm	29	39	51	75	90

3.3.3 破碎腔平行区

破碎腔的平行区也称为平行带。为保证破碎产品达到一定细度和均匀度，中细碎机在破碎腔下部有一段平行区。若平行区过长，与同规格破碎机在相同条件下比较，处理能力减少，而且随衬板的磨损，平行区越来越长，易使破碎机产生堵塞，增加能耗。由于平行区越长，磨损越不均匀，使产品粒度更加不均匀。

从受力情况来说，平行区缩短使破碎力下移，能改善主轴受力情况。但平行区过短，会导致产品的合格率下降。

平行区长度 l，可按动锥摆动次数、底锥角、摆动行程等来计算。计算原则是：对中碎机，保证物料在平行区里被压碎 1~2 次；对细碎机，保证物料在平行区里被压碎 2~3 次。

可根据动锥底部直径计算平行区长度 l(mm)。

中碎机：

细碎机：

$$l = 0.08 \times D \atop l = (0.14 \sim 0.16)D \qquad (3\text{-}6)$$

式中 D——动锥底部直径，mm。

用式 3-6 求得的结果与传统弹簧机平行区长度相吻合；但是，新机型由于动锥摆动次数提高，平行区长度明显减短。在保证粒度均匀的条件下，相对会提高破碎机处理能力。国外圆锥破碎机常常是没有平行区而是准平行区，即从排料口开始往进料口方向缓慢而微小增加两衬板之间的夹角，从而形成一段称为准平行区。

3.4 旋回破碎机结构参数选择与计算

以上所述的结构参数主要是针对中碎、细碎机而言。旋回破碎机是粗碎机，用于破碎大块物料，所以它的定锥布置方式刚好与细碎机相反，即定锥直径大的一端朝上而直径小的一端朝下，如图 3-8 所示。因此它的结构参数与中碎、细碎机也不一样。旋回破碎机结构参数有给、排料口尺寸，啮角，破碎腔高度，偏心距与动锥摆动行程，动锥底部直径，进动角与动锥悬挂高度等。

3.4.1　给、排料口尺寸

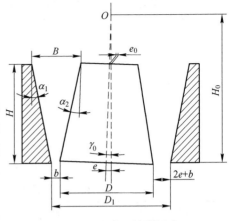

图 3-8　破碎机结构尺寸

给料口尺寸 B 用动锥靠近定锥时，两截锥体上端在给料口水平方向的距离表示（图 3-8）。排料口尺寸 b 用两截锥体下端在排料口水平面的距离表示。B 代表破碎机规格尺寸，而 b 表示排料口最小尺寸（闭边排料口尺寸）。

设计破碎机时，原料最大颗粒尺寸为已知。为了保证物料最大颗粒能顺利进入破碎机，则给料口尺寸为：

$$B = (1.1 \sim 1.25)D_{max} \tag{3-7}$$

式中　D_{max}——原料最大颗料尺寸。

根据式 3-7 求得值后，再按国家标准选定破碎机规格尺寸。

破碎机排料口尺寸，可根据已知破碎比 i 按下式求得：

$$b = 0.85B \cdot i$$

旋回破碎机的破碎比，对直线形破碎腔为 $5.35 \sim 7.6$。曲线形破碎腔为 $6.75 \sim 9.5$ 之间，平均可达 7.9。

3.4.2　啮角

工作时，物料在定锥和动锥之间被破碎，除了破碎腔为环形且工作是连续的以外，同颚式破碎机在定颚与动颚之间破碎物料是相似的。因此，颚式破碎机工作参数计算的基本方法也适用于旋回破碎机，啮角的计算也不例外。

由于连续工作及动锥的旋摆运动，实际选用的啮角比颚式破碎机稍大一些。定锥锥角的一半为 $\alpha_1 = 17°$ 左右，动锥锥角的一半为 $\alpha_2 = 9°$ 左右（图 3-9），故 $\alpha = \alpha_1 + \alpha_2$ 在 $22° \sim 27°$ 之间。

具体确定啮角时还需考虑如下因素：

（1）物料同衬板之间的摩擦系数。若物料含水分且易滑动，应选取较小值。

（2）当物料易碎，可适当选取较大值。

（3）较大规格的破碎机，啮角可选大一点。因大型破碎机的给料粒度大，料块质量大，重力作用易于往下排料。啮角增大后，使破碎机高度和机重减小。

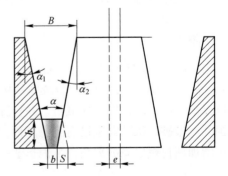

图 3-9　啮角、转速、生产率计算图示

3.4.3　破碎腔高度

由图 3-8 可知，破碎腔高度 H 为：

$$H = \frac{B - b}{\tan\alpha_1 + \tan\alpha_2} \tag{3-8}$$

式中　α_1，α_2——定锥与动锥角的一半。

3.4.4 偏心距 e 与动锥行程 S

偏心距太大，动力消耗增加，产品粒度变粗；偏心距太小，不能保证有效地破碎物料，降低生产率。因此，e 必须选得合适。根据经验，e 与给料口尺寸 B 的关系是：

$$e = 8.3B + 8.5 \tag{3-9}$$

按式 3-9 计算 e 值，与破碎机样本的数据 e 的比较，见表 3-4。

表 3-4　计算偏心角 e 与样本 e 的比较

给料口尺寸 B/m	0.5	0.7	0.9	1.2	1.4
按式 3-9 计算 e/mm	11.7	14.3	16	18.5	20.1
样本中的偏心距 e/mm	11	15	16	19	20

3.4.5 动锥底部直径

动锥底部直径，是指在排料口水平面动锥的直径，它与给料口尺寸的关系为：

$$D = (1.35B + 0.45) \pm 1 \tag{3-10}$$

3.4.6 进动角 γ_0

一般进动角 $\gamma_0 = 30' \sim 1°$。

3.4.7 定锥底部直径

从图 3-8 可知：

$$D_1 = D + 2(b + e) \tag{3-11}$$

3.4.8 动锥悬挂高度

动锥悬挂高度可由下式计算得出：

$$H_0 \approx \frac{e}{\tan\gamma_0} \tag{3-12}$$

由式 3-12 可知，当偏心距一定时，H_0 与 γ_0 成反比。此外，悬挂高度还受到悬挂轴承最外边到给料口定锥距离的影响，即此距离必须保证最大料块能顺利进入破碎腔。同时 e 和 H 确定后，动锥给料口偏心距 e_0 随悬挂高度增加而增加。而 e_0 值必须要保证大于有效地压碎最大给料块的变形值。根据这些因素，参考实际数据便可决定 H_0 值。

3.5 动锥摆动次数计算

动锥的摆动次数，即偏心轴套的转速。若转速太高，生产率不仅不能提高，反而会使功耗增加，若转速太低，又不能充分利用能量，生产率降低。

破碎机转速 n 值与破碎机结构、偏心部件运动状态、破碎机制造质量、零件材质、润滑等因素有关。确定破碎机 n 值时，必须要考虑在其他条件一定的情况下，n 值应有最高的生产率和最低的能耗。

物料在破碎腔平行区里是以自由落体形式运动，以此为基础，计算动锥摆动次数。

如图 3-10 所示，物料在 A 点被压碎后，当动锥从位置 Ⅰ 急速向位置 Ⅱ 后撤时，由于物料不会立刻跟随动锥一起下落而是滞后一段时间脱离动锥表面，这是因为动锥后撤的速度大于物料自由下落的速度。当动锥后撤到位置 Ⅱ 而物料尚离动锥表面有一段距离，待动锥从位置 Ⅱ 返回来再次冲击的过程中，与继续下落的物料相遇。

下面求动锥后撤而物料跟随动锥一起作自由下落运动状态下动锥的摆动次数，即动锥保证物料自由下落的最低摆动次数。

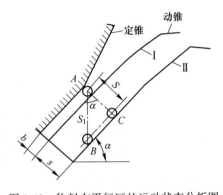

图 3-10　物料在平行区的运动状态分析图
Ⅰ—动锥处于压碎终止位置；
Ⅱ—动锥后撤到终止位置

由图 3-10，物料从 A 点降落到 B 点的时间，等于动锥从位置 Ⅰ 后撤到位置 Ⅱ 的时间，即：

$$t = \frac{30}{n}$$

根据自由落体公式得：

$$S_1 = \frac{gt^2}{2} \tag{3-13}$$

将 $t = \dfrac{30}{n}$ 代入式 3-13 中，则得：

$$S_1 = g\left(\frac{30}{n}\right)^2 \Big/ 2 \tag{3-14}$$

式中　g ——重力加速度，m/s^2；

S_1 ——物料下落的距离，$S_1 = \dfrac{S}{\cos\alpha}$（$\alpha$ 为动锥底锥角）。

式 3-14 经整理后，得动锥每分钟最低摆动次数为：

$$n_{\min} = \sqrt{\frac{g\cos\alpha}{2S}} \tag{3-15}$$

将 $g = 9.8 m/s^2$ 代入式 3-15，则得：

$$n_{\min} = 66\sqrt{\frac{\cos\alpha}{S}} \tag{3-16}$$

式中　S ——动锥的行程，m。

式 3-16 是求得物料不在锥面上滑动的最低摆动次数。实际上，设计时动锥的摆动次数必须大于这个极限次数，才能使物料呈自由落体形式向下运动。而且必须考虑充分利用动锥对物料的冲击，使物料有重新取向作用，从而提高破碎物料的效果。

如图 3-11 所示，动锥从位置 Ⅰ 后撤到位置 Ⅱ，再从位置 Ⅱ 返回到位置 Ⅰ 的运动，可视为作简谐运动。由此，可求得动锥任意位置摆动行程（图 3-11）x 值，即

$$x = \frac{S}{2}\cos\frac{2\pi}{T}t \tag{3-17}$$

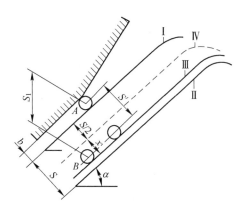

图 3-11　求动锥最适宜的摆动次数

Ⅰ—动锥处于压碎物料终止位置；Ⅱ—动锥处于后撤终止位置

Ⅲ—动锥处于 $t = 33.625/n$ 的位置，即处 $S/2+x$ 的位置；Ⅳ—动锥处于 $S/2$ 的位置

对式 3-17 微分，可得 A 点作简谐运动的速度为：

$$u = \frac{\mathrm{d}x}{\mathrm{d}t} = \frac{S\pi}{T}\sin\left(\frac{2\pi}{T}t\right) \tag{3-18}$$

使 t 值依次等于：$t_0 = 0$，$t_1 = \dfrac{10}{n}$，$t_2 = \dfrac{20}{n}$，$t_3 = \dfrac{30}{n}$，$t_4 = \dfrac{40}{n}$，$t_5 = \dfrac{50}{n}$，$t_6 = \dfrac{60}{n} = T$。将各 t 依次代入式 3-18，便可求得简谐运动曲线，如图 3-12 所示。

对照图 3-10 和图 3-12，动锥从位置 Ⅰ 后撤的同时，物料从 A 点自由下落，两者在 B 点相遇，因此图 3-12 中 1~2 区间是物料沿动锥表面作滑动状态。说明此时动锥摆动次数很低。在已有的中细碎圆锥破碎机中已不存在这种情况，因为这种情况不能保证产品粒度，而且降低破碎机处理能力。破碎机动锥实际摆动次数必须大于这个最低摆动次数，即：$n > n_{\min}$。

如图 3-11 所示，动锥在返回的冲击过程中，处于整个行程 S 的中间位置 Ⅳ，此时动锥有最大的冲击速度，对物料有较大的冲击作用。因为超过此位置，动锥将作减速运动，对物料冲击取向作用差而又影响排料，甚至使处理能力大大下降，功耗增高。

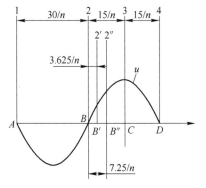

图 3-12　动锥速度 u 随时间变化曲线

物料从 A 点开始自由降落而动锥从位置 Ⅰ 后撤，由于动锥后撤速度较快，当动锥后撤到位置 Ⅱ 又返回到位置 Ⅲ 时，才与物料相遇。此时动锥所走过的时间 $t = 45/n$，如

图 3-12 中 C-3 线。$T=60/n$，将此数据代入式 3-17 得 $x=0$。由图 3-11 知，$S' = \dfrac{S}{2} + x$ ，故 $S' = \dfrac{S}{2}$ 。又从图中几何关系得 $S_1 = \dfrac{S'}{\cos\alpha}$ 。

根据自由落体公式得：$S_1 = \dfrac{S'}{\cos\alpha} = \dfrac{S}{2\cos\alpha} = \dfrac{1}{2}g(45/n)^2$ 。

经简化求得 $n_{\max}$ （r/min） 为：

$$n_{\max} = 140 \sqrt{\frac{\cos\alpha}{S}} \qquad (3\text{-}19)$$

式中 S——动锥摆动行程，m；

　　　　α——动锥底锥角，(°)。

按式 3-19 可求得动锥最高摆动次数 $n_{\max}$ 。所以中细碎破碎机动锥摆动次数应在 $n_{\min} \sim n_{\max}$ 之间选取值。实际上，当动锥底锥角 α 和摆动行程一定时，动锥摆动次数取决于系数 K（在 66～140 之间变化）。K 值随动锥处在不同位置冲击物料而定。如图 3-12 所示，系数 $K=66$ 时是指动锥在 $t=30/n$ 时与物料相遇。对于高能层压圆锥破碎机是属于高摆频的破碎机，可以取较大的 K 值。机型越小则 x 值应越大。例如 HP 系列小型多缸机，$\alpha=55°$，$S=65\text{mm}$，取 $K=140$，根据式 3-19 求得 $n=415\text{r/min}$。该机动锥摆动次数 $n=400\text{r/min}$。若取 C-3 线与 B-2 线之间的平均值为 B''-$2''$ 线，此时 $t=37.25/n$，按上述同样的推导过程可得：

$$n = 88.75 \sqrt{\frac{\cos\alpha}{S}} \qquad (3\text{-}20)$$

将国产弹簧破碎机的 α 和 S 实际数据代入式 3-20 所求得的结果如表 3-5 所示。

表 3-5   动锥每分钟摆动次数

破碎机规格	2200	1750	1200	900	600
按式 3-20 计算的 n 值	258	283	343	292	455
破碎机实际的 n 值	220	245	300	333	356

从表 3-5 中看出，所求得的动锥摆动次数均高于国产圆锥破碎机，但国外同规格破碎机动锥摆动次数均高于国产破碎机，因此新设计圆锥破碎机可以按式 3-20 计算动锥摆动次数。

此外，动锥摆动次数也可按以下简单公式计算，对于弹簧保险液压调整和多缸液压圆锥破碎机 n(r/min) 为：

$$n = \frac{1000}{\pi\sqrt{D}} \qquad (3\text{-}21)$$

式中 n ——动锥摆动次数，r/min，对于单缸液压圆锥破碎机 $n=400\sim90D$，对于液压旋回破碎机 $n=240\sim85B$；

　　　　D——动锥底部直径，m；

　　　　B——给料口尺寸，m。

3.6 生产率计算

生产率是指在一定的给料粒度和排料粒度条件下，单位时间破碎机所处理的物料量，单位是 t/h 或 m³/h。生产率是破碎机一项重要的技术经济指标，理论生产率的计算式又是设计破碎机腔形的基本方程式。

如图 3-13 所示，求生产率的理论计算式，是根据动锥摆动一次，从破碎腔排出的物料体积求得：

$$v = l_i b_i D_c \pi \qquad (3-22)$$

式中　l_i ——动锥摆动一次物料的位移，m；

　　　b_i ——动锥开始压缩物料或停止排料时料层的厚度，即两锥面间的距离，m；

　　　D_c ——料层平均值，m。

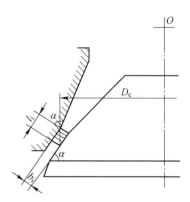

图 3-13　计算生产率原理图

动锥摆一次物料的位移 l_i 可根据图 3-13 中近似认为 $l_i = b_i \tan\alpha$（α 为动锥底锥角）。式 3-22 中 l_i、b_i、D_c 和 α 值，当设计新破碎机时，在破碎机总图中均是已知数据。

根据式 3-22 可求得破碎机生产率 Q(t/h) 计算式：

$$Q = 60 v n \mu \gamma = 188 n \mu D_c b_i^2 \tan\alpha \qquad (3-23)$$

式中　γ ——物料堆密度，$\gamma = 1.6 \text{t/m}^3$；

　　　μ ——松散系数，$\mu = 0.5 \sim 0.7$；

　　　n ——动锥每分钟摆动次数，r/min；

　　　α ——动锥底锥角，(°)。

实际上，影响生产率的因素很多，如给料方式、物料性质、给料粒度、腔形、机器规格、动锥摆动次数、排料口尺寸和物料松散系数等。因此，若要求得实际生产率，必须对式 3-23 加以修正。

$$Q = 188 \mu n D_c \gamma K_Q K_i b_i^2 \tan\alpha \qquad (3-24)$$

式中　K_Q ——物料硬度系数，对中硬物料 $K_Q = 1$，对坚硬物料 $K_Q = 0.75$，对软物料 $K_Q = 1$；

　　　K_i ——给料粒度系数，见表 3-6。

表 3-6　粒度系数 K_i

筛分	给料公称粒度	粒度系数	筛分	给料公称粒度	粒度系数
预先筛分	0.8B	1.0	预先筛分	0.45B	1.1
	0.6B	1.05		0.55B	1.2
	0.3B	1.1		0.45B	1.3
	0.8B	1.0		0.35B	1.4

注：B 为给料宽度。

由于计算生产率的理论公式误差较大，常用经验公式计算生产率，即

$$Q = K_1 \frac{\gamma}{1.6} q_0 b \qquad (3-25)$$

式中　K_1——经验系数，可查表 3-7；

　　　q_0——单位排料口宽度的比生产率，$t/(mm \cdot h)$，可按表 3-8 查得。

表 3-7　经验系数 K_1

物料普氏硬度系数 f	<1	1~5	5~15	15~20	>20
经验系数 K_1	1.3~1.4	1.15~1.25	1.0	0.8~0.9	0.65~0.75

表 3-8　比生产率 q_0

破碎机规格	500/75	700/130	900/160	1200/180	1500/186	1500/300
$q_0/t \cdot (mm \cdot h)^{-1}$	2.5	3	4.5	6.0	10.5	13.5

3.7　电动机功率计算

弹簧式圆锥破碎机电动机功率（kW）可按经验公式 3-26 进行计算：

$$P = 50QD^2 K_0 \qquad (3-26)$$

式中　D——动锥直径，m；

　　　K_0——修正系数，动锥直径在 1650mm 时，取 $K_0 = 1.4$；当动锥直径在 1650~2100mm 之间时，取 $K_0 = 1$；当动锥直径大于 2100mm 时，取 $K_0 = 1.1~1.2$。

对于不同规格的圆锥破碎机，采用式 3-26 计算结果列于表 3-9。

表 3-9　弹簧机电动机功率

破碎机规格	600	900	1200	1650	1750	2200
电机实际功率/kW	28	55	110	130	155	266/280
按式 3-26 计算功率/kW	25.2	56	108	136	153	268

从表 3-9 中数据对比可知，实际功率与计算功率相近，故初步确定功率时可以采用式 3-26 进行。单缸液压圆锥破碎机电动机功率（kW），可按式 3-27 经验公式计算：

$$P = 75D^{1.7} \qquad (3-27)$$

式中　D——动锥直径，m。

按式 3-27 计算结果列于表 3-10。从表中数据看出，按式 3-27 计算结果也比较接近实际。

表 3-10　单缸液压机电动机功率

破碎机规格	900	1200	1650	1850	2200
电动机实际功率/kW	55	95	155	210	280
按式 3-27 计算功率/kW	62	102	175	213	286

表 3-11~表 3-13 分别列出了短头型圆锥破碎机的设计指标和生产实例，供参考。

表 3-11 ϕ900 短头型圆锥破碎机设计指标（一）

物料品种	加料粒度 /mm	排料口尺寸 /mm	生产能力（<3mm） /t·h⁻¹	作业率 /%
一、二级高铝熟料	40	3	3~3.5	
三级高铝熟料	40	3	3.5~4.0	
黏土熟料	40	3	3.5~4.0	60~70
烧结镁砂	40	3	4.0~4.5	
硅石	40	3	3.5~4.0	

表 3-12 ϕ900 短头型圆锥破碎机设计指标（二）

物料品种	加料粒度 /mm	排料口尺寸 /mm	生产能力（<3mm） /t·h⁻¹	作业率 /%
一、二级高铝熟料	50	3	5.0~6.0	
三级高铝熟料	50	3	6.0~7.0	
黏土熟料	50	3	6.0~7.0	60~70
烧结镁砂	50	3	7.0~8.0	
硅石	50	3	6.0~7.0	

表 3-13 短头型圆锥破碎机生产实例

设备规格	成品粒度 /mm	生产能力/t·h⁻¹			
		黏土熟料	高铝熟料	烧结镁砂	硅石
ϕ900	<3.0				3.0~4.0
	<3.0		3.0~4.0	3.0~3.5	
	<3.2				4.0
	<3.0	3.0~4.0	3.0~4.0		
	<3.6	7.0~8.0	3.0~4.0		
	<3.0	11.0~13.0	10.0~12.0		6.0~7.0
ϕ1200	<3.0	7.5			
	<3.0			7.0~8.0	
	<3.0				3.5
	<3.0	4.5~6.0		6.0~7.0	5.0~7.0

3.8 圆锥破碎机的智能化技术

圆锥破碎机的智能化技术主要应用于给料与出料控制、过铁保护等方面，以提高圆锥破碎机给料的均匀性与连续性、产品粒度的可控性和设备的安全性。

3.8.1 给料智能控制

给料单元可用电动机驱动方式，其给料控制工艺流程如图 3-14 所示。

通过感知电动机的运转电流，与系统存储的负载电流对比分析并作出决策；然后控制

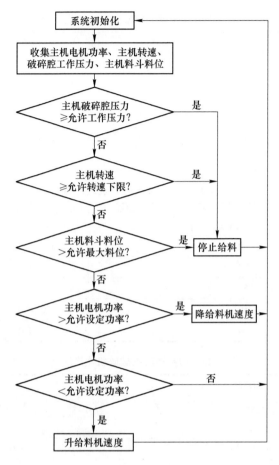

图 3-14　给料控制工艺流程

变频器，使驱动电机转速自动调整并自适应改变给料量，实现给料单元同破碎主机自动联锁联控；根据主机的负载状态自动作出"减速给料""增速给料"或"停止给料"等逻辑控制决策；同时接受无线遥控装置和人机交互界面对其发出"手动、半自动、全自动启停，给料增减速"等控制决策。

3.8.2　破碎及排料安全智能控制技术

由控制中心感知破碎主机转速、电动机电流、液压系统压力负载等数据信息，通过分析、计算和比对负载作出判断，实现对排料口的调节，使钢筋、铁块、大矿物料等不易或不可破碎物料安全通过。

通过采集主机轴承温度、振动、转速等信息，由控制中心实现人机交互，对外输出信息，经后台监控设备的运行状态，并基于设备的运行数据做出及时响应。这大大提高了整机的安全性和可靠性。

通过采集超声波传感器、磁致伸缩传感器、数齿开关传送的数据，实现排料口的精准测量，与系统人机交互系统设定的数据进行比对分析，输出决策控制电流大小，驱动液压装置以实现排料口的调节。再通过磨损传感器得到不同产能下的衬板磨损量，为排量口的自动调节补偿提供数据支撑。这大大提高了整机的安全性和智能化水平。

复习思考题

3-1 请简述圆锥破碎机的工作原理。

3-2 请简述圆锥破碎机的分类及构造。

3-3 说明圆锥破碎机与颚式破碎机工作原理的异同之处。

3-4 物料沿动锥表面下滑时，除受重力和摩擦力以外，还受哪些作用力？对破碎机及产品的影响是什么？

3-5 动锥除旋转摆动外，还作什么运动？对圆锥破碎机有何影响？

3-6 圆锥破碎机破碎产品粒度中大于排料口的颗粒含量高，为什么？

3-7 耐火材料厂圆锥破碎机主要用于哪个工序？作用是什么？

4 其他破碎机

本章要点

(1) 掌握锤式、反击式、立轴式、冲击式和辊式破碎机的结构及其工作原理；
(2) 了解锤式、反击式、立轴式、冲击式和辊式破碎机的分类；
(3) 熟悉辊式破碎机的工作参数及其意义。

4.1 锤式破碎机

4.1.1 锤式破碎机概述

锤式破碎机是 1895 年由 M. F. Bedmson 发明的，至今已有 120 多年的历史。在此过程中破碎机得到不断完善，到目前为止，这种破碎机在水泥、选煤、化工、电力、冶金等工业部门应用广泛，主要用于中、细碎中硬和低硬的物料。锤式破碎机主要是靠锤子冲击作用破碎物料（图 4-1）。物料进入锤子工作区后，被高速回转的锤子冲击破碎。被破碎的物料从锤头处获得动能，以高速向破碎板和算条筛上冲击而被第二次破碎。此后，小于算条筛缝隙的物料从缝隙中排出，而粒度较大的物料，弹回到衬板和算条上的粒状物料，还将受到锤头的附加冲力破碎，在物料破碎的整个过程中，物料之间也相互冲击粉碎。

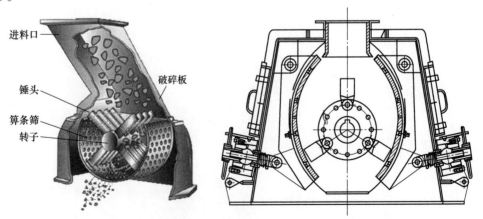

图 4-1 锤式破碎机示意图

锤式破碎机类型很多，按转子数目，可分为单转子和双转子两种，而单转子又有可逆旋转和不可逆旋转两种。

锤式破碎机的特点是：生产效率高、破碎比大、能耗低、产品粒度均匀、过粉碎现象少、结构紧凑、维修和更换易损件简单容易；锤头、箅条筛、衬板、转盘磨损较快，若破碎较硬物料磨损更快，故它仅能破碎中硬易碎物料；当物料水分含量超过12%或含有黏土时，其箅条筛缝隙容易堵塞，这时生产效率下降，能耗增加，锤头磨损加快。

锤式破碎机型号一般用中文拼音的首字母表示，如 PCK—可逆式锤式破碎机、PCD—单段锤式破碎机、PCF—反击式锤式破碎机、PCZ—重锤式锤式破碎机。锤式破碎机的规格用转子的直径 D 和长度 L 表示。如 PCK1000×800，表示转子直径为 $D=1000$mm、转子长度 $L=800$mm 的可逆式锤式破碎机。

4.1.2 锤式破碎机机型

4.1.2.1 可逆式锤式破碎机

图 4-2 所示的破碎机由于它的转子可以正反双向旋转，所以其主要零部件都是对称的，进料口必须设置在机器的正上方。

可逆式锤式破碎机主轴上装有圆盘多个，每两个圆盘通过销轴悬挂锤头。主轴两端支承在滚动轴承上。电动机通过弹性联轴节直接带动转子回转。

排料箅条安装在对称于转子两边的弧形侧板上。弧形侧板的上端，悬挂在固定于机壳两侧壁上的心轴上，下端支承在偏心轮上。转动机器两侧的手柄，使偏心轮转动某一角度，就可以调节锤头与箅条间的间隙，从而保证所需的产品粒度，调整时不必停车。为了保证侧板与偏心轮在机器工作时经常接触，在侧板下端装有拉紧弹簧，借弹簧的拉紧力，可防止物料冲击箅条而引起侧板在偏心轮上跳动。

为了防止锤头将未被破碎的物料或非破碎物带到转子的另一边而引起事故，可使左右侧板下端相距一定的距离。在这段距离内没有箅条。而在下端安装一个可左右摆动的可调式笼筐，未被破碎的物料落到此筐内。作业者定期拉动露在机壳外面的拉杆，便可使积存于笼筐内的未被破碎的物料排出去。

机器使用一段时间后，锤头工作的一面会磨损，转子一侧的衬板与箅条也会有一定磨损。这时，可以停车把电动机反接，使转子逆转，锤头未磨损的一面就变成工作面，并利用另一侧末磨损的箅条与衬板。但需要将原来开着的折转板闭死，而将原来闭死的折转板打开。

锤头用优质碳钢锻制。箅条由钢板切割而成。这种破碎机的其他部件与不可逆锤式破碎机基本相似。

锤式破碎机安装好后，需进行 2h 的空载试运转，如发现问题要及时处理。然后再进行连续 4~8h 负载试运转，在试运转中，给料先减半，2h 时后再给全料。加料前，根据转子旋转方向，把箅条上方的折转板调成一开一闭。运转中，主轴承的温度应在 60℃ 以下，若发现不正常声音，应立即停车检查处理。表 4-1 给出可逆锤式破碎机技术参数。

4.1.2.2 不可逆锤式破碎机

图 4-3 所示为 PCZ 系列单转子不可逆锤式破碎机，这种破碎机属于反击型重锤式破碎机。该机主要由机架、转子、反击板、箅条、联轴器、电动机等零部件组成。

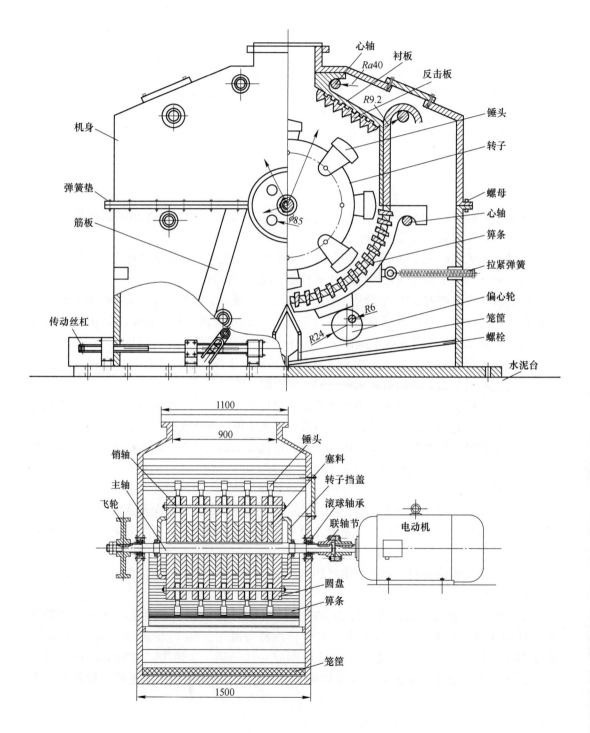

图 4-2   可逆式锤式破碎机

表 4-1　可逆锤式破碎机技术参数

型号及规格 /mm×mm	最大进料粒度 D_{max}/mm	出料粒度 d/mm	生产率	转子转速 /r·min^{-1}	功率 P/kW	设备质量 m/t
$\phi1000×1000$	$\dfrac{≤80}{≤40}$	≤3	$\dfrac{100\sim130}{50\sim65}$	980	280	10.45
$\phi1250×1250$	$\dfrac{≤80}{≤40}$	≤3	$\dfrac{150\sim180}{75\sim90}$	740	320	13.80
$\phi1430×1300$	$\dfrac{≤80}{≤40}$	≤3	$\dfrac{200}{100}$	740	370	19.70

注：1. 出料粒度中小于（或等于）3mm 的粒度不得少于 80%；
　　2. 带有 "—" 的参数，其分子为煤的参数，分母为石灰石的参数。

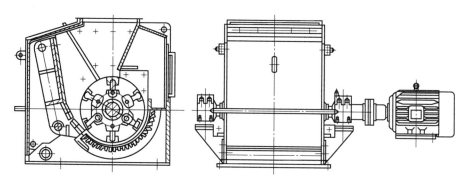

图 4-3　PCZ 锤式破碎机

　　电动机通过弹性联轴器直接驱动转子旋转，使转子上的锤头呈放射状高速旋转，打击进入破碎腔内的物料，形成一次破碎；物料受到锤头的打击后，再以高速撞击反击板而再次破碎，并在物料冲向反击板以及从反击板弹回过程中又发生了多次物料间的相互冲击而发生自破碎。在很短的时间内，经多次碰撞循环，破碎后的物料落到转子下部的算条上；小于算条缝隙的物料，被排出形成产品；稍大于缝隙的物料，在筛条上又受到锤头的挤压碾磨而形成最终产品。因此，在破碎原理上，既有锤式破碎机的细碎且粒型好的功能，又有反击式破碎机的节能、产量高的特点，并兼有辊式破碎机的挤压原理，是一种兼有多种破碎机之长的先进机型。

　　该机的机架由两部分组成：开启机架和主机架。这两部分由螺栓经法兰板紧固在一起。打开转 90°，平行于基础水平放置，从而可方便地对转子上的锤头及其下部的算条进行检修，也可对装于该部件上的反击衬板进行维修或更换；开启机架，在下部两侧安装有反击板位置的调整机构。通过增加或减少调节垫片数量，可控制被破碎物料的粒度；主机架主要用于支撑转子体并与开启机架形成深型破碎腔；转子主要由主轴、锤架、锤子、轴承等组成。锤头通过销轴悬挂在三角形锤盘上，可在一定范围内转动。锤架通过键套装于主轴上，并借助锁紧螺母固定在主轴上。

　　该机锤子质量大，从而打击力大，能破碎较大物料（入料粒度可达 200mm），从而物料的破碎比较大；锤子采用组合式结构，锤帽和锤柄借助短销轴连接，磨损后仅更换锤帽，提高金属利用率；该机装有反击板，借用反击破碎的优点，增加破碎效果。这种破碎机可用于破碎抗压强度不超过 150MPa、水分不大于 10% 的物料。破碎机技术性能参数见表 4-2。

表 4-2　锤式破碎机的主要技术性能参数

参数	PCZ0604	PCZ0608	PCZ0612	PCZ0808	PCZ0812	PCZ1012	PCZ1212
转子直径/mm		620			820	1020	1250
转子长度/mm	390	790	1190	790	1190	1190	1250
锤头质量/kg		24			28		49
锤头数量/个	3	6	9	8	12	18	15
进料粒度/mm	≤150		≤250		≤350		
出料粒度/mm		≤10			≤15		≤20
生产能力/t·h^{-1}	5~15	15~25	30~40	40~50	50~60	60~90	100~140
进料口/mm×mm	440×440	440×480	440×1200	520×810	550×1200	550×1210	550×1270
电动机功率/kW	15~18.5	45	55	75	90	132	185
质量/kg	1670	2790	3675	4430	5835	7790	10500

图 4-4 所示为反击型细碎锤式破碎机。从图中看出，该机采用圆弧形反击板，物料是沿有筛孔的导板滑下，被高速旋转的锤子冲击后，再以高速抛出撞击在反击板上再次破碎，从反击板反弹回来的过程中又产生多次物料间的相互冲击，在破碎腔形成集中打击区，然后破碎产品从下部算条筛排出。

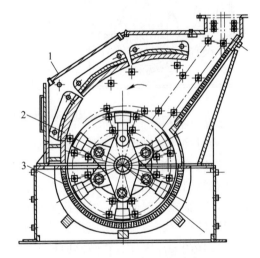

图 4-4　反击型细碎锤式破碎机
1—机架部件；2—转子部件；3—筛子部件

该机充分发挥了反击破碎和锤式破碎机结合的优点，从而能得到更细的物料（小于 5mm 占 80%）。该机可破碎抗压强度不超过 100MPa、水分不大于 15% 的脆性物料。破碎机技术参数见表 4-3。

表 4-3　反击型细碎锤式破碎机技术参数

型号	转子直径×长度 /mm×mm	转子转速 /r·min^{-1}	进料口尺寸 /mm	最大进料口尺寸 /mm	出料粒度 /mm	处理能力 /t·h^{-1}	电动机功率 /kW	质量 /t	外形尺寸 /mm×mm×mm
PCX-83	800×300	1000	250×340	80	5	10~15	37	3.1	1202×1678×1680
PCX-84	800×400	1000	250×445	80	5	15~20	37	3.5	1233×1678×1680
PCX-86	800×600	1000	250×600	100	5	15~25	45	3.7	1575×1300×1185
PCX-88	800×800	1000	250×840	100	5	25~35	75	4.0	1702×1678×1680
PCX-810	800×1000	1000	250×1040	100	5	30~40	90	5.1	1910×1678×1680

注：表中为破碎石灰石数据。

4.1.3 锤式破碎机参数计算

4.1.3.1 生产率计算

影响生产率的因素很多，如给料粒度、产品粒度、转子转速、物料性质、破碎机结构、规格等。在此首先依据从算条筛上排出的物料体积来求破碎机的生产率。设转子每转一周从算条筛孔中排出的物料体积 $V(\mathrm{m}^3)$ 为：

$$V = L\frac{\pi D}{360}\theta d \tag{4-1}$$

式中　L——转子长度，m；

　　　D——转子直径，m；

　　　d——筛孔直径，m；

　　　θ——算条筛孔所对应的中心角，(°)，$\theta = 360Zd/\pi D$（Z 为筛孔数）。

将上述的 θ 值代入式 4-1 中，并令 $d = d_1$ 产品最大粒度 (m)，则得：

$$V = LZ_0 d^2 k \tag{4-2}$$

式 4-2 求得的是产品粒度为 $d(\mathrm{mm})$ 的物料体积，实际上，还应考虑排出物料的松散度以及不均匀等因素，才更接近实际，根据已有资料和计算经验，物料松散系数与物料不均匀系数 k 为 0.4~0.6。

当转子转速为 $n(\mathrm{r/min})$ 时，则每小时从算条筛孔排出的物料体积 $Q(\mathrm{m}^3/\mathrm{h})$ 为：

$$Q = 60nLZ_0 d^2 k \tag{4-3}$$

【例】 PCX-83 细碎锤式破碎机，已知：$D = 0.8\mathrm{m}$，$L = 0.3\mathrm{m}$，$d = 0.005\mathrm{m}$，$Z_0 = 37$。取系数 $k = 0.4$，将已知数据代入式 4-3 中，得 $Q = 6.66\ \mathrm{m}^3/\mathrm{h}$，若堆密度为 1.6 t/$\mathrm{m}^3$，则 $Q = 10.65\mathrm{t/h}$。与该机技术参数中的生产率为 10~15t/h 结果相近。

讨论：式 4-3 的准确度取决于系数 k 值，而 k 值又决定试验结果，但还是有局限性，且 k 值范围较大，故计算结果也不可能很准确。

计算生产率经验式 $Q(\mathrm{t/h})$ 为：

$$Q = (30 \sim 45)DL\rho \tag{4-4}$$

式中　D——转子的直径，m；

　　　L——转子的长度，m；

　　　ρ——物料的堆密度，t/m^3。

4.1.3.2 电动机功率计算

锤式破碎机功率 P (kW) 可按式 4-5 计算：

$$P = \frac{mR^2 n^3 j k_1}{1088 \times 10^3 \eta} \tag{4-5}$$

式中　m——锤子质量，kg；

　　　R——转子半径，m；

　　　j——锤子总数；

　　　η——机械效率，$\eta = 0.7 \sim 0.85$；

　　　k_1——修正系数，它与转子圆周速度有关，k_1 值与转子圆周速度 v 的关系见表 4-4。

表 4-4　k_1 值与 v 的关系

转子圆转速度 $v/\mathrm{m \cdot s^{-1}}$	17	20	23	26	30	40	47
修正系数	0.022	0.016	0.01	0.0080	0.0030	0.0015	0.00125

计算锤式破碎机功率 $P(\mathrm{kW})$ 的经验公式为：

$$P = 0.15D^2Ln \tag{4-6}$$

式中　D——转子的直径，m；

　　　L——转子的长度，m；

　　　n——转子转速，r/min。

4.2　反击式破碎机

4.2.1　反击式破碎机概述

利用冲击原理破碎物料的破碎机专利是美国 1842 年提出的，但用于反击式破碎机还是在 20 世纪。1924 年德国哈兹马克（Hazemag）公司，A. 安德烈（A. Andres）首先设计了供实用的反击式破碎机。其结构相当于"棒式锤破机"，在美国用它来破碎焦炭和烧结矿。后来生产了"Andres"单转子和双转子反击式破碎机。

反击式破碎机（impact crushers）实际上是在锤式破碎机基础上发展起来的一种新型高效破碎机；反击式破碎机用于中硬物料的粗、中碎，也可用作细碎。

因这种破碎机的易损件磨损很快，故只能用于破碎中等硬度物料，使其应用范围受到一定限制。到 20 世纪 50 年代初，随着新的耐磨材料的应用，联邦德国 KHD 公司首先推出硬岩反击式破碎机，从而使反击式破碎机的应用范围扩大。

20 世纪 50 年代末，国内已生产反击式破碎机，在 80 年代之前国产反击式破碎机只限于破碎中等硬度物料，到 80 年代末，上海建设路桥机械设备有限公司引进 KHD 型硬岩反击式破碎机并研制了硬岩板锤，不仅代替原来依赖进口，而且出口到欧美国家和日本等国家，从此使硬岩反击式破碎机得到很快的发展。

随着基础建设的快速发展，我国水泥产量和用量均占世界第一位。用管磨机作为生料磨机时，单段锤式破碎机是最佳选择，而目前在 5000t/d 以上的水泥生产线上越来越多选用立式磨机来取代管磨机；为了便于根据立磨的需求调整出料粒度，比较好的配套方案是选用大型粗破反击式破碎机，这有利于立磨压力床的建立，从而提高处理能力。因此，发展粗碎反击式破碎机会有相当大的市场。其主要性能如表 4-5 所示。

表 4-5　粗碎反击式破碎机参数

规格/mm×mm	处理能力/t·h⁻¹	最大进料边长/mm	出料粒度/mm	电机功率/kW	机器质量/t
$\phi1600×1500$	300	1000	100	300	40
$\phi1600×1500$	500	1000	100	500	60
$\phi1600×1500$	700	1200	100	600	70

图 4-5 所示为反击式破碎机示意图。其工作原理是，高速旋转的转子上装有刚性连接的板锤，它随转子一起转动。从进料口下滑的物料被板锤冲击后破碎，一部分未被破碎的

物料被抛射在反击板上进行再次破碎，反弹回来的物料群，在空中相互撞击进一步遭到破碎，被破碎后的物料从破碎机底部排料口排出。

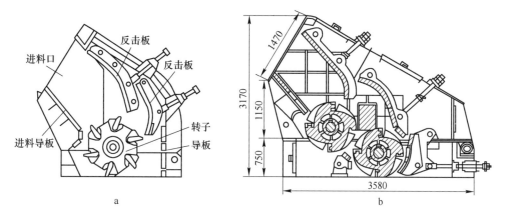

图 4-5　反击式破碎机示意图

物料在反击式破碎机中的破碎机理可概括为三种方式。

（1）自由冲击破碎。物料进入破碎腔内受到高速板锤的冲击以及物料之间相互冲击，同时还有板锤与物料的摩擦，使物料在腔内在自由状态下沿其脆弱面破碎。反击式破碎机产生粉尘也是料块群在空间撞击产生的。

（2）反击破碎。受高速旋转转子上板锤的冲击作用，使物料获得很高的运动速度，然后撞击到反击板上，使物料得到进一步的破碎。从反击板上反弹回来物料的流向是由反击板曲线所决定的。

（3）铣削破碎。物料进入板锤破碎区间，大块物料被高速旋转的板锤一块一块地铣削破碎并抛出。另外，经上述两种破碎作用还存在的大于出料口尺寸的物料，在出料口处也被高速旋转的板锤铣削破碎。

上述三种破碎方式以自由冲击破碎为主。

反击式破碎机类型虽较多，但可归纳为单转子（图 4-5a）和双转子反击式破碎机（图 4-5b）两大类型。

单转子反击式破碎机又分单转子可逆旋转（图 4-8）和不可逆旋转（图 4-5a）两种，双转子反击式破碎机，根据转子旋转方向的不同，又分两转子同向旋转、相向旋转和反向旋转三种。两转子同向旋转的双转子反击式，相当于两个单转子反击式破碎机串联使用，可同时完成粗、中、细碎作业，破碎比大，产品粒度均匀，生产能力高，但电耗较高。该种破碎机可减少破碎段数，简化生产流程。

两转子反向旋转的反击式破碎机，相当于两个单转子反击式破碎机并联使用，生产能力高可破碎较大块物料，作为大型粗、中碎使用。

两转子相向旋转的反击式破碎机，它主要利用两转子相对抛出的物料相互撞击进行破碎，所以破碎比大，金属磨损量较少。

反击式破碎机型号用拼音和数字来表示。如 PFY-1214，PF 为反击式破碎，若前面标注 2 为双转子，单转子不标注；后面 Y 为硬岩，Q 为祸旋；横线后面 12 为转子直径的百分数，14 为转子长度的百分数，单位为 mm。全称为单转子 1200mm×1400mm 硬岩反击式破碎机。

　　锤式破碎机与反击式破碎机的主要区别：反击式破碎机的板锤与转子是刚性连接的，利用整个转子的惯性对物料进行冲击，物料不仅遭到破碎而且获得较大速度和动能。锤式破碎机由于锤头与转子是铰接的，所以它仅以单个锤子对物料进行打击破碎物料，物料获得的速度和动能较小。

　　反击式破碎机破碎腔较大，物料有一定的活动空间，充分利用冲击作用，在板锤的作用下，物料向反击板冲击。锤式破碎机的破碎腔小，物料主要受锤子打击破碎。

　　反击式破碎机的板锤是自下向上迎击物料并将其抛到反击板上，而锤式破碎机锤头是顺着物料的方向打击物料。

　　反击式破碎机一般不设算条，产品粒度是靠板锤的速度以及反击板或均整板之间的间隙来控制的。锤式破碎机下部设有算条（也有无算条可逆锤式破碎机），破碎产品通过筛孔排出。

4.2.2　反击式破碎机机型与性能

4.2.2.1　PFY 硬岩反击式破碎机

　　图 4-6 所示为 PFY 硬岩反击式破碎机，该机由机架、反击装置和转子三个部分组成。

　　机架是整机的基础，所有零部件都装在机架上。机架分上下两部分，用钢板和型钢焊接而成。在转子两端的机架内壁上装有锰钢衬板，机架顶盖和左侧壁以及两端壁构成可以翻转的半开式上盖，可借助丝杆或液压顶打开和关闭，便于更换易损件等工作。机架右侧壁上部有进料导板，在下部（底部）机架装有主轴承。

　　反击装置由反击板和悬挂装置所组成。反击板内壁装有高耐磨材料制成的锯齿形衬板。反击板一端铰接在机架上盖上，而中间部位借助拉杆弹簧悬挂装置吊在机架上盖。利用悬挂装置调节排料口大小，当有不能破碎物料时，又能起到保护作用。

　　转子是由主轴、转盘、板锤与板锤紧固装成。主轴装在机架两端壁外侧的滚动轴承里。转盘为焊接结构件，它与主轴不是用键连接而是靠锁紧与主轴牢固连接的。

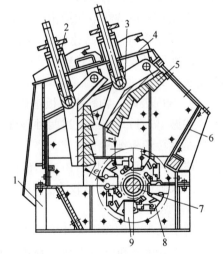

图 4-6　PFY 硬岩反击式破碎机
1—机架；2—反击板；3—悬挂装置；
4—机架上盖；5—衬板；6—导板；
7—主轴；8—转盘；9—板锤

　　破碎机破碎物料的空间是由进料导板、两级反击板和从进料导板卸载点起到第二级反击板排料口的圆弧所组成的空间，叫作破碎腔。

4.2.2.2　PFY 细碎型反击式破碎机

　　图 4-7 所示为 PFY 细碎型反击式破碎机，若有两级反击板，则构成两个破碎腔；若有三级反击板就构成三腔破碎机。后腔反击板（也称均整板）起均整作用。

　　由于该机进料导板倾角 β 较小以及导板卸料点到转子中心的连线与转子中心水平线之

间的夹角 α 也比较小，故破碎机高度较低且进料口大。

板锤的紧固方法也与同类机型破碎机不一样。反击板位置以及悬挂位置也不同，特别是第二级反击板排料口距转子中心水平线很近，因此该破碎机破碎腔比较优越。所以增加处理能力而且产品粒度和粒形都比较好，是目前国内同类型产品中最佳的机型，其技术水平已达到国际先进水平。

4.2.2.3 可逆式反击式破碎机

可逆式反击式破碎机由机架、转子、反击架等零部件组成（图 4-8）。

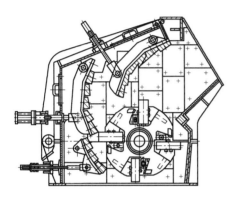

图 4-7 PFY 细碎型反击式破碎机

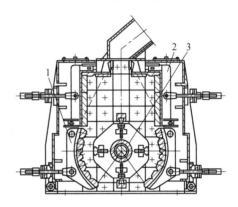

图 4-8 可逆式反击式破碎机

1—反击架；2—机架；3—转子

其原理是高速旋转的板锤打击进入破碎区域的物料。物料受到板锤的高速冲击而破碎，破碎的物料又以高速冲向上反击区再次破碎。这样经过多次冲击后，形成的粒度小于板锤和反击板之间的间隙时，就从机架底部排出。其特点是可正反转，当一个方向旋转一定时间，板锤磨损后转子可换向旋转，使板锤的利用率提高。另外，机架是可以由液压机构开启的，便于操作和拆装。该机可破碎抗压强度 250MPa 的物料和表面水分小于（或等于）15% 的物料。

4.2.3 反击式破碎机参数计算

4.2.3.1 轮子转速计算

转子转速 $n(\mathrm{r/min})$ 可按式 4-7 计算：

$$n = \frac{60v}{\pi D} \tag{4-7}$$

式中　　D——转子直径，m；

　　　　v——转子线速度，m/s。

转子的转速根据板锤所需要的线速度来决定。板锤的线速度与物料性质、粒度、破碎比、机器结构、板锤的磨损诸多因素有关。通常粗碎时转子线速度为 15~40m/s，细碎时为 40~70m/s。因为转子转速高可增加细粒含量，但同时能耗增加、板锤磨损加快，对破碎机制造工艺精度要求也较高，故转子速度不宜太高。反击式破碎机板锤冲击物料时，不同于仅靠锤头质量和速度产生动能的锤式破碎机，而是靠整个转子产生的动能通过反击板冲击物料；所以，当输入功率一定时，如何优化转子转速和转子质量是最关键的问题。

4.2.3.2 生产率计算

反击式破碎机生产率可根据转子每转一周所排出的物料体积计算。

设转子长为 L，板锤与反击板之间最小间隙为 e（相当于排料口）、板锤伸出的高为 h（图4-5）、最大排料粒度为 d、板锤数目为 Z，则求得转子每转一周所排出的物料体积 V（m^3）为：

$$V = L(h + e)dZ \tag{4-8}$$

式中，L、h、e 的单位为 m。若转子转速为 $n(r/min)$，则求得生产率 $Q(m^3/h)$ 为：

$$Q = 60nL(h + e)dZK \tag{4-9}$$

式4-9没考虑物料是松散体，而且排料也是不均匀的，物料中含有小于直径 d 的产品。因此必须考虑这些因素影响，故乘上系数 K。根据已有资料知系数 $K = 0.1$。

4.2.3.3 电机功率计算

反击式破碎机所需功率大小与物料性质、破碎比、生产率及转子线速度等因素有关。由于物料的破碎过程情况复杂，目前反击式破碎机的电机功率尚无一个完整准确的理论计算公式，通常是利用经验公式或根据实测的单位电耗来计算电机功率。

反击式破碎机可按经验式4-10计算功率 $P(kW)$ 为：

$$P = 0.102Qv^2/g \tag{4-10}$$

式中 Q——破碎机的生产率，t/h；

v——转子圆周速度，m/s；

g——重力加速度，m/s²。

根据单位电耗计算反击式破碎机的功率 $P(kW)$ 为：

$$P = K_1Q \tag{4-11}$$

式中 Q——破碎机生产率，t/h；

K_1——破碎单位质量物料所需的电耗，kW·h/t，视破碎物料的性质和破碎比而定。

对中硬石灰石，粗碎时 $K_1 = 0.5 \sim 1.2kW·h/t$，细碎时 $K_1 = 1.2 \sim 2.0kW·h/t$。

表4-6为PF系列反击式破碎机技术性能参数。

表4-6 PF系列反击式破碎机技术性能参数

型号	规格 /mm×mm	出料口尺寸 /mm×mm	最大进料口 边长/mm	生产能力/t·h⁻¹			电机功率/kW			质量(不包括电机)/kg
				PF-Ⅰ	PF-Ⅱ	PF-Ⅲ	PF-Ⅰ	PF-Ⅱ	PF-Ⅲ	
PF-0607	φ644×740	320×770	100	10~20	5~15	15~25	30	30	30	4000
PF-0807	φ850×700	400×730	300	15~30	10~25	25~35	30~45	45	37	8130
PF-H-1007	φ1000×700	400/630×770	300/600	30~50	25~45	40~60	37~55	55~75	55~75	9500
PF-A-1010	φ1000×1050	400/630×1080	350/600	50~80	40~60	60~100	55~75	75~90	55~90	12127
PF-B-1210	φ1250×1050	400/636×180	350/600	70~120	60~100	80~150	110~132	110~160	110~160	14000
PF-B-1214	φ1250×1400	400/630×1430	350/600	130~180	90~150	100~180	132~160	132~180	132~180	18579

型号	规格 /mm×mm	出料口尺寸 /mm×mm	最大进料口 边长/mm	生产能力/t·h⁻¹			电机功率/kW			质量(不包 括电机)/kg
				PF-Ⅰ	PF-Ⅱ	PF-Ⅲ	PF-Ⅰ	PF-Ⅱ	PF-Ⅲ	
PF-1013	φ1000×1300	650×1350	400/600	80~120	80~120	100~150	90~110	100	90	12000
PF-1315	φ1320×1500	860×1520	500/650	160~250	160~200	200~250	180~260	250	180	19000
PF-1320	φ1320×2000	860×2030	500/650	300~350	250~300	300~350	300~375	375	300	24000

4.3 立轴式破碎机

4.3.1 立轴式破碎机概述

立轴式破碎机包括立轴锤式破碎机、立轴反击式破碎机、立轴复合式破碎机以及立轴冲击式破碎机。这些破碎机都是立轴的，又都是利用冲击进行破碎。所以仅仅把"石打石"和"石打铁"称为立轴冲击式破碎机容易混淆，也不合情理。本节只简单介绍立轴锤式、立轴反击式和立轴复合式破碎机。

图 4-9 所示为立轴锤式破碎机示意图。它由筒体 1、衬板 2 和转子等组成。转子由锤头 3、转盘 4、套筒 5、主轴 6 组成。主轴上装数层转盘，锤头位于转盘的间隔内，并用轴销与转盘铰接。相邻两层锤头错位安装，自上而下形成螺旋排列。工作时，物料从给料斗进入，自由落到转盘上，随着电动机经 V 带轮 7 驱动转子高速旋转，物料被甩向筒体内壁，然后沿着筒壁下落与高速旋转的锤头相遇受到冲击破碎，击碎后的物料飞向筒壁，从而又一次或数次受到冲击而破碎。同时，锤头还对沿筒壁下落物料产生挤压和研磨作用。由于主轴上装有多层转盘及锤头，故物料可经过多次击碎、挤压、研磨作用，其产品粒度小于 3mm。粉碎后的产品从机体底部用边排出。

立轴反击式破碎机是通过国外立轴锤式破碎机的引进与消化吸收，在此基础上于 20 世纪 90 年代研制出一种新型高效的破碎设备。该机在建材、冶金、矿山、煤炭、化工和电力等行业得到广泛的应用，如破碎水泥熟料、石膏、石灰石、砂岩、高炉炉渣、铁矿石、金矿石、铝矿石、煤石、块煤、石棉矿石、磷矿石等中等硬度物料。但不宜用来破碎含水分较多的物料，不能用于湿料破碎，否则易在反击板上形成泥饼，致使闷车。

图 4-10 所示为立轴反击式破碎机示意图，皮带轮 2 由电动机经皮带驱动，通过立轴使第一转子和第二转子一起转动。当物料从进料斗 1 落入圆柱形机体 4 之后，首先受到第一转子上板锤的冲击，并以高速沿转子切线方向被抛向反击板产生撞击，物料在反击板上的斜齿齿面及重力作用下，又沿斜下方向反弹到转子体外圆周与反击板之间（即破碎腔），物料再次受到急速旋转的板锤冲击后又被抛向反击板，并继续重复该过程。由于物料在破碎腔内受到板锤和反击板的周而复始的冲击以及料块之间的相互撞击，致使物料沿其自然解理面、节理面和层理面等发生碎裂。当破碎后的物料粒度小于第一级转子的排料间隙时，物料在重力作用下进入第二级转子的破碎腔。第二级破碎过程与第一级相同，所不同的是第二级转子的线速度比第一级更高，物料所受到的冲击更大，因此可使物料破碎得更细小。当物料破碎到最终的产品粒度后，便从卸料斗 6 排出。

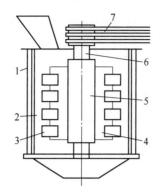

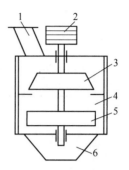

图 4-9　立轴锤式破碎机
1—筒体；2—衬板；3—锤头；
4—转盘；5—套筒；6—主轴；7—V 带轮

图 4-10　立轴反击式破碎机示意图
1—进料斗；2—皮带轮；3—第一转子；
4—机体；5—第二转子；6—卸料斗

立轴反击式破碎机的破碎过程是"通过式"被破碎：一般物料由进料口加入，到排出成品，在破碎腔内只用 2~3s 的时间，所以物料通过比较快，产量高。

该破碎机为两种破碎方法集于一个机体内。第一级破碎体现反击破碎机的特点，把大块物料靠高速冲击而得到破碎，成为小块料。第二级粉碎又体现挤压的特点，把小块料经冲击、挤压后而破碎，产品成为粉状和小颗粒料。

被破碎的物料在机体内呈旋转运动下落，使物料得到充分的破碎；

物料在第二破碎腔受到冲击、挤压作用。挤压强度可达 30MPa，把颗粒层压实。同时，冲击作用又把料粒击碎。这样，在冲击、挤压作用下排出的物料不是料饼，而是物料的松散体。因此，立轴式破碎机的产品不需要再用打散设备。

4.3.2　立轴反击式破碎机机型与特点

图 4-11 为具有锥形转子的立轴反击式破碎机，它的上、下转子都装有板锤而不是锤头，即都是反击式转子，因此是立轴反击式破碎机。

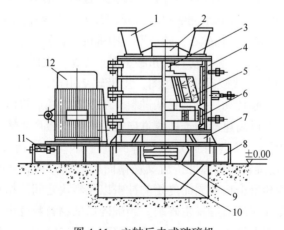

图 4-11　立轴反击式破碎机
1—进料斗；2—机盖；3—主轴；4—筒体；5—上转子；6—下转子；7—底盘；8—机座；
9—带轮；10—下料斗；11—张紧装置；12—电动机

表 4-7 为立轴反击式破碎机主要型号及参数。

表 4-7　PFL 立轴反击式破碎机主要参数

参数	PFL-550	PFL-750	PFL-1000	PFL-1250	PFL-1500
筒体内径/mm	550	750	1000	1250	1500
生产率/t·h^{-1}	3~5	10~25	25~40	40~70	90~110
给料粒度/mm	≤80	≤100	≤120	≤150	≤180
出料粒度/mm	≤3 占 90%	≤3 占 90%	≤3 占 90%	≤3 占 90%	≤3 占 90%
主轴转速/r·min^{-1}	—	700	600	500	400
电机型号	Y200L1-6	Y225M-6	Y280M-6	Y315M1-6	U315M3-6
电动机功率/kW	18.5	30	50	90	132
外形尺寸/mm×mm×mm	1800×1000×1300	2100×1200×1700	2600×1400×1900	2800×1600×2100	3100×1900×2300
质量/t	约2.6	约3.8	约5.8	约8.0	约13.7

立轴反击式破碎机优点：

（1）破碎比大，最大进料粒度 100~180mm，出料粒度小于 3mm 的占 90% 以上（其中 30%~60% 为粉料）；

（2）能量利用率高，单位产量电耗 1.29kW·h/t；

（3）与球磨机配套使用，可使磨机产量提高 30%~40%；

（4）易损件选用高耐磨合金材质，磨损小，寿命长；

（5）运转平稳，密封性能好，粉尘少，噪声低；

（6）结构简单，操作简便，占地面积小，安装和维修方便。

立轴反击式破碎机缺点：该设备是以冲击、挤压力破碎物料，转子上板锤磨损较快，更换频繁。尤其是在破碎坚硬物料，其磨损更为严重。

4.3.3　立轴反击式破碎机主要参数

4.3.3.1　转子直径与长度

立轴反击式破碎机转子直径与物料最大粒度有关：

第一级转子直径 D_1：

$$D_1 = D - 2d_{max}$$

式中　D——筒体规格直径，mm；

d_{max}——最大给料粒度，mm。

第二级转子直径 D_2：

$$D_2 = D - 16$$

转子的长度 L 主要根据破碎机的生产能力和产品细度来定。一般转子长度（即高度）为 600~650mm 为宜。

给料口宽度和长度：一般在破碎机上盖设有两个对称的给料口，给料口宽度 $B \approx 0.35D_1$，给料口长度 $L = (0.5~0.7)D_1$。

为了避免垂直进入给料口大块物料，直接冲击转子，在两个给料口的内侧各设一块导料板。导料板向外侧倾斜 15°，这样可引导物料滑向机腔内。

4.3.3.2 板锤数目与质量

板锤的数目主要根据破碎物料块尺寸和产品粒度来确定。一般破碎大块物料时，转子上板锤数要少些，破碎小块料时需要具有挤压研磨作用，转子上板锤数要多些。因此，第一转子一般装 4~6 个板锤，第二转子一般装 6~8 个板锤。

4.3.3.3 转子转速

立轴反击式破碎机转子的圆周速度对破碎机的生产能力、产品粒度和粉碎比的大小起着决定性作用。随着破碎机转子的圆周速度的提高，生产能力和产品细度将有显著的增加。其中进料块大，其粉碎比变大更为显著。但是，随着转子的圆周速度增大，板锤磨损加快，需要功率也有所提高。

在粗碎时，第一转子的圆周速度一般控制在 25~30m/s。细碎时，第二转子的圆周速度为 35~40m/s。

4.3.3.4 生产率

破碎机生产率除与转子的转速有关外，还与转子和机体间的间隙有关，即与破碎腔容积大小有关。立轴式破碎机为通过式粉碎机械，物料通过快产量就高，物料通过慢产量就低。物料在机体内通过快慢又与产品的细度有关。因此，对立式粉碎机的产量要考虑转子的转速、破碎腔的容积和产品的细度。

立轴式破碎机的生产率一般按下式确定：

$$Q = KD\delta v_j \rho \mu \qquad (4\text{-}12)$$

式中 Q ——生产率，t/h；

K ——修正系数；

D ——破碎区圆环形的宽度，m；

v_j ——物料在机体内下落的平均速度，m/h；

ρ ——物料的密度，t/m³；

μ ——物料的泊松系数，取 0.25。

4.3.3.5 电动机功率

破碎机功率消耗与很多因素有关。但主要取决于破碎物料的性质、转子的转速、破碎比和生产能力。

立轴式破碎机为 20 世纪 90 年代初研制的设备，用于实际生产只有 30 年的历史。对于破碎机电动机功率计算尚无一个完整的理论公式。一般都是根据生产实践或采用经验公式来选择破碎机的功率。

根据单位电耗确定电机功率 $P(\mathrm{kW})$：

$$P = KQ$$

式中 P ——电动机功率，kW；

K ——比功耗，kW·h/t。比功耗视破碎物料的性质、粉碎比和设备结构特点而定。
中等硬度石灰石粗碎时，取 $K=0.6~1.2$；细碎时取 $K=1.2~2$；

Q ——生产率，t/h。

4.3.4 立轴复合式破碎机

立轴复合式破碎机，是在一根立轴上装有立轴反击式破碎机的转盘和立轴锤式破碎机的转盘，集两种破碎机的优点于一体而组成的一种新型高效破碎机。

该机适用于矿山、建材、冶金、化工和电力等行业，能破碎中等硬度可碎性矿石，特别是易碎性物料。例如各种耐火原料的熟料、硅石、生矾土矿、铁矿石、铜矿石、石灰石、煤矸石、焦炭、煤和水泥熟料等，是一种超细碎型粉碎机械设备，具有破碎比大，破碎粒度细而均匀，能将 80~120mm 的物料一次性粉碎到小于 5mm 细小颗粒。因此，可实现"以破代磨"，降低进入磨机粒度，提高磨机产量的效果。

立轴复合式破碎机分上下两层分级破碎(图 4-12)。上层为中碎，下层为细碎。破碎区是立轴上的转盘外圆与筒壁齿板之间所构成的圆环破碎腔。上转盘固定有板锤，分布较稀，形成较大破碎腔，有利于破碎大块物料。下转盘上装有多排活动锤头，分布较密，形成较小破碎腔，以控制被破碎物料达到细碎粒度的要求。在筒体内壁上，装有带齿牙的固定齿板、又称反击板。

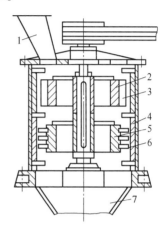

图 4-12　立轴复合式破碎机简图
1—进料斗；2—上转盘；3—板锤；
4—反击板；5—下转盘；6—锤头；
7—排料斗

该机的工作原理为：物料自上口加入，落入破碎腔，受到高速旋转板锤的打击，而迅速抛向反击板，撞击后被反弹到锤板上，再次受到打击。如此高频次的打击与反击，使物料由大到小逐渐被破碎，较小的物料落到下层破碎腔，受到高速旋转密集锤头的打击，重复上层破碎过程。由于破碎腔较小，锤头与反击板齿刃之间对部分物料施加剪切应力，进行铣削，加速物料的细碎。同时，锤头带动物料产生流动，相互间产生很大的研磨作用，使物料进一步细碎，直至破碎成所要求的粒度。立轴复合式破碎机上层采用反击式破碎对物料实施硬打击，可有效地利用能量，破碎速度快，且破碎比大。下层采用锤式破碎，锤头在径向可以自由转动，对物料堆积和流动处打击时，可起到缓冲作用，使物料均匀疏松翻腾，从而使超细碎负荷平稳，大大减少了电机瞬时超载现象，消除了故障隐患。

立轴复合式破碎机特点：虽然立轴复合式破碎机与现行使用的同类型立轴反击式破碎机的进料粒度相同，但就其破碎效果而言，立轴复合式破碎机仍优于立轴反击式破碎机，小于 5mm 的细粒部分增加 5%，生产能力提高 10%；基本解决了原立轴反击式破碎机存在的进行超细粉碎时电机负荷大、易出现故障的问题，维修量相对减少，维修费用大为降低。

对破碎偏软性且含有少量水分的物料（如水泥熟料、焦炭和煤等）时，立轴复合式破碎机的结构还可以采用上层为锤式破碎，下层为反击式粉碎，以减少工作部件的磨损和物料的堵塞，提高能量的利用率。表 4-8 给出了国产立轴复合式破碎机技术参数。

表 4-8　国产立轴复合式破碎机技术参数

型号	进料粒度 /mm	出料粒度 /mm	生产率 /t·h⁻¹	反击转子排数	锤击转子排数	电机功率 /kW	外形尺寸 /mm×mm×mm	质量 /t
PCFL-1000QS	≤60	≤5	20~30	1	2	55	2720×1500×1850	6.1
PCFL-1250QS	≤70	≤6	45~60	1	2	75	3135×1820×1955	10.5

型号	进料粒度 /mm	出料粒度 /mm	生产率 /t·h^{-1}	反击转子 排数	锤击转子 排数	电机功率 /kW	外形尺寸 /mm×mm×mm	质量 /t
PCFL-1500QS	≤70	≤8	60~80	1	1	110	3631×2120×2095	16.0
PCFL-1750QS	≤70	≤10	70~90	1	1	160	4035×2380×23700	20.5
PCFL-1200QS	≤50	≤3	20~30	2	0	75	2895×1500×1820	7.6
PCFL-1450QS	≤60	≤3	40~40	2	0	90	3135×1820×1955	11.8
PCFL-1700QS	≤70	≤3	50~70	2	0	132	3631×2120×2095	18.5
PCFL-1950QS	≤80	≤3	60~80	2	0	160	4095×2380×2100	23.5

4.4　冲击式破碎机

4.4.1　冲击式破碎机概述

冲击式破碎机早在 20 世纪 50 年代已申请专利，但因易损件磨损问题，一直到 70 年代都没有取得突破性进展。到 80 年代由新西兰人提出 BarMac 冲击式破碎机原型，后经不断改进，在 80 年代末期由新西兰 TIDCD 国际集团公司推出了 BarMac 冲击式破碎机，到 90 年代在世界各国已推广使用。

冲击破碎机主要用来大批量制砂，所以在很多行业又称为制砂机。冲击破碎机广泛用于金属和非金属矿石、水泥、耐火材料、磨料、玻璃原料、建筑骨料、人工造砂以及各种冶金渣的细碎和粗磨作业，特别对中硬、特硬及磨蚀性物料如石英、刚玉、碳化硅、金刚砂、烧结铝矾土、镁砂、石榴石、铁矿等，比其他类型的破碎机更具有优越性。

国产的 PL 冲击式破碎机因价格优势，已基本上可以跟国外同类产品抗衡。但从长远来看，还需不断提高破碎机技术水平，才能在市场竞争中立于不败之地。冲击式破碎机是利用高速转动的物料相互间撞击自行破碎、物料之间摩擦而破碎（石打石），所以适宜于特硬、中硬及磨蚀性物料的粗碎与细碎作业，是一种节能、节材的高效破碎设备。

冲击式破碎机的入料最大粒度须按技术性能参数规定的粒度，严禁大于规定粒度的物料进入破碎机。破碎物料的最大含水率小于 20%，一般经洗矿机出来的矿石可直接进入破碎。破碎机的出料产品粒度与矿石物性及入料粒度有关，矿石易碎、入料粒度越小，则产品粒度合格率越高，反之则低。改变叶轮速度，亦可调节产品粒度，当破碎机的出料产品粒度不大于 10mm 时，合格率为 60%~90%，为确保产品粒度合格率达到 100%，可采用分级设备，进行闭路破碎。

冲击式破碎机还可用于粗磨作业，当破碎机的进料粒度为 2~8mm 时，其出料粒度可达 0.149~0.92mm。冲击式破碎机装机功率可根据物料的物性及产量在规定范围内配置。

图 4-13 为 PL 冲击式破碎机示意图。物料经给料口，给料筒 7、8 进入转子 1 的叶轮 2 里，此种给料方式称为转子给料。

叶轮做高速旋转（45~95m/s）将物料从叶轮流道抛射出去并打在反击板 4 上而被破碎，然后细小颗粒物料从机架 3 底部排出。这种破碎机采用内部气流循环系统，叶轮高速旋转过程中产生的气流，在破碎机内部形成自循环。另外，当需要将破碎产品中的粉料分离出来时，配置分级旋流器，依靠破碎机内部气流产生的压力，实现物料分级、提取物料、解决粉尘的弥散和净化环境，而不增加功率消耗。这种装有反击板的冲击式破碎机被称为"石打铁"。若不装反击板的破碎机被叶轮抛出去的物料直接打在自然形成的料衬上，这种情况被称为"石打石"。

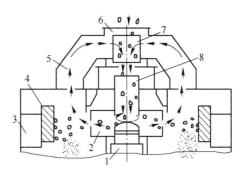

图 4-13　PL 冲击式破碎机示意图
1—转子；2—叶轮；3—机架；
4—反击板；5—空气循环装置；6—给料斗；
7，8—给料筒

　　图 4-14a 所示为溢流给料。就是转子给料同时又通过分料器，有一部分同样粒度物料从转子周边落入破碎腔中，被叶轮抛出的物料发生冲击破碎。图 4-14b 为瀑落给料，就是溢流给料同时又通过分料器有一旁路给料，分料系统的作用就是旁路给到叶轮外侧的物料不从叶轮吸收能量。因此，对于相同的能量输入，采用分料系统的冲击式破碎机处理能力大。根据所需破碎物料细粒级含量的多少，可对分料器进行调节。这两种给料方式的破碎机均有一个较大的环形涡动破碎腔，在破碎腔内物料由自然安息角堆积成物料层，形成"自衬"。从叶轮抛射出的高速度物料在衬面上碰撞、摩擦并与在破碎腔间自由下落的物料剧烈碰撞，这是"石打石"，它的成砂率约 30%。对于破碎机机架内部装有反击板的形式，粉碎过程比较强烈，反击板的磨损很严重，但它的成砂率在 50% 以上。

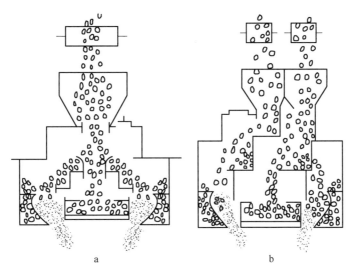

图 4-14　冲击式破碎机给料方式
a—溢流给料；b—瀑落给料

　　PL 冲击式破碎机入料粒度随叶轮规格的增大而相应增大，一般应小于 60mm。进入叶轮的物料粒度过大，易引起叶轮加速磨损和设备振动，给入叶轮外侧的瀑落入料粒度最大可达 100mm。

　　冲击式破碎机的产品粒度分布与给料性质、叶轮转速、涡动破碎腔空间物料颗粒密度以及溢流（瀑落）给料量和转子给料量的比例等因素有关。物料越脆，叶轮转速越高，细粒级产品含量越高；在一定限度内溢流给料量越多，产品中细粒级含量越低，但绝对量越多。

4.4.2 冲击式破碎机机型与性能

4.4.2.1 双电机驱动冲击式破碎机

图 4-15 为双电机驱动的冲击式破碎机示意图。它由电动机 5、主轴总成 6、叶轮 3、给料斗 1、分料器 2、涡动破碎腔 4、机架 7、润滑装置等几部分组成。

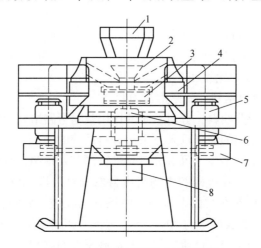

图 4-15　双电机驱动冲击式破碎机

1—给料斗；2—分料器；3—叶轮；4—涡动破碎腔；5—电动机；6—主轴总成；7—机架；8—排料斗

（1）传动装置（包括电动机）。采用双电机或单电机驱动的带传动机构，双电机驱动的两台电机分别安装在主轴总成的两侧，两电机带轮用传动带与主轴带轮相连，使主轴受力平衡，不产生附加力矩。而单电机驱动主轴受单侧力而产生附加力矩，一般电机功率在 55kW 以上时（单个电机功率），宜采用双电机驱动。

（2）主轴总成。主轴总成安装在底座上，用以传递电动机由 V 型带传来的动力及支承叶轮旋转运动。主轴总成由轴承座、主轴、轴承等组成。

（3）叶轮。叶轮结构为一空心圆柱体，安装在主轴总成上端轴头上，用圆锥套和键连接传递转矩，并高速旋转，叶轮是冲击式破碎机的关键部件。物料由叶轮上部的分料器中心入料管进入叶轮的中心。由叶轮中心的布料锥体将物料均匀地分配到叶轮的各个发射流道，在发射流道出口，安装特殊材料制成的耐磨块，耐磨块磨损后可以更换，叶轮将物料加速到 45~90m/s 的速度抛射出去，冲击到涡动破碎腔内的矿石衬垫上，进行强烈的自粉碎。

（4）给料斗。给料斗的结构为一倒立的棱台体，从给料设备来的物料经给料斗进入破碎机。

（5）分料器。分料器安装在涡动破碎腔的上部，其作用是将给料斗来料进行分流，使一部分物料由中心入料管直接进入叶轮被逐渐加速到较高速度抛射出去，使另一部分物料从中心管的外侧，旁路进入涡动破碎腔内叶轮的外侧，被从叶轮抛射出来的高速物料冲击破碎，不增加动能消耗，增大生产能力，提高破碎效率。

（6）涡动破碎腔。涡动破碎腔是由上、下两段圆柱体组成的环形空间，下圆柱体的上下盖板上开两个孔，上部接上圆柱体，下部接出料口。叶轮在涡动破碎腔内高速旋转，涡动破碎腔内也能驻留物料，形成物料衬垫，物料的破碎过程发生在涡动破碎腔内，由矿石衬垫将破碎作用与涡动破碎腔壁隔开，使破碎作用仅限于物料之间，并起到自磨衬的作用。在上圆柱体盖板上设有观察孔，以观察叶轮流道发射口处耐磨块的磨损情况及涡动破碎腔顶部衬板的磨损情况，破碎机工作时必须将观察孔关严密封。分料器固定在涡动破碎腔的上部圆柱段。叶轮高速旋转产生的气流，在涡动破碎腔内通过分料器、叶轮形成内部气流自循环系统。

（7）底座。涡动破碎腔、主轴总成、电动机、传动装置均安装在底座上，底座中部为四棱柱空间，用于安装主轴总成，并在四棱柱空间的两侧形成排料通道。双电动机安装在底座纵向两端，底座可安装在支架上，也可直接安装在基础上。

（8）支架。根据工作场所的不同（露天或室内作业），可以考虑配置支架。

（9）润滑系统。用二硫化钼干油润滑，润滑部位为主轴总成上部轴承和下部轴承，为方便注油，油杯用油管引到机器的外侧，用干油泵定期加油。

4.4.2.2 单电机驱动冲击式破碎机

图 4-16 为单电机驱动冲击式破碎机示意图。它由回转机构 1、进料斗 2、筒体 3、转子 4、机座 5 以及电动机机座 6 组成。该机结构简单，上部机体是一个焊接结构圆筒，顶部装有进料斗 2，物料经进料斗直接进入叶轮。叶轮用螺栓固定在立轴上的转盘上，转盘与立轴连接在一起并随立轴旋转。主轴装在滚动轴承上，而轴承装在下部机架的轴承座内。轴的下端装有带轮，电动机经皮带驱动立轴，从而使叶轮做高速转动。叶轮有开式和闭式两种。对应叶轮，在机体内壁装有反击板（称为石打铁），若不装反击板，则物料自动形成料衬（称为石打石）。

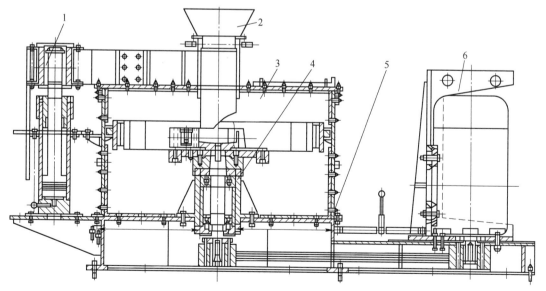

图 4-16 单电机驱动冲击式破碎机

1—回转机构；2—进料斗；3—筒体；4—转子；5—机座；6—电动机机座

破碎机检修或更换易损件时，在卸掉连接上机体的螺栓后，可方便地借用液压回转机构将其移开。该机是采用润滑油润滑，且设有振动保护装置，使其轴承寿命大大提高，在机器运转过程中，一旦振动超过设定值，会发信号给进料皮带机，使它停止给料，过一延时时间后，主机电动机会自动停止，以保护机器不受损坏。

破碎机立轴总成中最重要部件就是叶轮，叶轮分闭式和开式两种。对于闭式叶轮，其给料方式分为转子给料或者转子给料和瀑落给料相结合以获得最大的处理量，但由于闭式转子中有硬质合金刀片与其基体材料相结合，两者的热膨胀有差异，不可避免地有残余应力。再加上物料碰撞时引起的冲击力，硬质合金刀片时有损坏，且硬质合金刀片本身就是一种脆件材料，从而易使大的硬质合金刀片更易产生裂纹，且其基体往往要被物料撞击，其外周侧部也极易磨损，这样的硬质合金刀片也往往容易脱落，这是闭式转子的弱点。故对其进料粒度控制要特别严格，绝不允许有不可破碎物，如铁等物料进入。其转子在制造时，采用焊接形式，在高速旋转中，设计时还要考虑其边缘应力的影响。对于闭式转子，如何防止硬质合金刀片和碰撞面出现缺口、裂纹或早期磨损，使其寿命得到提高，是今后的研究方向。对开式叶轮而言，是在一平板上焊有几个安装流道板的支撑柱。故按其支撑柱及流道板的形状，可分为径向式、前向式和后向式。流道板的形状可制成多种多样，以适应不同的物料和不同的处理量。目前多采用径向式，其出口处为3~6个，其进料方式为转子给料。开式叶轮对给料要求不像闭式叶轮要求那么严格，偶尔有小块不能破碎物进入影响不大。但流道板的使用寿命较短，尤其是在湿法破碎时，其使用寿命不到干法破碎的1/2，故如何提高流道寿命也是非常重要的课题。

4.4.3 冲击式破碎机工作参数

4.4.3.1 叶轮结构参数

A 叶轮直径

叶轮直径与破碎机处理能力和给料最大粒度有关。由于影响破碎机处理能力的因素很多，又较复杂，故根据给料最大粒度来确定叶轮直径。一般给料粒度越大，叶轮直径也越大，反之亦然。现给出计算叶轮直径 $D(\mathrm{mm})$ 的公式为：

$$D = 600 + K(d_{\max} - 40) \tag{4-13}$$

式中 K——系数，$K = 20$；

$d_{\max}$——最大给料粒度，mm。

B 叶轮流道板

叶轮流道板安装方式有三种（图4-17）：前向流道板（图4-17a）、径向流道板（图4-17b）和后向流道板（图4-17c）。物料在流道出口处的速度与流道板安装角 φ 有关。

如图4-17所示，物料在叶轮流道出口处的速度，对前向流道板 v_{jq}（m/s）为：

$$v_{jq} = \left[(v_x \cos\varphi)^2 + (v_u + v_x \sin\varphi)^2 \right]^{\frac{1}{2}} \tag{4-14a}$$

对后向流道板 v_{jH}（m/s）为：

$$v_{jH} = \left[(v_x \cos\varphi)^2 + (v_u - v_x \sin\varphi)^2 \right]^{\frac{1}{2}} \tag{4-14b}$$

对径向流道板 v_j（m/s）为：

$$v_j = (v_r^2 + v_u^2)^{\frac{1}{2}} = v_u (2 - R_i^2 / R_a^2)^{\frac{1}{2}} \tag{4-14c}$$

式中　v_u——转子线速度，$v_u = R_a \omega$，m/s；

　　　　v_r——物料的径向速度，$v_r = \omega (R_a^2 - R_i^2)^{\frac{1}{2}} = v_x \cos\varphi$，m/s；

　　　　R_a——转子半径，m；

　　　　R_i——布料锥半径，m；

　　　　v_j——v_r 和 v_u 的合成速度，m/s。

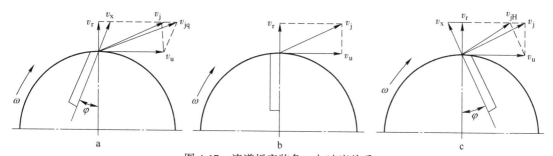

图 4-17　流道板安装角 φ 与速度关系

a—$\varphi > 0$ 前向流道板；b—$\varphi = 0$ 径向流道板；c—$\varphi > 0$ 后向流通板

从图 4-17 和式 4-14a～式 4-14c 可看出，当叶轮尺寸、圆周速度 v_u 和 v_x 相同时，前向流道板物料出口速度 v_{jq} 大于径向流道板物料出口速度 v_j，而径向流道板的物料出口速度 v_j 又大于后向流道板物料出口速度 v_{jH}，即 $v_{jq} > v_j > v_{jH}$。同样大小的物料，速度越高，则具有的动能也越高，故其碰撞后破碎效果越高，反之亦然；若物料出口速度相同时，则前向流道板的叶轮尺寸最小，而后向流道板叶轮尺寸最大；由于安装角 φ 不同，物料的运动方向也不一样，故从磨损角度看，前向流道板磨损较重而后向流道板磨损较轻，径向流道板磨损居中。综合各种因素结果，对于开式叶轮宜采用径向流道板，而对闭式叶轮采用前向流道板为宜。但是，叶轮和流道板的磨损，特别是抛料头（刀片）磨损很快，一直是限制冲击式破碎机进一步发展的重要因素。

4.4.3.2　流道板数目

流道板数取决于叶轮直径和进料粒度，可用下面经验公式求得：

$$z = \frac{\pi D}{k_1 k_2 d_s} \tag{4-15}$$

式中　D——叶轮直径，m；

　　　　d_s——实际给料粒度，m；

　　　　k_1——充填系数，$D/d_s = 13$ 时，$k_2 = 10$，D/d_s 每增加 0.2m，k 递增 1；

　　　　k_2——修正系数，$D = 1$m 时，$k_2 = 1$，D 每增加 0.2m，k 递增 0.1。

4.4.4　破碎机性能参数计算

4.4.4.1　叶轮转速

叶轮转速越高处理能力越大，反之亦然；叶轮转速越高产品粒度越细，但叶轮转速越高对同样规格破碎机安装功率也越高，叶轮磨损也越快。因此，确定叶轮合适转速也是一个重要问题。

根据经验叶轮切线速度 v_x 在 50～85m/s 范围内，故求得叶轮转速 n（r/min）为：

$$n = \frac{60v_x}{\pi D} \qquad\qquad (4\text{-}16)$$

式中　v_x——叶轮切线速度，m/s；

　　　D——叶轮外径尺寸，m。

4.4.4.2　处理能力与电机功率

冲击式破碎机处理能力与电机功率、叶轮转速和尺寸、分流比以及物料流动性有关。决定处理能力的主要参数是电动机功率。在叶轮直径、转速一定条件下，叶轮中的物流量与功率成正比。当物料流动性增加，流量一定时，功率消耗量减少，小圆颗粒比大的片状颗粒流动性好。

若处理能力为 $Q(t/h)$、电机功率为 $P(kW)$、能耗为 $q(kW \cdot h/t)$，三者关系如下：

或
$$\left. \begin{array}{l} P = qQ \\ Q = P/q \end{array} \right\} \qquad\qquad (4\text{-}17)$$

在设计造型时，可根据冲击破碎机规格尺寸 D 和已知叶轮转速 n，在表 4-9 中初步选取所对应的处理能力 Q 值，然后按 $q = 1 \sim 2.5 kW \cdot h/t$（转子给料）和 $q = 0.67 \sim 0.75 kW \cdot h/t$（溢流给料）选定 q 值，最后可求得破碎机电动机功率 P 值；若初定电动机功率 P 值，便可按式 4-17 求得处理能力 Q 值。

冲击式破碎机基本参数列于表 4-9 中。

表 4-9　冲击式破碎机基本参数

型号	转子直径 /mm	转子转速 /r · min⁻¹	给料尺寸 /mm	出料粒度 /mm	出料率 /%	处理能力 /t · h⁻¹	电机功率 /kW
SCBF-500			≤30		≤50		
SCKP-500			≤40				
SCB-500	500	2000~3200	≤30			20~40	37~55
SCK-500			≤40		≤30		
SCBF-600			≤30		≤50		
SCKF-600			≤40				
SCB-600	600	1600~2700	≤30			35~55	55~75
SCK-600			≤40		≤30		
SCBF-700			≤37	≤4.75	≤50		
SCKF-700			≤45				
SCB-700	700	1500~2300	≤37			40~80	75~110
SCK-700			≤45		≤30		
SCBF-800			≤40		≤50		
SCKF-800			≤50				
SCB-800	800	1300~2000	≤40			60~130	110~185
SCK-800			≤50		≤30		

续表 4-9

型号	转子直径/mm	转子转速/r·min⁻¹	给料尺寸/mm	出料粒度/mm	出料率/%	处理能力/t·h⁻¹	电机功率/kW
SCBF-900			≤45		≤50		
SCKF-900			≤55				
SCB-900	900	1100~1800	≤45			80~180	132~250
SCK-900			≤55		≤30		
SCBF-1000			≤50		≤50		
SCKF-1000			≤60				
SCB-1000	1000	1000~1600	≤50	≤4.75		125~220	185~335
SCK-1000			≤60		≤30		
SCBF-1250			≤55		≤50		
SCKF-1250			≤70				
SCB-1250	1250	800~1300	≤55			200~450	315~630
SCK-1250			≤70		≤30		

注：1. 处理能力的确定以下列条件为依据：

　　（1）物料的抗压强度为 120~150MPa；

　　（2）物料的堆积密度大于 1.35t/m³；

　　（3）物料的水分含量小于 4%；

　　（4）给料连续、均匀。

　　2. 表4-9 所列规格系列可根据市场和用户要求而调整，其处理能力等基本参数按设计技术文件的规定。

　　3. 当被破碎物料密度增大时，入料尺寸适当减小。

4.5　辊式破碎机

4.5.1　辊式破碎机概述

辊式破碎机最早出现于 1806 年，至今已有两个多世纪的历史，它是最古老的一种破碎机，由于其结构简单，便于制造和维护，时至今日，耐火材料工业和其他工业部门仍在应用。在耐火材料厂，常用它来破碎黏土熟料、烧结白云石、烧结镁砂、硅石、高铝熟料及废砖等。

辊式破碎机按辊子数目分为单辊、双辊、三辊和四辊破碎机，按辊面形状分为光辊、齿辊和槽形辊破碎机。

图 4-18 所示为单辊破碎机原理图。齿辊 4 外表面与悬挂在心轴 2 上的颚板 3 内侧曲面构成破碎腔，颚板下部有支承座 5。物料由进料斗进入破碎腔上部并被顺时针转动的齿辊咬住后带到破碎腔，物料在间隙逐步减小的区域受到挤压、冲击和劈裂作用而破碎，最后从底部排出。

颚板内侧上的衬板可以是光面的，也可以是带沟槽或带齿的。由于颚板是铰接在心轴 2 上，故它的角度是可以调整的，从而可以改变衬板与齿辊的间隙（排料口），达到调整产品粒度的目的。颚板可由弹簧支承。当破碎不掉的物料进入破碎腔时，颚板向后退让，排出破碎物，因此起到保护破碎机的作用，因此弹簧支承就是一个破碎保险装置。

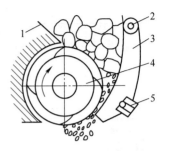

图 4-18   单辊破碎机原理图
1—进料斗；2—心轴；3—颚板；
4—齿辊；5—支承座

图 4-19 为双辊破碎机的原理图。辊子 1 支承在活动轴承 5 上，辊子 2 支承在固定轴承 4 上。活动轴承 5 借助弹簧 6 被推向左侧辊子。两辊子做相向转动，给入两辊子间的物料受辊子与物料之间的摩擦力作用，随辊子转动咬住，并被带入两辊之间的破碎腔内，受挤压破碎后从下部排出。两辊间最小间隙为排料口宽度，破碎产品最大粒度就是由它的大小来决定的。活动轴承 5 沿水平方向可以移动，当非破碎物进入破碎腔时，辊子受力突增，辊子 1 和活动轴承 5 压迫弹簧 6 向右移动，使排料口间隙增加，非破碎物排出机外，从而防止破碎机的轴承等机件受到损坏。因此，它是破碎机的保险装置。活动轴承 5 在弹簧力的作用下，向左方推进至挡块位置。当排料口宽度需要调节时，可以改变挡块位置，因而，它也是机器的调节装量。

图 4-20 为三辊破碎机的示意图。辊子 1、2 的轴承为固定的，而辊子 3 为活动轴承，并由杠杆机构 5 和油缸 4 来支撑。辊子 3 和辊子 2 组成初级破碎腔，辊子 3 和辊子 1 组成第二级破碎腔。物料给入初级破碎腔，经辊子 2 和辊子 3 的挤压、剪切和研磨，达到物料的粗碎要求，然后再通过固定辊子 1 和摆动辊 3 的破碎，最终合格产品从下部排出。根据粒度要求，可借助杠杆和油缸改变摆动辊 3 的位置，调整破碎机排料口的大小。当有不能破碎的物料进入破碎腔时，摆动辊退让，使油缸中液压油被压入蓄能器中，物料排除后，在蓄能器压力作用下，摆动辊又恢复原位，从而保护破碎机不受损坏。因此，杠杆 5 和油缸等就是破碎机的调整装置和保险装置。

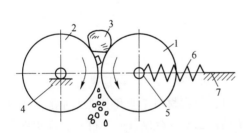

图 4-19   双辊破碎机原理图
1，2—辊子；3—物料；4—固定轴承；
5—活动轴承；6—弹簧；7—机架

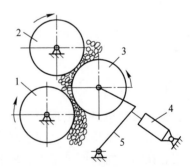

图 4-20   三辊破碎机示意图
1，2—轴承固定的辊子；3—摆动辊
4—油缸；5—杠杆

四辊破碎机就是两个双辊破碎机的组合。上部双辊为粗碎，下部双辊为终碎，为两级辊式破碎机。由此看出，三辊破碎机就是四辊破碎机结构简化和改进的结果。单辊破碎机就是双辊破碎机结构简化和改进的结果。因此不难看出，单辊破碎机与双辊破碎机相比的优点是：机器的质量和占地面积较小；传动较简单；破碎腔深，啮角小，故破碎比大；产生剪切作用，有利于破碎某些有韧件的物料。

辊式破碎机型号规格示例：2PGC600×900，其中 P 为破碎机、2 为双辊、G 为辊式、

C 为齿，辊径 600mm，辊长 900mm。全称，型号为双齿辊破碎机，规格为 600×900；若是光辊，则将 C 改为 G，如 2PGG600×900；若是三辊、四辊，就将 2 改为 3、4，单辊破碎机不标注 1。

4.5.2 辊式破碎机参数计算

辊式破碎机参数主要有啮角、辊径与长径比、辊子转速、处理能力、电动机功率及破碎力等。

4.5.2.1 啮角

辊式破碎机的啮角如图 4-21 所示。为计算方便，假设物料为球形且忽略物料自重。从物料与两光辊接触点作切线，则两切线间的夹角 α 为破碎机的啮角。当破碎机工作时，作用于料块上的压力为 F 以及摩擦力为 Ff，f 为物料与辊子之间的摩擦系数。

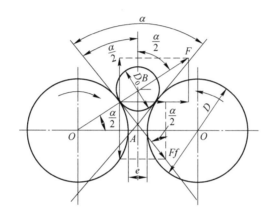

图 4-21　辊式破碎机啮角

将作用力 F 及摩擦力 Ff 分解为水平分力和垂直分力，由图 4-21 知，物料能被两个相向运动辊子卷入破碎腔而不上滑的必要条件为：

$$2F\sin\frac{\alpha}{2} \leqslant 2fF\cos\frac{\alpha}{2} \tag{4-18}$$

由式 4-18 则得：

$$\tan\frac{\alpha}{2} \leqslant f \tag{4-19}$$

根据力学中的静摩擦原理，则有：

$$f = \tan\varphi \tag{4-20}$$

由式 4-19 和式 4-20，则得：

$$\alpha \leqslant 2\varphi \tag{4-21}$$

由此可知，啮角 α 不应大于物料与辊子间摩擦角 φ 的 2 倍。

当双辊式破碎机破碎物料时，一般摩擦系数取 $f = 0.30 \sim 0.35$，或摩擦角 $\varphi = 16°45' \sim 19°18'$，则破碎机最大啮角 $\alpha = 33°30' \sim 38°36'$。

4.5.2.2 径料比与长径比

径料比系指辊径与物料直径之比，长径比系指辊长与辊径之比。当排料口宽度一定时，啮角的大小取决于辊子直径 D 和给料粒度 D_0 的比值。

由图 4-21 中的 $RT\triangle OAB$ 可得：

$$\cos\frac{\alpha}{2} = \frac{\dfrac{D+e}{2}}{\dfrac{D+D_0}{2}} = \frac{D+e}{D+D_0} \tag{4-22}$$

e 与 D 相比很小，可以忽略不计，则：

$$D_0 = \frac{D\left(1 - \cos\dfrac{\alpha}{2}\right)}{\cos\dfrac{\alpha}{2}} \tag{4-23}$$

当取 $f = 0.325$ 时，$\varphi = \dfrac{\alpha}{2} = 18°$，$\cos18° = 0.951$，于是则得：

$$D_0 = \frac{D}{20} \quad 或 \quad D = 20D_0 \tag{4-24}$$

由上可知，光面双辊式破碎机的辊子直径约等于最大给料粒度的 20 倍。因此，这种破碎机只能作为中、细碎设备。对于黏湿物料，$f = 0.45$，则 $D \approx 10D_0$。但是，齿辊式破碎机的 D/D_0 比值比光辊式破碎机要小，齿形的 $D/D_0 = 2 \sim 6$，槽形的 $D/D_0 = 10 \sim 12$。故齿辊式破碎机可以对石灰石、白云石熟料等进行粗碎。

辊式破碎机破碎坚硬物料时，辊子长度 $L \approx (0.3 \sim 0.77)D$，而破碎软物料时 $L \approx (1.2 \sim 1.3)D$。

4.5.2.3 辊子转速

辊子的最适当的转速与辊子表面的特征、被破碎物料的坚硬性和粒度大小有关。一般都是根据试验来决定。既要保证高产、低能耗和得到均匀的产品，同时应使辊面磨损轻。物料粒度越大，转速应越低；辊子带槽和带齿的破碎机的转速，应低于光辊破碎机；当破碎软、脆性物料时，转速应大一些，而破碎硬性物料时，转速应小一些。

提高辊子的转速，可使生产能力提高。但是转速的提高应有一定的限度。超过此限度，落在转辊上的料块在较大的惯性离心力作用下，就不易嵌进转辊之间。这时，生产率不但没有提高，反而引起电耗增加，辊子表面的磨损以及机械振动增大。根据物料在辊子上受的惯性离心力与各作用力的平衡条件，可得出当破碎比 $i = 4$ 时，光辊式破碎机的极限转数（r/min）为：

$$n_{\mathrm{j}} = 616\sqrt{\frac{f}{\rho D_0 D}} \tag{4-25}$$

式中 f——物料与辊子表面间的摩擦系数；

ρ——物料的密度，kg/cm^3；

D_0——给料粒度，cm；

D——辊子直径，cm。

实际上，为减小破碎机的振动和辊子表面的磨损，取：

$$n = (0.4 \sim 0.7)n_{\mathrm{j}} \tag{4-26}$$

4.5.2.4　生产率的计算

双辊破碎机的理论生产率与工作时两辊子的间距 e、辊子圆周速度 v 以及辊子规格等因素有关。假设在辊子全长上均匀地填满物料，而且破碎机的给料和排料都是连续进行的。料带的宽度等于辊子长度 L，厚度等于辊子的间距 e，卸出速度等于辊子圆周速度 v。因此，破碎机的体积生产率（m^3/h）为：

$$Q_T = 3600Lev \tag{4-27}$$

实际上，喂入物料并非布满整个长度，同时卸出物料是松散的，故必须乘以系数 μ 加以修正，而物料落下的速度与辊子圆周速度的关系为 $v = \dfrac{\pi Dn}{60}$，则得生产率 Q（t/h）为：

$$Q = 188\mu LeDn\rho \tag{4-28}$$

式中　D——辊子直径，m；

　　　L——辊子长度，m；

　　　e——排料口宽度，m；

　　　n——辊子转速，r/min；

　　　ρ——物料密度，t/m^3；

　　　μ——物料松散系数，对于干硬物料，$\mu = 0.2 \sim 0.3$，对于湿软物料，$\mu = 0.4 \sim 0.6$。

当破碎硬物料时，在破碎力的作用下，后辊弹簧受压缩，使两辊间距增大，通常间隙约增大 0.25，故生产率 Q（t/h）为：

$$Q = 235\mu LDen\rho \tag{4-29}$$

4.5.2.5　电动机功率计算

辊式破碎机电动机功率可根据经验公式计算。对光辊破碎机破碎中硬物料的电动机功率 P（kW）为：

$$P = 0.8KLv \tag{4-30}$$

式中　L——辊子长度，m；

　　　v——辊子圆周速度，m/s；

　　　K——考虑给料和排料粒度系数，$K = 0.6\dfrac{D_0}{d} + 0.15$，$D_0$ 和 d 分别是给料与排料粒度。

复习思考题

4-1　简述锤式破碎机的结构与工作原理，并举例说明其适用范围。

4-2　反击式破碎机与锤式破碎机的有哪些不同点与相同点？

4-3　反击式破碎机有何优点？

4-4　耐火材料行业，BarMac 冲击式破碎机可用来破碎哪些原料？

4-5　影响 BarMac 冲击式破碎机生产能力的因素有哪些？

4-6　一般耐火材料厂用何种形式的辊式破碎机？

5 球 磨 机

5.1 球磨机的工作原理及类型

在耐火材料生产过程中，粉磨（包括预混合）作业是必需的一道工序。所谓粉磨是指将块状或粒状物料磨成粉状物料。这一作业同时也广泛应用于水泥、陶瓷、选矿、建筑和化工等工业部门，所用的设备就是球磨机。球磨机的工作部件为圆筒体，内装载粉磨介质（钢棒、钢球及钢段等），依靠筒体回转时介质的冲击和磨剥作用，使物料粉碎。在球磨机粉磨多种物料时，还兼具混合的作用。

在生产耐火制品时，为获得致密的制品和改善砖坯的烧结性能，配料过程中常需加入适当比例的粉料。对粉料粒度要求为小于 0.088mm 的占 90% 以上。

球磨机的破碎比与前面所讲的各类破碎机相比，其破碎比要大得多，一般为 200~300，特殊情况下更大。几种不同物料的混合，只有在细粉状态下方可混得均匀。耐火材料生产过程中常选用球磨机、管磨机、悬辊式粉磨机与振动磨机等，其中以球磨机和管磨机应用最广。

图 5-1 为球磨机示意图。球磨机的机身为一个水平放置的回转筒体 1。筒体两端用端盖 2、3 封闭，两个端盖分别与喂料空心轴及卸料空心轴组成一体。筒体借助端盖及空心轴，将整个磨机支承在轴承 4 上。筒体内部装载有粉磨介质（也称研磨体）。电动机通过减速传动装置和装在筒体一端的大齿环 5 使筒体旋转。

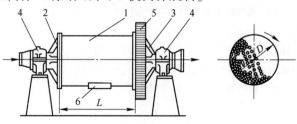

图 5-1　球磨机示意图

当球磨机旋转时，研磨体在离心力（mv^2/r）和与筒体内壁的衬板面产生的摩擦力的作用下，贴附在筒体内壁的衬板面上，随筒体一起回转并被带到一定高度（图5-1右图），在重力作用下自由下落，下落时研磨体像抛物体一样冲击底部的物料并把物料击碎；研磨体进行"上升、下落"的周期循环运动。此外，在磨机旋转的过程中，研磨体还产生滑动和滚动，因而研磨体、衬板与物料之间还有研磨作用，使物料磨细；由于进料端不断喂入新物料，使进料端与出料端物料之间存在一定的料位高差。料位高差能强制物料发生流动，并且研磨体下落时冲击物料产生轴向推力也迫使物料流动，另外磨内气流运动也帮助物料流动。因此，磨机筒体虽然是水平放置，但物料却可以由进料端缓慢地流向出料端，完成粉磨作业。

为了保护筒体及端盖，在其表面均镶有衬板。筒体上开有磨门6，停机时可以打开磨门，装卸粉磨介质及入内进行检修。这种磨机是连续式球磨机。物料经一端的空心轴连续喂入，经另一端的空心轴连续卸出。

球磨机的种类很多，主要类型如图5-2所示。其共同点是都有一个水平放置的旋转筒体，差别是筒体的形状、装载的粉磨介质、进卸料的方法、支承与传动方式、操作与生产方法的不同。球磨机的分类可归纳如下：

（1）按筒体长短分。按筒体长短分，球磨机有短磨机、中长磨机和长磨机三种。

1）短磨机：筒体的长径比 $L/D < 2$ 时称为短磨机，简称球磨机，如图5-2b所示。一般只有一个仓室，用于粗磨或一级粉磨，或将2~3台球磨机串联使用。

2）中长磨机：筒体的长径比 $L/D \approx 3$ 时为中长磨机。

3）长磨机：筒体的长径比 $L/D > 4$ 时为长磨机。中长磨和长磨机又称为管磨机，如图5-2e和f所示。其内部一般用隔仓板分隔成2~4个仓室。

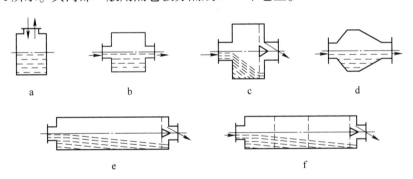

图 5-2　球磨机的主要类型

a—间歇磨机；b—溢流式球磨机；c—箅板卸料球磨机；d—圆锥球磨机；e—单仓管磨机；f—多仓管磨机

短磨机的筒身短，物料在磨内历时较短，有些粗大颗粒还未经粉碎就从末端排出，故很难保证产品粒度的均匀性，因此短磨机一般配上分级设备，组成闭路粉磨系统。物料在管磨机内历时较长，获得较大的粉碎度，生产能力也较高，适用于对物料进行细磨。

（2）按筒内仓室数目分。按筒内仓室数目分，球磨机有单仓球磨机（图5-2a~e）和多仓球磨机（图5-2f）两种。在单仓磨机内，同样的粉磨介质既需要粉磨靠近喂料端处的粗料，又要粉磨卸料端附近的物料，这不利于粉磨介质工作效率的提高，尤其是单仓管磨机，粉磨介质在筒体内分布与物料粉磨过程不相适应的情况更加严重。为消除这些缺点，将单仓管磨机用隔仓板隔成几个仓室，构成多仓管磨机。从喂料端开始，各个仓装入的粉磨介质的尺寸依次减小，使粉磨介质的尺寸与物料粒度变化相适应。头几个仓使用钢球，以冲击并兼磨剥方式粉磨物料；最后一个仓使用钢段，扩大与物料的接触面积，以磨剥兼冲击的方式进一步将物料磨碎。多仓管磨机除了具有单仓管磨机的优点外，还具有能使粉磨介质分布合理、提高单位电耗产量的优点。

（3）按筒体外形分。按筒体外形分，球磨机有圆筒球磨机和圆锥球磨机两种。与圆筒球磨机不同，圆锥球磨机筒体的两端做成圆锥体（图 5-2d）。圆锥的锥度在喂料端比较陡直，在卸料端比较平缓。如果筒体内装进大小不同的粉磨介质，圆锥球磨机回转时，由于质量的不同，大的介质将会集中在喂料端，小的将会集中在卸料端。介质这样分布能与物料的粒度变化相适应，故这种磨机较同样长度的短筒磨机的产量要高，单位产量电耗低，产品粒度比较均匀。

（4）按筒体数目分。按筒体数目分，球磨机有单筒和多筒球磨机两种（图 5-3）。耐火材料工业及其他无机非金属材料工业大多采用各种规格的单筒球磨机。

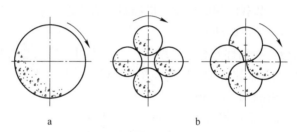

图 5-3　球磨机筒体断面图
a—单筒球磨机；b—多筒球磨机

虽经多年改进，这种磨机仍存在着致命缺点：效率低，单位电耗高、噪声大，卸出的粉磨产品温度高（大型磨机更是如此）等。多筒球磨机主要是把单一筒体改成均衡配置的多个筒体。它一般由 4~13 个筒体组合而成，并使各个筒体内的负载均衡。由于将磨内介质偏向一边的运动改为分散到各个筒体的均衡运动，故具有较高的粉磨效率。

图 5-4 是介质在单筒球磨机和多筒球磨机内的重力作用图。从图中可明显看出，在两种磨机的容积和介质的填充率相同时，多筒球磨机内介质和物料对磨机中心的合成转矩小于单筒球磨机。

多筒球磨机的转速和介质填充率都比单筒球磨机要高，可以提高粉磨细度和产量，降低磨机拖动功率 45%~50%，降低粉磨温度 40~60℃，减少单位产品钢球消耗 20%，而且可大大降低噪声。

（5）按装入粉磨介质种类分。

粉磨介质采用钢球和钢段的磨机称为球磨机，这种磨机使用最为普遍。

在短筒磨机中，采用长度较筒体长度短 50~100mm 的棍棒作介质，这种磨机称为棒磨机。有些管磨机的第一仓改装钢棒，以后各仓仍装入钢球或钢段，这种磨机又称为棒球磨机。棒磨机的粉磨过程是利用筒体内棒与棒之间的线接触来进行的，钢棒的冲击作用较钢球大，且钢棒兼起算条作用，对物料进行选择性粉磨，先粉磨大块物料，然后逐步将物料按粒度的大小依次粉磨。因此过粉碎现象较小，且产品粒度较均匀。当需要将物料从

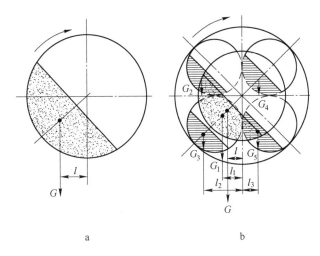

图 5-4 球磨机粉磨介质作用力关系图

a—单筒球磨机；b—多筒球磨机

25mm 粉碎到 1mm 左右时，用棒磨机细碎效率高、电耗低。

介质采用砾石、卵石、瓷球等的磨机称为砾石磨机。这种磨机用花岗岩或瓷料等作为衬板，用于生产白色或彩色水泥以及用于陶瓷工业。

（6）按卸料方式分。按卸料方式分，球磨机有尾卸式磨机和中卸式磨机两种。

1）尾卸式磨机。物料由磨的一端喂入，由另一端卸出，称为尾卸式磨机。有边缘卸料式磨机（图 5-5a）和中心卸料式磨机（图 5-5b）两种。中心卸料式又可分为溢流卸料式（图 5-2b、d）和箅板卸料式（图 5-2c、e 和 f）两种。

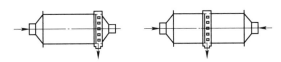

图 5-5 磨机的卸料方式

a—边缘卸料式；b—中心卸料式

在溢流式球磨机中，物料通过喂料机或溜槽从左方的空心轴喂入筒体，由于筒体的旋转和介质的运动，堆积于左端的物料由于料位高差作用不断向右运动，最后从右方的空心轴溢流排出。这种磨机结构简单，可连续操作。不过磨机中料面要高出空心轴才能使物料排出，料面过高削弱了粉磨介质在磨内的冲击效应，故粉磨效率较低。

箅板卸料式磨机又称格子型磨机，如图 5-6 所示。在靠近卸料端有一套卸料箅板 1。卸料箅板由若干块扇形板组成，板上有筛孔或筛缝，箅板背面有辐射状布置的扬料板 2。箅板随着筒体旋转，箅板阻隔着介质，磨细的物料通过筛缝进入背面扬料板之间的空间，并被随同筒体一起旋转的扬料板带起，倒落在导料锥 3 上，从而引入卸料空心轴中卸出。这种磨机筒内卸

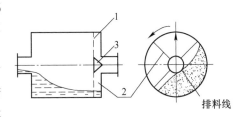

图 5-6 箅板卸料球磨机示意图

1—卸料箅板；2—扬料板；3—导料锥

料端排料较快，料面较低，有利于提高粉磨效率和产量。

2）中卸式磨机。

中卸式磨机如图5-5b所示，物料由磨机两端喂入，在筒体中部的周壁开孔卸出，它相当于两台边缘卸料式磨机连接使用，设备紧凑，流程简化。

（7）按筒体支承方式分。按筒体支承方式分，球磨机有中空轴支承式磨机、托轮支承式磨机和滑履支承式磨机三种。

1）中空轴支承式磨机。中空轴支承式磨机如图5-7a所示，磨机筒体两端的空心轴支承在两端的主轴承上，这是一种普遍使用的支承方式。

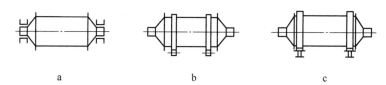

图5-7　磨机筒体的支承方式
a—中空轴支承；b—托轮支承；c—滑履支承

2）托轮支承式磨机。托轮支承式磨机如图5-7b所示，两个轮带安装在筒体上，并分别在两个托轮上旋转。这种磨机有时在小型工厂中采用。也有一个轮带支承在一对托轮上，另一个空心轴则支承在主轴承上的磨机，但很少使用。

3）滑履支承式磨机。滑履支承式磨机如图5-7c所示，是通过固装在磨机筒体上的滑环支承在滑履上运转的。由于磨机向大型化发展，轴承负荷越来越大。另外，烘干兼粉磨的磨机其进料口大，且热气流温度高，主轴承就不适应，采用滑履支承较为合适。

（8）按传动方式分。按传动方式分，球磨机有中心传动式磨机和边缘传动式磨机两种。

1）中心传动式磨机。中心传动式磨机如图5-8a所示，这种磨机的传动装置是由电动机经减速器驱动传动轴，传动轴直接与磨机卸料端的空心轴连接，传动轴的轴心与磨机筒体的中心线一致。

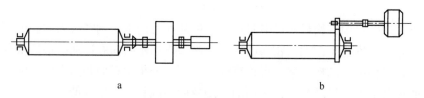

图5-8　磨机的传动方式
a—中心传动；b—边缘传动

2）边缘传动式磨机。边缘传动式磨机如图5-8b所示，这种磨机的传动装置是电动机经减速器驱动，其传动轴与磨机筒体中心线平行，通过这根轴上的齿轮带动固装在磨机筒体端盖上的大齿轮环，使磨机筒体回转。

（9）按操作方式分。按操作方式分，球磨机有间歇操作式磨机（图5-2a）和连续操作式磨机两种。间歇式球磨机构造简单，装卸料间歇进行，因此其粉磨效率和生产能力均较低，不适合大规模生产企业使用，但在陶瓷工业中仍普遍用于粉磨坯料和釉料。

（10）按生产方式分。按生产方式分，球磨机有干法磨机和湿法磨机两种。干法粉磨时，喂入物料的水分不能高，否则物料易发生黏结，排料不畅，产品为粉料。湿法粉磨时，物料与水混合在一起粉磨，粉磨产品为料浆。湿磨时物料易流动，水能及时将细粒冲走，防止过粉碎现象。另外，水和溶解在水中的表面活性物质渗入物料显微裂缝中，起着楔子的作用，有助于物料的细磨。因此，湿磨较干磨生产能力高，单位电耗低，但介质磨耗较高。

目前球磨机的规格已标准化，一般用不带磨机衬板的筒体内径和筒体有效长度（$D \times L$）来表示。间歇式磨机有时以装填物料的吨数来表示。在耐火材料等无机非金属金属工业生产中，根据生产的规模和条件，选用不同形式和规格的球磨机。

5.2 球磨机的构造及工作部件

各种规格球磨机的构造基本相似，主要由筒体部、给料部、排料部、主轴承和传动装置等部分组成。

5.2.1 间歇球磨机

5.2.1.1 间歇球磨机构造

间歇式球磨机一般为湿法操作，在合成耐火原料（如合成莫来石）领域应用较多，在陶瓷、玻璃等行业也经常使用。图 5-9 为间歇式球磨机结构图，其筒体 1 由钢板焊接或铆接而成，两端用端盖封闭。端盖用铸铁铸造加工而成，带有加强筋。端盖中心有钢质或球墨铸铁制成的实心轴 2，用轴承 3 通过实心轴、端盖将筒体支承在机架 4 上。筒体用电动机 5 通过胶带传动、离合器 6、减速器 7 及减速齿轮 8 带动回转。采用离合器启动时筒体逐渐接上传动装置，以避免电动机发生过大的超负荷，同时磨机定位方便。离合器由操纵杆 9 控制。筒体 1 中部有兼作喂料和人孔的喂料口 10 和卸料口 11，也有喂料、卸料及人孔合为一个开口的。筒体内壁衬以工程塑料，瓷板、橡胶板，以瓷球、氧化锆球、刚玉球等作为粉磨介质。

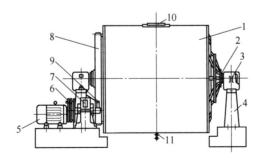

图 5-9　间歇式球磨机

1—筒体；2—实心轴；3—轴承；4—机架；5—电动机；6—离合器；7—减速器；8—齿轮；
9—操纵杆；10—喂料口；11—卸料口

5.2.1.2 间歇球磨机的主要工作部件

间歇式球磨机的主要工作部件由一个筒体、两个主轴承和一套传动装置组成。

A 筒体

筒体是磨机的主要工作部件之一，须有足够的强度、刚度和同心度。如图 5-10 所示，其由筒身、磨头、衬板、磨门等组成。两端盖外侧中心轴颈将筒体支承在机架的轴承上。筒身主要承受筒体自重和粉磨介质、物料的质量以及其在运动时产生的惯性离心力。筒体在外力作用下产生弯曲力矩、扭转力矩和剪切力，其中由扭转力矩和剪切力产生的应力变形很小，因此，一般只需计算最大弯曲应力和校核径向刚度。

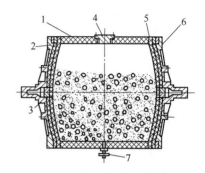

图 5-10 间歇式球磨机筒体
1—筒身；2，6—端盖；3—轴盘；
4—磨门；5—衬板；7—卸料旋塞

筒身的两端内侧通常焊接上由锻造或铸件加工成的法兰圈，作为安装端盖的对中基准。也有将筒身和端盖焊成整体式的筒身。筒身的长径比为 0.88~1.2。小型磨机筒身钢板厚度取其直径的 0.5%~1%，大型磨机则为 0.5% 左右。

磨头通常用铸铁件。小型磨机用整体式（图 5-11a）；大型磨机采用组合式，由端盖和轴盘装配而成（图 5-11b）。端盖和轴盘、端盖和筒身都采用双头螺栓紧固连接。

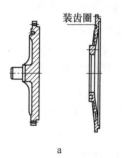
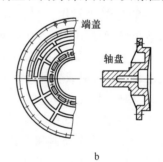

图 5-11 磨头示意图
a—整体式磨头；b—组合式磨头

衬板的作用是保护筒身和防止污染原料。衬板的材质有金属材料和非金属材料，也有用橡胶的。橡胶衬板厚 25~40mm（图 5-12），用带 T 型槽的压条压紧，压条用 T 型螺栓紧固在筒身上，也有用 T 型螺栓直接将带有 T 型槽的衬板紧固在筒身上。橡胶衬板质量轻、厚度小，可以增加筒体的有效容积。使用寿命可达 7~10 年，噪声小，但投资费用较大。选用橡胶衬板时，要考虑铁锈、橡胶杂质以及黏结剂对原料的污染问题。另外橡胶衬散热性和耐热性差，工作温度不能超过 80℃，否则橡胶会失去弹性变硬变脆，加剧

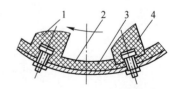

图 5-12 橡胶衬板安装图
1—橡胶压条；2—橡胶衬板；
3—筒体；4—连接螺栓

磨损。聚氯脂是一种新型有机高分子材料，具有耐磨性能好、机械强度大、耐老化等特性，可替代橡胶作为耐磨内衬。

B　主轴承

主轴承是磨机的主要部件，是易磨损件。它承受磨机工作部分的全部载荷，属低速重载的向心轴承，如图 5-13 所示。一般选用自动调心的球面滑动轴承，且须保持良好的润滑状态。

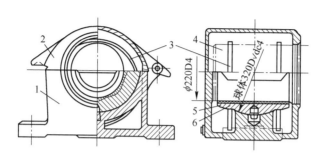

图 5-13　球磨机轴承

（φ220D4 是指孔直径基本尺寸为 220mm，公差等级为 D4；√dc4 指第三种配合，4 级精度）

1—轴承座；2—轴承盖；3—油环；4—轴；5—球面轴瓦；6—轴瓦衬

C　传动装置

传动装置的传动比一般在 30~70 之间，通常采用的传动方式有胶带—齿轮、两级胶带传动或一级蜗杆传动等，其中前者较常用。实验室磨机常采用托轮摩擦传动。球磨机装配有离合器，目的是便于分段启动和操作控制。常用的离合器有摩擦式、液压式和电磁式等，选用时要注意低速、重载、高湿度和频繁启动等条件。

5.2.2　管磨机

5.2.2.1　管磨机构造

管磨机机身较长，是一种连续作业的细磨设备，广泛应用于耐火材料及水泥等无机非金属工业。所有规格的管磨机构造基本相似，现以 φ3m×11m 多仓管磨机为例（图 5-14），介绍其主要构造。

图 5-15 为其筒体部分的剖视图，属中心传动、中心卸料、三仓管磨机。一、二仓之间装设提升式双层隔仓板，二、三仓间装设单层隔仓板，一、二仓内安装阶梯衬板，三仓内镶砌小波纹衬板。装填粉磨介质 100t。

筒体 8 支承在主轴承 7 和 9 上，由 1250kW 的 JRZ1250-8 主电机 1 通过胶块联轴器 2、主减速器 3、中间轴 4、刚性联轴器 5 和磨机卸料空心轴驱动，以 17.7r/min 速度回转。物料由喂料装置 10 送入磨内，经三个仓室粉磨后，由传动接管上的椭圆孔落入卸料装置 6 内。

磨机的主轴承除了设有循环润滑外，还设有专用水循环冷却装置。在传动系统中，还设有辅助传动装置，由功率为 17kW 的电动机 12 驱动，筒体以 0.2r/min 的速度慢速回转。

该磨机直径较大，磨内温度较高，故设有雾化喷水装置。压缩空气及水由水管 18 通过喂料空心轴从端盖进入磨内第三仓喷出，利用水蒸气带走磨内热量，降低磨内温度，可使磨机产量提高 5%~10%。三仓管磨机多用于水泥工业细磨水泥，一般耐火材料工业多用双仓管磨机生产配料用的细粉。表 5-1 为常用管磨机的技术性能。

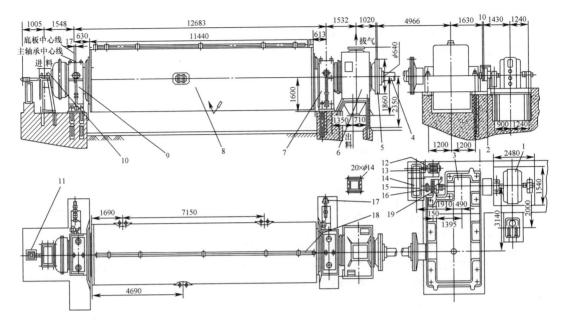

图 5-14　φ3m×11m 多仓管磨机结构示意图

1—主电动机；2，13，15—联轴器；3—主减速机；4—中间轴；5—刚性联轴器；6—卸料装置；
7—出料端主轴承；8—筒体；9—主轴承；10—喂料装置；11—喷水装置；12—辅助电机；
14—辅助减速机；16—斜齿离合器；17—润滑装置；18—水管；19—操纵杆

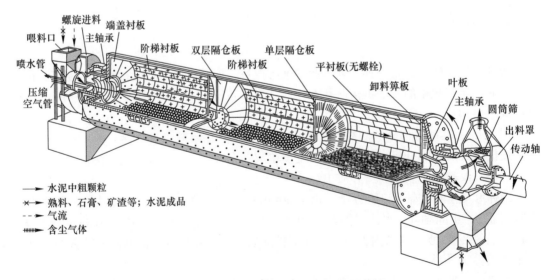

图 5-15　φ3m×11m 管磨机筒体部分剖视图

　　近年来，磨机在向大型化发展，即增大球磨机的筒体直径和长度。由生产实践证实，磨机的生产率与筒体直径的 2.5～2.6 次方成正比，因此增大筒体直径将是磨机今后的发展方向，但是，将磨机筒体增大到 4m 以上时，将在运输和安装方面带来许多困难。随筒体直径的增大，磨机合理的充填率减小，这种为了加大磨机直径而寻求提高处理能力的办法，是在牺牲了球磨介质充填率条件下得到的。众所周知，充填率下降，磨机内的工作介质数量和表面积减少，因而物料被磨碎的概率也减少，因此球磨机直径加大所得的效果能否补偿充填率下降的影响，是值得进一步研究的课题。目前国外生产的球磨机最大规格有φ6.5m×9.65m 环形定子式无齿轮传动球磨机。这种球磨机的转速是通过双向离心变频器控制电机供电频率，使球磨机转速在一个小范围内无级调节，可根据物料可磨性的变化自动调节磨机生产率。

表 5-1 常用管磨机的技术性能

规格及名称	筒体规格			工作转速 n /r·min⁻¹	产量 Q /t·h⁻¹	介质装入量 G /t	主电动机				传动方式	润滑装置	机器质量 m/t	外形尺寸（长×宽×高）/m×m×m
	内径 D /mm	长度 L /mm	容积 V /m³				型号	功率 N/kW	转速 n₁ /r·min⁻¹	电压 U /V				
1500×5700 管磨机	1500	5700	9	31.9	5	12	JR127-8	130	730	220/380	周边传动	油杯	6.4	10.6×3.2×2.8
2200×13000 管磨机	2200	13000	14	21.96	25	30	—	600	250	3000	周边传动	集中润滑	131	26×5.6×3.7
2600×13000 管磨机	2600	13000	60.5	19.5	30	81	JR118/61-8	1000	750	6000	中心传动	集中润滑	182	27.4×6.4×4.05
2600×13000 原料磨	2600	13000	61.5	19.5	42~80	81	JR118/61-8	1000	750	6000	中心传动	集中润滑	179.4	27.4×6.4×4.05

表中的 n 为工作转速，Q 为产量，G 为介质装入量，n_1 为主电动机转速，U 为电压。

5.2.2.2 管磨机主要工作部件

管磨机的类型和规格较多，但它的结构基本相似，主要由筒体、衬板、隔仓板、轴承、进料卸料装置和传动装置组成。

A 筒体

筒体是管磨机的主要工作部件，物料在筒体内被粉磨介质冲击和磨剥成细粉。

筒身是一个空心圆筒，用钢板圈焊而成。筒身的两端与磨头联结组成筒体。筒体工作时，除了承受自身和粉磨介质等静载荷外，还受到介质的冲击及筒体回转产生的交互应力。因此其必须具有足够的强度和刚度。要求制造筒体的金属材料的强度高，塑性和可焊性好，常采用普通结构钢 A3，大型磨机的筒体，采用 16Mn 钢制造。

为了检修磨内零部件和装卸粉磨介质需要，筒身的每个仓室都设有磨门，各仓磨门的位置在筒身两边的直线上交错排列，以便平衡磨门重量产生的惯性离心力。

磨头承受整个磨机的动载荷，要求长期安全可靠，有三种结构形式。一种是整体磨头，如图 5-16a 所示。这种形式结构简单，安装方便，适合于中小型磨机。对于大型磨机，由于磨头端盖的平展面积较大，铸造容易产生缺陷，铸造质量不易保证。另一种磨头是把端盖和空心轴分别铸造（图 5-16b），加工后再组装在一起。这样可减少铸造缺陷，但原材料消耗和加工安装工作量增多。图 5-16c 所示的磨头是采用钢板焊接结构，原料消耗少，制造工艺简单，端盖与筒体连接牢靠，磨头质量可得到保证。

一般大、中型磨机采用铸钢 ZG35 作为空心轴材料，小型磨机采用铸铁或球墨铸铁作为磨头材料。

磨机运转与长期停磨时相比有较大温差，筒体会产生伸缩。在制造安装磨机筒体时，

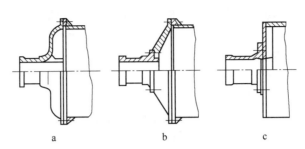

图 5-16 磨头的结构形式

a—整体结构；b—装配结构；c—焊接结构

必须考虑磨机的轴向热变形。磨机的传动装置一般靠近卸料端，为保证齿轮的正常啮合，卸料端不允许有任何轴向窜动，适应轴向热变形的结构都设在进料端。

球磨机进料端活动式主轴承有两种形式：一种是在空心轴颈的轴肩与轴承间预留间隙（图 5-17）；另一种是在轴承座与底板之间水平安装数根钢辊（图 5-18）。当筒体热胀冷缩时，进料端主轴底座可沿辊子移动。

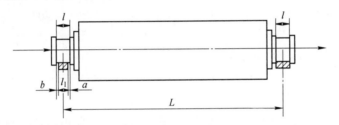

图 5-17 球磨机筒体轴向热变形的预留间隙

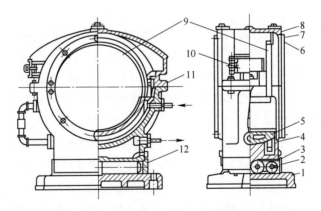

图 5-18 球磨机进料端活动式主轴承

1—轴承底座；2—钢辊；3—密封板；4—轴承座；5—球面轴瓦；6—轴承盖；7—压板；8—刮油杆；
9—油杯；10—检查门；11—定位螺栓；12—连接板

B 衬板

a 衬板的作用和类型

衬板用来保护筒体免受粉磨介质和物料的直接冲击和摩擦，同时也可利用不同形式的衬板来调整各仓内粉磨介质的运动状态。

磨机头仓内物料粒度较大，要求介质以冲击粉磨为主，应呈抛落状态运动；以后各仓内的物料粒度依次减小，要求介质依次增强磨剥作用，加强倾泻状态运动。在磨机直径和转速相同的情况下，利用不同形状表面的衬板，使其与粉磨介质产生不同的摩擦系数，来改变介质的运动状态，以适应物料粉磨过程的要求，提高粉磨效率。

例如，在粗磨仓中装设能增加提升摩擦角的阶梯、凸棱和压条形等衬板；细磨仓中为了增加介质的磨剥能力，增加介质的循环次数，使介质呈倾泻状运动，从而装设花纹形、波浪形和平衬板；为了使同一仓内大小不同的介质能按被粉磨物料的粒度大小而分开，可采用锥形分级衬板和角螺旋衬板等。

磨机衬板有许多类型，可按使用的部位和材料进行粗略分类。按衬板使用的部位可分为筒体衬板、磨头衬板、磨门衬板和特殊衬板。按衬板材料可分为金属衬板、橡胶衬板、石质或铸石衬板、磁性衬板和复合衬板。球磨机衬板的主要类型如图 5-19 所示。

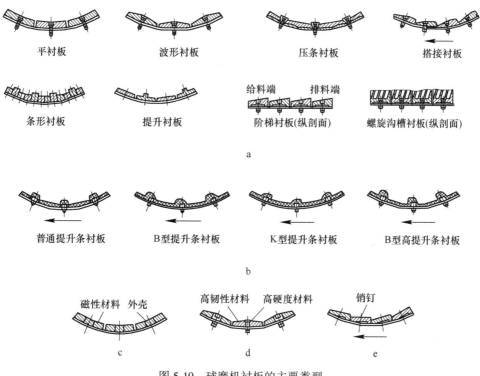

图 5-19　球磨机衬板的主要类型

a—金属衬板；b—橡胶衬板；c—磁性衬板；d—复合铸造衬板；e—无螺钉衬板

b　衬板的表面形状

衬板的表面形状主要有平滑形、条形、波形、阶梯形、环沟形等，也可在一种衬板上将其中两种或数种形状结合起来。常用衬板的主要表面形状如图 5-20 所示。

（1）平衬板。如图 5-20a 所示，表面平整或铸成花纹。它对介质的作用主要是依赖其与介质之间的静摩擦力，对介质起一定提升作用。它们之间的摩擦系数小，会增加滑动现象，降低介质的上升速度和提升高度，增加衬板和介质的磨损，且增加了介质的磨剥作用，故平衬板用于细磨仓。

（2）压条衬板。如图 5-20b 所示，它由平衬板和压条组成，压条上有螺栓通孔，通过

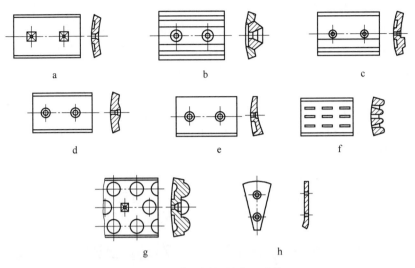

图 5-20　常用衬板的表面形状

a—平衬板；b—压条衬板；c—凸棱衬板；d—波形衬板；e—阶梯衬板；

f—波纹衬板；g—半球形衬板；h—端盖衬板

压条将衬条固定。衬板的边缘和压条下侧都设计成斜面，便于楔紧，使衬板不致松动。

这种衬板依靠其平板部分与介质间的摩擦力和压条侧面对介质的推力的联合作用，使介质升得较高，具有较大的冲击能力。所以其适合用在第一仓作为衬板，尤其对粒度大的硬质物料更为适合。压条衬板的缺点是提升能力不均匀，压条前侧附近的介质被带得很高，而远离压条的地方又与平衬板一样出现局部滑动。当磨机转速过高时，压条前侧带得过高的介质抛落到对面衬板上，打不着物料，不但粉碎作用小，而且增加了介质与衬板的磨损，因此对于转速较高的磨机不宜安装压条衬板。

压条衬板的高度一般不超过本仓最大球的半径，否则将球带得过高。压条边坡角度在 $40° \sim 45°$ 为宜。为了减少带球的不均匀性，压条的排数不宜过多或过少。两压条的间距等于该仓最大球径的 3 倍为宜。

（3）凸棱衬板。如图 5-20c 所示，它是在平衬板上铸成断面为半圆的或梯形的凸棱。凸棱的作用与压条相同，结构参数与压条衬板相仿。由于是整体铸造，凸棱磨损后就要整块更换，故不经济。但这种衬板的刚性大，不易变形。

（4）波形衬板。如图 5-20d 所示，将凸棱衬板进行平缓化，就形成了波形衬板。这种衬板的带球作用不及压条衬板，对于一个波节，上升部分有带球作用，而下降部分却对带球起不利作用，会使介质产生一些滑动，但可避免将介质抛得过高。因此，它适用于球磨机中的棒仓，可防止过大的冲击而损伤衬板。

（5）阶梯衬板。如图 5-20e 所示，衬板表面呈一倾角，安装后形成许多阶梯，可以增大衬板对介质的带动能力。平衬板的缺点是摩擦系数 $f = \tan\phi$（ϕ 为摩擦角）太小，摩擦力不足以防止介质沿其表面滑动，若衬板表面形成一个倾角 $\Delta\phi$（图 5-21），使之与原有的摩擦角合成，则牵制系数 K 可增加为 $K = \tan(\phi + \Delta\phi)$，这样就可以加大衬板对介质的带动能力。

工作表面呈阿基米德对数螺线的衬板能够均匀地增加提升介质的能力。因为它的各点厚度增量与转角成正比，沿衬板表面均形成相同倾角 $\Delta\phi$，所以沿整个衬板表面的牵制系数必然相等。对同一球层被提升的高度均匀一致；衬板表面磨损均匀，磨损后不致显著地改变其表面形状；衬板的牵制能力能作用到其他层次的介质，因为各层次的介质的排列也会形成相当于的 $\Delta\phi$ 倾角，这样不只减少了衬板与最外层介质之间的滑动和磨损，而且还防止了不同层次的介质之间的滑动和磨损。阶梯衬板常用于磨机的粗磨仓。

（6）波纹衬板。如图 5-20f 所示，这是一种适合细磨仓铺设的无螺栓衬板。为了适应细磨仓内介质尺寸较小和提升高度较低的要求，衬板波峰和节距都做得较小。

（7）半球形衬板。如图 5-20g 所示，使用半球形衬板可以减少滑动，避免在衬板上产生环向磨损沟槽，介质和衬板的使用寿命较长，且与表面光滑的衬板相比，产量可提高10%左右。半球体的直径应为该仓最大球径的 2/3，半球的中心距不大于该仓平均球径的两倍，半球成三角形排列，以阻止钢球沿筒体滑动。

（8）锥形分级衬板。衬板断面形状及其在仓内的铺设如图 5-22 所示。衬板沿轴向具有 8°~10° 的斜度，衬板镶衬到筒体后，内表面形成一节节的截头圆锥形，锥顶朝向磨机的卸料端，这样就可以使到磨内的粉磨介质按其大小自动分级，介质尺寸沿料流方向逐渐减小。由于介质大小分布与磨内物料尺寸变化相对应，故可以提高粉磨效率。同时，当磨机采用自动分级衬板后，就可取消一些隔仓板，使磨机有效容积增加，并改善磨机物料的流动及通风条件，这又相应地提高了磨机的粉磨效率。

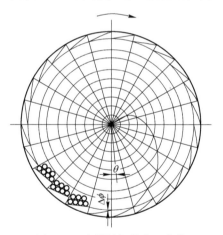

图 5-21　阶梯衬板的表面曲线

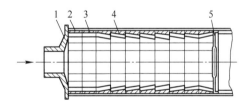

图 5-22　锥形分级衬板铺设示意图

1—磨头；2—平衬板；3—筒体；4—分级衬板；5—隔仓板

分级衬板一般安装在磨机的一、二仓内，因为钢球被分级后，对物料的粉碎作用较大。为了避免进料端大球、大块物料堆积过多，可在靠近进料端装两排平衬板。为了防止出料端小球或物料堵塞隔仓板箅孔，靠近隔仓板装一圈方向相反的衬板。

（9）沟槽衬板。使用球形介质时，球磨机的长期工作，会在衬板表面形成圆周方向的半圆形沟槽，沟槽半径与钢球尺寸有关。这反映衬板使用时与钢球接触造成较强的磨损。为了减少这一磨损，将衬板表面预先制成一定半径的环向半圆形沟槽，这就是环沟形衬板。这种衬板的特点是使衬板与钢球之间产生线接触，这除了可减轻衬板磨损外，还可提高粉磨效率。

磨机安装普通衬板时，钢球降落或贴着筒体上升时的接触为点接触，物料从钢球的两侧挤出，钢球与衬板之间基本不起研磨作用，如图 5-23 所示。

而对于沟槽衬板，钢球与衬板是圆弧线接触，物料不能从沟槽内挤出，在钢球与衬板之间总有一层物料，外层钢球与衬板之间无接触现象，因此在沟槽中存在着附加研磨作用。钢球与衬板沟槽的接触包角约为120°，即每个钢球在120°角的范围内增加了附加研磨，如图5-24所示，这有利于提高磨机的粉磨能力。

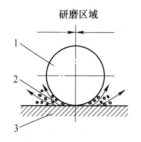

图5-23   普通衬板与钢球接触
1—球；2—物料；3—衬板

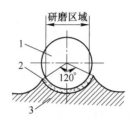

图5-24   沟槽衬板与钢球接触
1—球；2—物料；3—衬板

c   衬板的材料

管磨机的衬板大多采用金属材料制造，也有少量采用非金属材料制造。粗磨仓的衬板应具有良好的抗冲击性，多数采用高锰钢制造，也有采用镍硬质合金钢、高铬硬质合金钢或铬、锰、硅合金钢制造，它们的强度和耐磨性更好。细磨仓的衬板应具有良好的耐磨性，可采用耐磨白口铁、冷硬铸铁、中锰稀土球墨铸铁等材料制造。

使用金属衬板时，因衬板更换比较困难，通常衬板的硬度较介质高HRC3~5（HRC为洛式硬度），介质的硬度较物料高HRC5~8，以延长衬板寿命，减少衬板更换次数。在介质抛落运动的球磨机中，衬板的韧性须高于介质，介质的韧性须高于物料。

湿法球磨机采用橡胶衬板，与高锰钢衬板相比，其优点是：节省钢材、减轻负荷，动力消耗降低，可大大减轻安装的劳动强度，缩短检修时间，使用寿命长（高出高锰钢衬板2倍），粉磨介质消耗降低，可保护筒体免受料浆磨损，延长筒体使用寿命，降低工业噪声，改善操作条件。缺点是：不耐高温，不宜用于干法磨机。

C   隔仓板

为了提高粉磨效率，管磨机中装有隔仓板，将管磨机分成2~5个仓室。耐火材料工业多采用双室管磨机。多室管磨机主要用于水泥工业。由于筒体内增设了隔仓板，被粉磨后细颗粒能及时通过隔仓板进入下一个仓室与粗颗粒分开，这样，第一舱室不致因有过多细颗粒而削弱研磨体对物料的冲击作用。而细颗粒在第二仓室可得到充分的研磨。

隔仓板的作用是分隔粉磨介质，阻止各仓间介质的轴向移动，阻止过大颗粒窜入下一仓，使物料得到合理的粉磨；隔仓板的箅孔决定了磨内物料的填充程度，同时也控制料流速度，从而控制物料在磨机内的粉磨时间。

在双室管磨机中，第一仓室用于粗磨，研磨体在筒体内以冲击粉碎为主兼有研磨作用，第二仓室用于细磨，其中所装的研磨体尺寸相对第一仓室要小，主要以研磨作用来粉磨物料。在同一转速的筒体内，为了获得上述两个仓室内对物料的不同粉碎方式，可通过改变两个仓室筒体衬板表面的形状来实现。筒体分室的原则是，根据所处理物料的易碎性来决定。对于易磨难碎的物料，第一室应长一些；反之第一室应短一些，第二室（或后几室）应长一些。双室管磨机第二室比第一室要长，以便保证有足够的时间对物料进行细磨。

隔仓板按结构可分为单层隔仓板和双层隔仓板两种。

（1）单层隔仓板。有弓形隔仓板和扇形隔仓板，如图 5-25 所示。每块弓形板都用螺栓固装在筒体上，在中心的两侧用盖板以螺栓加固。

扇形隔仓板由扇形算板组成。每块算板的外形尺寸要考虑进出磨门的方便，大型磨机的算板可分成两个部分，如图 5-26 所示。

隔仓板的外圈算板 2 用螺栓固定在磨机筒体 1 的内壁上。内圈算板 3 装在外圈算板的止口里。中心圆板 5 和环形固定圈 4 用螺栓与内圈算板固定在一起，把这些扇形板连成一个整体。扇形单层隔仓板的牢固程度不及弓形隔仓板，但安装较方便。

（2）双层隔仓板。在磨机一、二仓之间，常用双层隔仓板，有过渡仓式、提升式和筛分式多种。图 5-27 所示为过渡式双层隔仓板，它只用于湿法磨机。

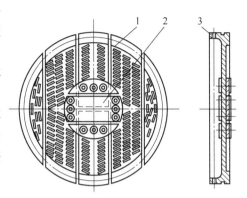

图 5-25　弓形单层隔仓板

1—弓形算板；2—盖板；3—螺孔

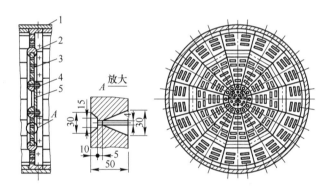

图 5-26　扇形单层隔仓板

1—筒体；2—外圈算板；3—内圈算板；4—环形固定圈；5—中心圆板

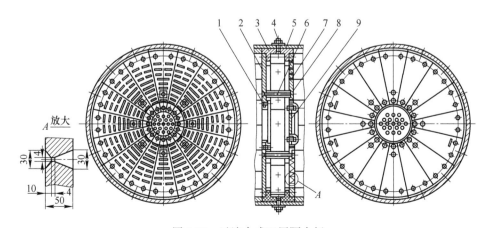

图 5-27　过渡仓式双层隔仓板

1—环形固定圈；2—盲板；3—仓板座；4—固定螺栓；5—筒体；6—定距管；7—算板；8—螺栓；9—中心圆板

隔仓板由一组盲板 2 和一组箅板 7 组成。仓板座 3 用螺栓 4 固定在磨机筒体 5 上，盲板和箅板分别装在仓板座两侧，环形固定圈 1 装在盲板上，中心圆板 9 装在箅板上，盲板与箅板中间有定距管 6 用螺栓拧牢，靠一仓进料的一面盲板，当一仓内料浆面高于环形固定圈时，料浆就流进双层隔仓板中间，然后再经过箅板进入二仓。

图 5-28 所示为提升式双层隔仓板。盲板 8 和扬料板 4 用螺栓固定在隔仓板架 10 上，隔仓板座 6 及木块 7 用螺栓固定在磨机筒体 9 内壁上，箅板 3 及盲板装在隔仓板座上，导料锥 2 装在双层板中间，其上装有中心圆板 1。物料通过箅板进入双层隔仓板中间，由扬料板 4 将物料提升倒入导料锥 2 上，随着磨机回转进入下一仓。

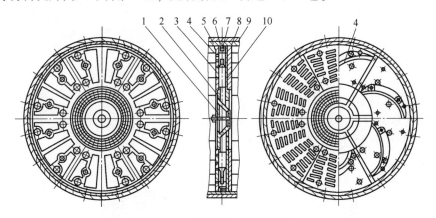

图 5-28　提升式双层隔仓板

1—中心圆板；2—导料锥；3—箅板；4—扬料板；5—衬板；6—隔仓板座；7—木块；
8—盲板；9—筒体；10—隔仓板架

提升式双层隔仓板有强制物料流动的作用，通过的物料量不受相邻两仓物料水平面的限制，甚至在前仓的料面比后仓料面低的情况下，仍可照常通过物料。因此它适用于粗磨仓，尤其适合于圈流生产的磨机。因为粗磨仓以冲击作用为主要工作形式，要求该仓有较少的存料，以利于冲击力的发挥。但是，双层隔仓板结构复杂，减小了磨机有效容积，干法粉磨时通风条件差。另外其两侧的存料都减小，使这个区域的粉磨效率降低，同时也加剧了隔仓板的磨损。

筛分隔仓板是兼起磨内筛分作用的双层隔仓板。图 5-29 所示为筛分式双层隔仓板装置。它由两块稍有不同的箅板 2 和 3、焊接在支持环 1 上的导料板 6、双向导料锥 4 及连接螺栓 5 等组成。两端都装有箅板，在箅板中心装有带筛孔的双向导料锥。物料通过靠一仓的箅板进入隔仓板中间的空间，被收集到螺旋形的导料板上，达到要求的部分物料通过另一面箅板流入第二仓。另一部分物料从导料板落到导料锥的外锥上，其中较细物料通过孔隙落到导料锥的内锥上，然后流入第二仓；较粗的物料返流回第一仓。这种双层隔仓板具有加快磨内物料流速、筛析选粉的作用，而且通风比较好，对提高磨机产量有益。

　　D　隔仓板的箅板

箅板是隔仓板的主要部件，而箅板孔又是关键，必须满足控制流速，利于通风，防止堵塞且耐磨。常见的箅板孔的形状和尺寸如图 5-30 所示。箅孔的几何形状要利于物料通过，且箅板经一定磨损后箅孔有效宽度仍保持不变。箅孔的宽度控制着物料的通过量和最大颗粒尺寸，一般一仓为 8~15mm，二仓为 6~10mm，三仓为 5~8mm。箅孔总面积一般

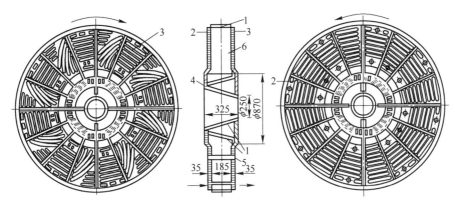

图 5-29　筛分式双层隔仓板装置

1—支持环；2，3—算板；4—双向导料锥；5—螺栓；6—导料板

为隔仓板面积的 3%～15%，干法磨机的通孔率不小于 7%。在保证算板有足够机械强度条件下，应尽可能多开孔。

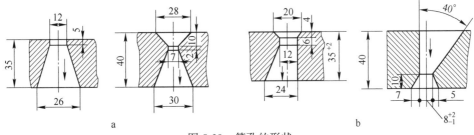

图 5-30　算孔的形状

a—单锥形算孔；b—双锥形算孔

筛分隔仓板是高细磨机的关键部件，算板采用铸钢材质，算缝宽度一般为 12～18mm，为了严格控制粗颗粒进入细磨仓，算板后面设有细筛板，细筛板可采用弧形布置和立式布置。当用于圈流粉磨时，细筛板的筛缝宽为 3.5～5mm；而用于开流粉磨时，筛缝宽度为 1.5～2.5mm。同时，还应适当缩短扬料板的长度，以降低物料流速，保持钢球表面上覆盖一定厚度的物料，减少研磨体对机件的磨损，提高粉磨效率。

算孔的排列方式很多，主要有同心圆和辐射排列两类，为便于制造，同心圆排列常改为近似的多边形排列（图 5-31）。同心圆排列的算孔平行于粉磨介质和物料的运动路线，物料容易通过，通过量较多，但通过的物料容易返回。而辐射状算孔则相反。对于双层隔仓板上的算板，因不存在物料返回问题，算孔通常都是同心圆排列的。

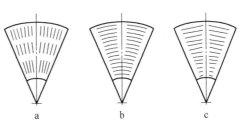

图 5-31　算孔的排列方式

a—辐射形排列；b—同心圆排列；c—多边形排列

E　支承装置

主轴承是磨机的支承部件，承受磨机回转部分的质量和粉磨介质的冲击载荷，工作环境恶劣，灰尘大。支承装置有中空轴支承、滑履支承和托轮支承等方式。

　　最常见的支承结构是中空轴支承。主轴承采用滑动轴承或滚动轴承，通过喂料端和卸料端的中空轴支承球磨机的筒体。由于这种轴承位于中空轴外部，因此直径较大。

　　应用最多的是滑动轴承，其支承能力强，成本较低，但滑动摩擦损失较大，还需要一套润滑装置。由于磨机回转时各力合力近似垂直向下，因此，这种滑动轴承的特点是：只有下部120°~180°的半圆形轴瓦，内衬有灰铸铁等材料，轴瓦外壳底部为球面，可自动调心。轴承上部为半圆形轴承盖。

　　主轴承有固定式和活动式两种，活动式轴承只用于磨机进料端（图5-18），固定式轴承如图5-32所示。

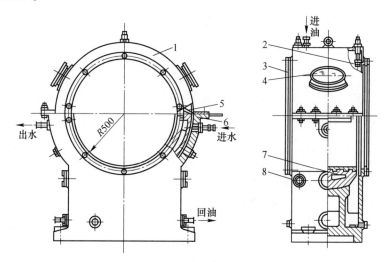

图 5-32　球磨机的主轴承

1—轴承盖；2—刮油板；3—压板；4—视孔；5—温度计；6—轴承座；7—球面轴瓦；8—油位孔

　　轴承座6用螺栓安装在磨机两端的基础上，轴瓦7的底面呈球面形，装在轴承座的凹面上。在球面瓦的内表面浇注一层用铅基轴承合金制成的瓦衬，将轴瓦制成球面，可以在轴承座的球窝里自由转动，可使轴承衬表面均匀地承受载荷。轴承座上装有钢板焊成的轴承盖1，其上设有视孔4供观察供油及中空轴、轴瓦运动情况。为了测量轴瓦温度，装有温度计5。中空轴与轴承盖、轴承座之间的缝隙用压板3将毡垫压紧以密封，以防漏油、漏料。

　　为了减少摩擦和更好地散热，主轴承需要润滑，一般采用动压润滑与静压润滑两种方式。动压润滑靠专设的油泵供油，润滑油从进油管进入轴承内，经刮油板2将油分布在轴颈和轴瓦衬的表面上。轴承座内的润滑油从回油管流回，构成闭路循环润滑。油位孔8供检查油箱中的油量用。由于磨机转速低，动压润滑形成的油膜很薄，达不到液体摩擦润滑，而只是半液体摩擦润滑，这容易擦伤轴衬，启动也较困难，增加磨机传动功率消耗。

　　因此，除采用动压润滑系统外，还采用静压润滑系统。在轴瓦的表面上对称布置开设数对油囊（图5-33）。由专设的高压油泵往油囊供高压油，靠油的压力形成一层较厚的油膜，将油浮起。这种轴承在工作时处于纯液体摩擦润滑状态，克服了动压润滑的缺点，但静压润滑要求油的压强达几十兆帕，油泵及油管易出现故障。上述动压系统用作备用润滑系统，当静压润滑系统发生故障时，自动投入工作。

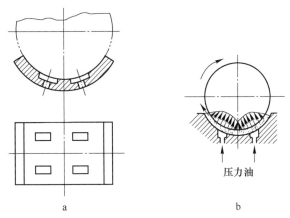

图 5-33　主轴承的静压润滑
a—油囊布置示意图；b—静压润滑膜示意图

小型磨机主轴承常用油圈带油润滑，结构简单，但润滑效果较差，润滑油也得不到过滤。

中空轴内较热的物料及气体向轴承传热，以及空心轴与轴承衬接触表面摩擦产生的热量使轴承升温，当轴承衬温度超过 70℃ 时，就要发生烧瓦，影响磨机正常运转，因此必须排热降温。常用的方法是直接引水轴瓦内部，或间接用水冷却润滑油，或两种方法同时使用，直接引水入轴瓦内部效果明显。

滚动轴承的摩擦系数远小于滑动轴承，可大幅降低磨机安装功率，减少润滑油和冷却水用量，节省电能和运转费用。但滚动轴承的承载能力较低，外形尺寸较大，价格较贵，其单件加工费用高，与轴承配合部分加工精度要求高，安装维修困难，且其使用寿命有限，还要求有过滤和冷却用的循环供油系统。因此，较大磨机不采用这种轴承，而多采用滑动轴承。

球磨机大型化后，磨机自重太大，若采用中空轴支承和传动时，对磨机端盖和中空轴的制造增加了难度，因而出现了用滑履轴承支承的球磨机。其支承的方式是在磨机的两端或一端采用滑履支承。图 5-34 所示为磨机一端用中空轴主轴承支承，而另一端采用滑履支承的混合支承装置。

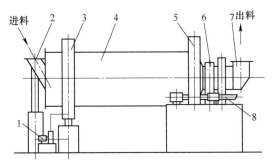

图 5-34　混合支承装置
1—静压润滑装置；2—进料装置；3—滑履支承装置；4—筒体；5—大齿轮；
6—动压滑动主轴承；7—出料管；8—传动轴

支承磨机滑环的滑履可以 2 个或 4 个。因此，其结构不受磨机规格限制，还可在特大型磨机上采用。图 5-35 是滑环放在具有三个履瓦的滑履支承装置。图 5-36 是滑环放在具有两个履瓦的滑履支承装置。

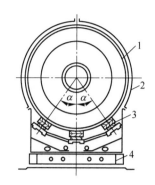

图 5-35　三履瓦的滑履支承装置
1—滑环；2—滑环罩；
3—履瓦；4—滑环罩支座

滑履支承装置的结构如图 5-37 所示。表面浇铸轴承合金的钢制履瓦 2 放在带有凸球面的支块 3 上，两者之间用圆柱销定位，凸球面支块置于凹球面支块 4 中，而凹球面支块 4 放在油履支座的底座 5 上，两者之间也是通过圆柱销定位。滑履支座的每个履瓦都能自动调心，这可以弥补由于滑环安装误差所造成的滑环与履瓦的接触不良。

滑履支座的底座 5 下边的托轮 6 上放置有两个能沿机轴向自由滚动的滚柱，滚柱安装在滑环罩 9 的底座上。

滑环罩除了起防尘作用外，还起到油箱作用。滑环罩放在焊接结构的底座上，而底座通过地脚螺栓固定在混凝土基础上。

滑履轴承采用动静压润滑，滑履上只有一个油囊，当磨机启动、停止和慢速运转中，高压油泵 8 将具有一定压力的压力油，通过高压输油管 7 送到每个履瓦的静压油囊中，浮升抬起滑环，使轴承处于静压润滑状态。而在磨机正常运转时，高压油泵停止供油，此时润滑靠油环浸在润滑油中，滑环上的润滑油被带入履瓦内，实现动压润滑。由于滑环的圆周速度较大，且履瓦能在球座上自由摆动，自动调整间隙，故润滑效果较好。磨机在正常运转过程中，向履瓦供油的方式有两种，一种是通过低压油泵向履瓦进口处喷油，另一种是将履瓦浸在油中，图 5-38 为该滑履装置的履瓦剖视图。

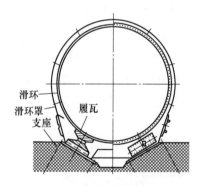

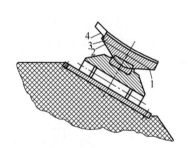

图 5-36　两履瓦的滑履支承装置
1—冷却水入口；2—冷却水出口；3—高压油入口（磨机启动时用）；
4—循环润滑油入口（运转时间润滑油用）

滑环采用 Q235-C 钢板焊接，滑履底座采用一体式平板铸造结构，使其安装简单，维护方便。稀油站采用两台油泵供油，底座内安装了回油装置，防止润滑中的跑油、漏油现象发生。在滑履端面安装有热电阻测温装置，监测运动温度不超过 70℃；在细磨仓衬板与筒体之间用 6mm 厚的橡胶石棉板作为隔热层，增大了筒体热阻，减轻磨内温度对滑履轴承的影响，提高运行可靠性，同时通过提高磨内通风量来降低出磨物料温度。

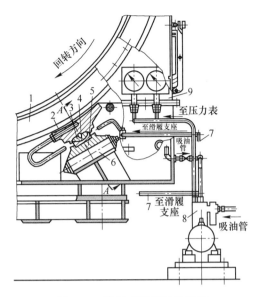 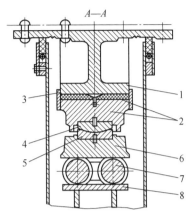

图 5-37　滑履支承装置的结构

1—滑环；2—履瓦；3—凸球面支块；4—凹球机支块；

5—底座；6—托轮；7—高压输油管；

8—高压油泵；9—滑环罩

图 5-38　履瓦剖面图

1—滑动环；2—具有轴承合金表面的滑瓦；

3—导轨；4—球形轴瓦块；5—球形支承座；

6—止推支承块；7—滚柱；8—基座

采用滑履轴承具有如下优点：可取消大型磨机上易损的磨头端盖（包括中空轴）和主轴承，运转较安全，且可以缩短磨机长度，减少占地面积；因为磨机两端支承间距缩短，减小了磨机筒体的弯矩和应力，筒体厚度可以减薄，相应降低磨机质量（10%）和制造成本；对于烘干兼粉磨的磨机，因取消了中空轴，进料更通畅，有利于物料和热气通过，并减小了通风阻力，同时物料的入磨和出磨距离和时间也相应缩短，而粉磨过程及工艺参数未改变，因此磨机产量可提高 10% 以上，物料流动耗能减少。

滑履轴承因对滑环和履瓦的加工精度要求较高，因此与用中空主轴承磨机相比成本增大。滑履轴承的结构和维护比较复杂，一旦系统中某一环节出现故障，要求及时发现和修复，否则将影响磨机的正常运转，因此要装设相应的监测和自控仪表。

F　进料和卸料装置

a　进料装置

进料装置的作用是将物料顺利地送入磨内，通常采用如下三种方式：

（1）溜管进料装置。如图 5-39 所示，物料经椭圆形溜管 1 进入磨机空心轴颈 3 里的锥形套筒 2 内，沿着旋转的筒壁滑入磨机内。

由于物料靠自重溜入磨内，所以溜管的倾角必须大于物料的修止角。为保护空心轴不被物料磨损，在锥形套筒与空心轴间需填充混凝土。这种进料装置结构简单，但喂料量较小，适用于空心轴颈较大而长度较短的磨机。

（2）螺旋进料装置。如图 5-40 所示，装料接管 2 由钢板制成，内装有螺旋叶 3 和隔板 4，接管用螺钉固定到空心轴颈的端部，随之一起转动。空心轴颈内有套筒 5，套筒内焊有螺旋叶片 6。当磨机旋转时，由进料漏斗 1 进入接管的物料，在螺旋叶 3 的推动下进入隔板 4 中，并由隔板带起流入套筒中，进入套筒的物料在螺旋叶片 6 的作用下被推入磨

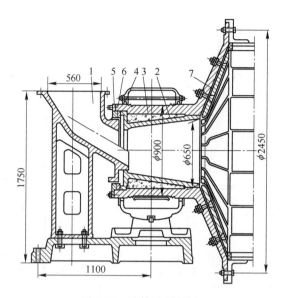

图 5-39　溜管进料装置

1—进料溜管；2—锥形套筒；3—空心轴颈；4，5—密封圈；6—密封填料；7—磨头衬板

筒中。在进料漏斗和接管之间，装有毛毡封圈 9 以防止漏料。

　　螺旋进料装置是强制性喂料，喂料量大，但结构复杂，钢板焊接件容易磨损。它适用于喂料量大而空心轴小且长的磨机。

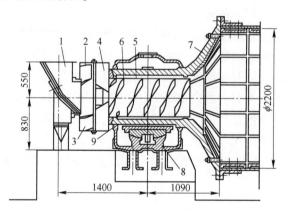

图 5-40　螺旋进料装置

1—进料漏斗；2—装料接管；3—螺旋叶；4—隔板；5—套筒；6—螺旋叶片；
7—磨头；8—球面轴承；9—毛毡封圈

　　（3）勺轮进料装置。如图 5-41 所示。物料由进料漏斗 1 进入勺轮 2 内，勺轮轮叶将其提升至中心卸下进入锥形套 3 内，然后溜入磨内。为避免物料从进料漏斗与勺轮之间的间隙漏出，要求勺轮入口半径与勺轮的半径差值 H 必须大于物料的堆积高度，并在环形间隙外加设密封。同时，为了保护进料漏斗底部不被物料磨损，底部呈直角形，使在此处堆积一些物料，用物料本身作防护层。

　　由于锥形套可使物料有很大的落差，所以在相同规格下，勺轮进料比溜管喂料量大。

b 出料装置

根据磨机结构不同，卸料装置也不同，在耐火材料工业中常见的有中心传动磨机的卸料装置、边缘传动磨机的卸料装置。

（1）中心传动磨机的卸料装置。如图 5-42 所示，物料由尾仓通过卸料算板 1 后，扬料板 4 将物料提升倒落到导料锥 3 上，再滑落到空心轴内的圆锥形套筒 6 内，从中间接管 7 上的椭圆孔落到圆筒筛 8 上。圆筒筛用螺栓固定在中间接管上一起旋转。细小物料通过筛孔，汇集于卸料罩 9 底部漏斗卸出。未通过筛的粗颗粒及粉磨介质残渣，沿筛面滑下从粗渣管 11 卸出。

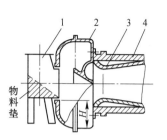

图 5-41　勺轮进料装置
1—进料漏斗；2—勺轮；
3—锥形套；4—空心轴

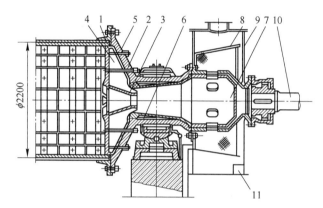

图 5-42　中心传动磨机的卸料装置
1—卸料算板；2—磨头；3—导料锥；4—扬料板；5—螺栓；6—出料套筒；7—中间接管；
8—圆筒筛；9—卸料罩；10—传动轴；11—粗渣管

（2）边缘传动磨机的卸料装置。如图 5-43 所示，卸料算板 1 和磨头之间有扬料板 3，算板中部装有螺旋桨叶 4，扬料板将物料提升并撒落在桨叶上，通过桨叶 4 和装在套筒 5 里的螺旋桨叶 6 将物料从空心轴中卸出，进入固定在空心轴端面上的扩大管 7，落到圆筒筛 8 上。卸料罩 9 上的抽风管 11 与抽风机和收尘系统联结。磨内排出的含尘气体和水汽经抽风管送到收尘系统，净化后排到大气中。

G　传动装置

管磨机是重载低速的机械，常见的传动形式主要有边缘传动和中心传动两种。

a　边缘传动

边缘传动有三种方式，第一种方式是采用高速电动机的边缘单传动，如图 5-44 所示。高速电动机 3 驱动主减速器 4，再由小齿轮 5 带动安装在磨身上的大齿轮 6。对于大型磨机，在电动机的另一端还安装有辅助电动机 1 和辅助减速器 2。磨机启动时，先开辅助传动系统，带动磨机缓慢转动，然后再启动主电动机，以减少主电动机的启动功率，同时使齿面预先啮合好，避免由于齿隙而产生冲击，具有保护齿轮的作用。另外，装填粉磨介质和检修更换零件时，它可以方便地把磨机转到需要的地方。第二种方式是采用低速电动机的边缘单传动，如图 5-45 所示。这种传动形式省去了主减速器，但电动机造价较高。

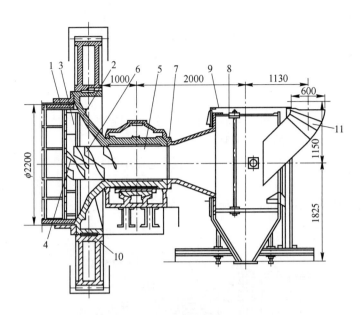

图 5-43　边缘传动磨机的卸料装置

1—卸料算板；2—磨头；3—扬料板；4，6—螺旋桨叶；5—套筒；7—扩大管；8—圆筒筛；
9—卸料罩；10—大齿轮；11—抽风管

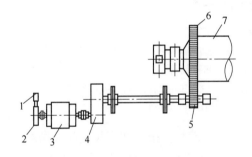

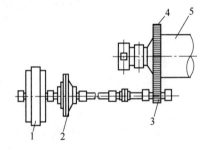

图 5-44　采用高速电动机的边缘单传动

1—辅助电动机；2—辅助减速器；3—高速电动机；

4—主减速器；5—小齿轮；6—大齿轮；7—磨机筒体

图 5-45　采用低速电动机的边缘单传动

1—低速电动机；2—离合器；3—小齿轮；

4—大齿轮；5—磨机筒体

以上两种传动方式均可用高转矩电动机直接与减速器或齿轮轴联结，也可用低速转矩电动机，此时在电动机与减速器或电动机与小齿轮轴之间应用离合器，使电动机能够空载启动。

边缘单传动磨机的小齿轮布置角和转向如图 5-46 所示。布置角 β 常取 20°左右，相当于齿形压力角。这时小齿轮的正压力 p_1 的方向垂直向上，使转动轴承受垂直向下的压力影响，对小齿轮轴承的连接螺栓和地脚螺栓的工作有利，运转平稳；同时，减小了磨机传动主轴承的受力，减小主轴承轴衬的磨损。另外，减小磨机横向占地面积，可使传动轴承与磨机主轴承的基础表面在同一平面上，便于更换小齿轮。磨机不宜反转，以免传动轴承受拉力，致使连接螺栓松脱和折断；同时，避免粉磨介质抛落的冲击区在齿轮啮合一边，而致运转不平稳。

边缘传动的第三种方式是边缘双传动，可采用高速电动机与低速电动机两种形式，如图 5-47 和图 5-48 所示。

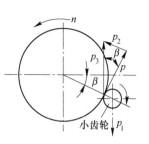

双传动与单传动相比的优点是：因双传动装置是按磨机功率的一半设计的，因此传动部件较小，制造较易，便于选通用部件；双传动的大齿轮同时与相互错开 1/2 节距的两个小齿轮啮合，传力点增多，运行平稳。双传动的缺点是：零件较多，安装找正较难，维修工作量较大，另外要使两个小齿轮平均分配负荷较困难。因此只有在大功率磨机上，当采用单传动比较困难时，才考虑采用双传动方式。

图 5-46　磨机小齿轮安装角度和转向

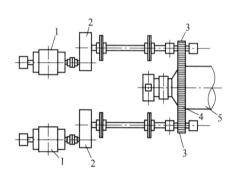

图 5-47　高速电动机的边缘双传动

1—高速电动机；2—减速器；3—小齿轮；
4—大齿轮；5—磨机筒体

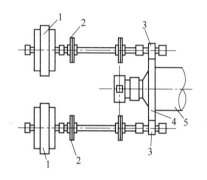

图 5-48　低速电动机的边缘双传动

1—低速电动机；2—离合器；3—小齿轮；
4—大齿轮；5—磨机筒体

b　中心传动

中心传动也有单传动和双传动两种，如图 5-49 和图 5-50 所示。

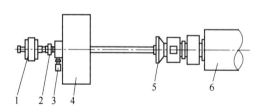

图 5-49　磨机中心单传动

1—主电动机；2，5—联轴器；3—辅助电动机；
4—主减速器；6—磨机筒体

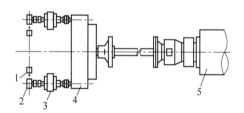

图 5-50　磨机中心双传动

1—辅助电动机；2—辅助减速器；3—主电动机；
4—主减速器；5—磨机筒体

在中心传动中，如采用低转矩电动机，在电动机与减速器之间必须用离合器连接，否则就要用高转矩电动机，我国中心传动的磨机通常采用高转矩电动机。

边缘传动与中心传动比较：边缘传动磨机的大齿轮直径较大，制造困难，占地大，但齿轮精度要求较低。中心传动较边缘传动装置总质量要小，结构紧凑，占地小，但制造精度较高。因此，中心传动一般较边缘传动的造价要高。中心传动的机械效率一般为 0.92~0.94，边缘传动的机械效率一般为 0.86~0.90。对于大型磨机，由于机械效率差异，电耗相差很大。如 1000kW 的 ϕ3m×9m 的磨机，两种传动方式的电耗一年可相差 30 万千瓦·时。边缘传动较中心传动的零部件分散，供油点和检查点多，操作维修不便，磨损快，寿命短。小型磨机多数采用边缘传动，而大型磨机则较多采用中心传动，对于更大型磨机则采用双传动。

5.3 球磨机内粉磨介质的运动学

5.3.1 球磨机内粉磨介质的运动状态

由球磨机的工作原理可知，物料在旋转的筒体内受运动着的粉磨介质和物料间的相互冲击和剥磨。因此，粉磨介质或物料在筒体内的运动状态决定着磨机的粉磨效果。而粉磨介质或物料，在旋转筒体内的运动状态与筒体的转速有直接的关系。因此，分析粉磨介质或物料在磨机内的运动状态是确定磨机工作参数的基础。

磨机中粉磨介质或物料的运动，依赖于磨机衬板与粉磨介质或物料之间的摩擦力和磨机旋转时产生的离心力而发生旋转和提升。在旋转和提升的过程中，往往又因各种条件的影响而产生不同的运动状态。

如在光滑衬板，摩擦系数小，载荷又不多（充填系数 $\varphi < 30\%$），磨机转速较慢时，粉磨介质或物料就不能随筒体进行旋转和提升，这时介质或物料沿磨机筒体内壁滑动，粉磨介质层与层间在作相对滑动，粉磨介质本身也在绕它本身的几何轴线进行转动。使磨机的充填率达到 $40\% \sim 50\%$，并适当提高其工作转速时，就可改变上述的滑动现象。此时，又可按磨机的不同转速而有不同的运动状态。实验研究发现，粉磨介质在筒体内基本上有三种运动状态：泻落运动、抛落运动和离心运动，如图 5-51 所示。

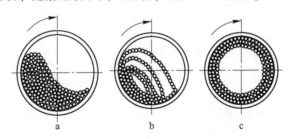

图 5-51 磨机内球的运动状态

a—泻落运动；b—抛落运动；c—离心运动

5.3.1.1 泻落运动

粉磨介质在低转速筒体中作泻落运动时，所有介质向着筒体旋转方向偏斜 $40° \sim 50°$ 的角度。粉磨介质在保持这个位置的同时，在其中自然形成的球层大体上沿同心圆分布，各层球沿此同心圆的轨迹升高，当介质超过自然休止角后，就泻落下来，这样不断地反复循环。在介质泻落运动状态下，物料主要是由介质的互相滑滚运动产生压碎及研磨作用而被粉碎的。其运动状态如图 5-51a 所示。

5.3.1.2 抛落运动

如图 5-51b 所示，粉磨介质在筒体中作抛落运动时，任何一层球的轨迹，均由两段组成：一段圆周机迹和一段抛物线轨迹。在筒体内壁与最外层球之间的摩擦力作用下，这层球沿圆周轨迹运动，在相邻各层球之间也有摩擦力，因此，内部各层球也沿同心圆的圆周轨迹运动，它们之间像是一个整体一起随筒体作圆周轨迹运动。摩擦力大小取决于摩擦系数及作用在筒体内壁或相邻球层上的正压力。而正压力则由重力 G 的径向分力 F_n 和离心力 F_c 产生。如图 5-52 所示，重力的切向分力 F_t 对筒体中心的力矩使球产生与筒体转向呈反方向转的趋势，若摩擦力对筒体中心的力矩不小于分力 F_t 对筒体中心的力矩，那么球与筒壁或球层与球层之间便不产生相对滑动，反之则存在相对滑动。

需要指出的是，在任何一层球中，每个球之所以能沿圆周轨迹向上运动，并不是单纯靠这个球本身的摩擦力而孤立地运动，而是依靠整个粉磨介质摩擦力的作用，这个球只作为整个回转粉磨介质中的组成部分被带动，并被同一层后面的球"托住"。摩擦系数取决于物料的性质、筒体内表面的特点（如果是湿磨还考虑料浆的浓度），由于摩擦系数小或粉磨介质不多且筒体转速较低，而使摩擦力很小时，则将出现介质沿筒壁相对滑动，而内部的层与层之间也有相对滑动。这时球将同时产生绕其本身的几何轴线的转动运动。球沿圆周轨迹运动到 A_5 点（图 5-52）时，分力 F_n 与离心力 F_c 变成方向相反大小相等，于是球便离开筒壁自由抛落（沿抛物线轨迹）而落回到 A_1 点，以后又沿圆

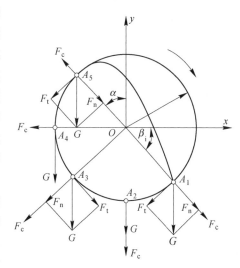

图 5-52 抛落运动状态下球的运动轨迹及受力分析

周轨迹运动，反复循环。目前耐火材料厂使用的球磨机多采用这种运动状态工作。

5.3.1.3 离心运动

当磨机的转速高到某一定值时，球就贴在衬板上不再落下，这种状态称为离心运动状态，如图 5-51c 所示。发生离心运动状态时，物料也是贴在衬板上的。

以上这些运动状态，都是磨机筒内装有一定数量球的情况下出现的。若磨机筒内只有少量的球，它们只是在磨机内的最低点摆动，并不发生以上三种情况。实验研究证明，磨机内粉磨介质充填率小于 30%，而且不加水和矿砂时，球均发生滑动。综上所述，磨机的实际工作状态仅有泻落状态和抛落状态两种。下面只对抛落状态下磨机内球的运动进行状态分析。

5.3.2 抛落状态下磨机内球的运动分析

5.3.2.1 磨机内球运动的基本方程式

研究磨机内球的运动规律时，分析筒体内任意层的一个球的运动，以此来说明筒体内全部球的运动。为了使讨论简化，现作如下假定：

垂直磨机轴线的任意断面上的任意层球的运动状态完全相似，不考虑球与筒壁及球与球之间的相对滑动，不考虑球的自转及球的直径。

磨机在抛落式工作状态时，球的运动轨迹由两段组成：圆周运动轨迹和抛物线运动轨迹。取磨机任意纵断面上任意层的一个球研究。当筒体回转时，作用在球上的力有离心力 F_c 和重力 G（图 5-52）。其中 F_n 是 G 的径向分力，F_t 是 G 的切向分力，A_5 点称为脱离点，A_5

点所在位置半径与铅垂轴的夹角 α_i 称为脱离角，它表示介质的上升高度。A_1 点称为着落点，A_1 点所在位置半径与水平轴的夹角 β_i 称为着落角。

当 F_c 与 G 一定时，球随筒体一起回转并被提升到一定高度，当上升到 A_5 点时，若球的离心力 $F_c \leqslant G\cos\alpha_i$，球就会离开圆周轨迹而沿抛物线轨迹落下，则球在 A_5 点受力平衡方程为：

$$F_c = F_n \tag{5-1}$$

其中 $F_c = \dfrac{G}{g}R_i\left(\dfrac{n\pi}{30}\right)^2$，$F_n = G\cos\alpha_i$。

将 F_c 和 F_n 的表达式代入式 5-1 中，化简整理，且 $\pi^2 \approx g$，则得：

$$\cos\alpha_i = \frac{n^2 R_i}{900} \tag{5-2}$$

式中　n ——磨机筒体的转速，r/min；

　　　R_i ——任意层球的回转半径，若是最外层球，则 R_i 为筒体的内半径，m。

式 5-2 是球磨机筒体内球运动的基本方程式。

若 $\dfrac{G}{g}R_i\omega^2 = G\cos\alpha_i$ 两边同时乘以 R_i 除以 G，则得：

$$(R_i\omega)^2 = R_i g\cos\alpha_i$$

即 $\qquad\qquad v_i^2 = R_i g\cos\alpha_i \tag{5-3}$

式中　v_i ——任意层球的运动速度，对于最外层球来说，即为筒体内表面的圆周速度，m/s；

　　　g ——重力加速度，m/s²。

由基本方程式 5-2 知，当球磨机转数 n 一定时，R_i 和 α_i 成反比关系，即随 R_i 增大而 α_i 减小；当 R_i 是定值时，n^2 与 α_i 也成反比关系，即随筒体转数 n 的增大而 α_i 减小。

5.3.2.2　球脱离点的轨迹方程

磨机中的球由若干层球组成，每层球都有一个脱离点 A_i，每层球的 A_i 点坐标各不相同，但它们既然都是脱离点，就都具有相同的几何条件。

如图 5-53 所示，当球随筒体沿圆周轨迹运动到 A_5 点时，作用在球上的离心力 F_c 等于作用在球上的重力 G 的径向分力后，切向分力 F_t 被后面球的推力作用所抵消，球就以切线方向的速度 v 离开圆周轨迹沿抛物线轨迹下落。速度 v 的方向线与 y 轴交于 K 点，$\triangle KOA_5$ 为直角三角形，OK 为直角三角形的弦，因为 $OK = \dfrac{R}{\cos\alpha}$，由基本方程知 $\dfrac{R}{\cos\alpha} = \dfrac{900}{n^2}$，所以 $OK = \dfrac{900}{n^2}$。位于半径 R' 和

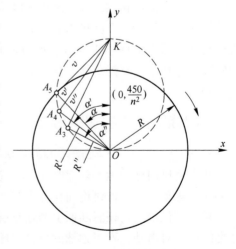

图 5-53　球的脱离点轨迹

R'' 上的球，沿圆周轨迹运动到 A_4 点和 A_3 点时，球以切线方向的速度 v' 和 v'' 离开圆周轨

迹沿抛物线轨迹下落。球的速度方向线与 y 轴的交点也与 K 点重合，所以 OK 是直角 $\triangle KOA_4$ 与 $\triangle KOA_3$ 的弦。点 A_5，A_4 和 A_3 都在以 OK 为直径的圆弧上。由此可见，球的脱离点轨迹是以 $O_1\left(0, \dfrac{450}{n^2}\right)$ 为圆心、以 $\dfrac{450}{n^2}$ 为半径的圆弧。则球的脱离点轨迹方程为：

$$x^2 + \left(y - \frac{450}{n^2}\right)^2 = \left(\frac{450}{n^2}\right)^2 \tag{5-4}$$

5.3.2.3 球着落点的轨迹方程

磨机内粉磨介质由若干层球组成，每层球都随筒体一起作圆周运动，当球运动到脱离点时，便离开圆周轨迹，像自由抛射体一样作抛物线运动，最后落到着落点 B。

由图 5-54 可知，着落点 B 是球的圆周运动轨迹和抛物线运动轨迹的交点。以脱离点 A 为坐标原点，取直角坐标系 XAY。对 XAY 坐标系可列出球沿抛物线运动的轨迹方程为：

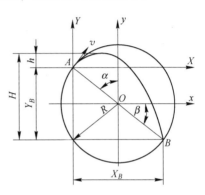

$$Y = X\tan\alpha - \frac{gX^2}{2v^2\cos^2\alpha} \tag{5-5}$$

将 $v^2 = Rg\cos\alpha$ 代入式 5-5 中，则得：

$$Y = X\tan\alpha - \frac{X^2}{2R\cos^3\alpha} \tag{5-6}$$

在 XAY 坐标系统中，球沿圆周运动的轨迹方

图 5-54 球着落点轨迹

程为：

$$(X - R\sin\alpha)^2 + (Y + R\cos\alpha)^2 = R^2 \tag{5-7}$$

将式 5-6 与式 5-7 联立求解，可得着落点 B 的坐标为：

$$X_B = 4R\sin\alpha\cos^2\alpha$$
$$Y_B = -4R\sin^2\alpha\cos\alpha \tag{5-8}$$

式 5-8 就是 XAY 坐标系下，着落点的轨迹方程。

对于 xOy 坐标系，球着落点的轨迹方程为：

$$x_B = 4R\sin\alpha\cos^2\alpha - R\sin\alpha$$
$$y_B = -4R\sin^2\alpha\cos\alpha + R\cos\alpha \tag{5-9}$$

由图 5-54 可知，着落角 β 的正弦为：

$$\sin\beta = \frac{|Y_B| - R\cos\alpha}{R} = \frac{4R\sin^2\alpha\cos\alpha - R\cos\alpha}{R} = 3\cos\alpha - 4\cos^3\alpha \tag{5-10}$$

由三角学知，$\cos3\alpha = 4\cos^3\alpha - 3\cos\alpha$，则式 5-10 可写成：

$$\sin\beta = -\cos3\alpha = -\sin(90° - 3\alpha) = \sin(3\alpha - 90°) \tag{5-11}$$

由式 5-11 可得着落角 β 为：

$$\beta = 3\alpha - 90° \tag{5-12}$$

由式 5-12 可知，球的脱离角 α 越大，其着落角 β 也越大。β 角决定了着落点 B 的位置，对于不同的 R 和 α，可求得与其对应的 β 值，就可求得着落点轨迹。

5.3.2.4　最内层球的回转半径——最小半径

当筒体转速为一定值时，根据式 5-2 和式 5-12 可以绘出不同回转半径的每层球脱离点轨迹和着落点轨迹。

图 5-55 中的 AA_1O 曲线是球脱离点的轨迹曲线，而 BB_1O 是球着落点的轨迹曲线。A_1 和 B_1 点分别为最内层球的脱离点和着落点，而 R_1 为最内层球的回转半径，又称它为最小半径。

最内层球的回转半径应保证该层球脱离后仍按抛物线轨迹降落，而不与其他层球发生干涉作用。当最内层球的回转半径小于最小半径时，就发生球的干涉作用，破坏了球的正常循环。球最小半径 R_1 的值，可利用着落点 B 的横坐标对 α 的一次导数等于零来求得。

取筒体中心 O 为 xOy 坐标系的原点，则 B 点的横坐标为：

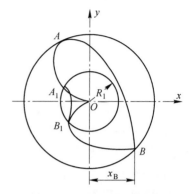

图 5-55　最内层球的回转半径

$$x_B = 4R\sin\alpha\cos^2\alpha - R\sin\alpha$$

将 $R = \dfrac{900}{n^2}\cos\alpha$ 代入上式并简化，则得：

$$x_B = \frac{900}{n^2}(4\cos^3\alpha\sin\alpha - \cos\alpha\sin\alpha)$$

为了求 x_B 的最小值，令 $\dfrac{\mathrm{d}x_B}{\mathrm{d}\alpha} = 0$，经简化整理后得：

$$16\cos^4\alpha - 14\cos^2\alpha + 1 = 0$$

根据代数公式解得 x_B 为最小值时的脱离角 $\alpha_1 = 73°44'$，将 α_1 值代入基本方程式 5-2 得：

$$R_1 = \frac{252}{n^2} \tag{5-13}$$

由式 5-13 知，当 n 一定时，要保证球正常循环，最内层球的回转半径不得小于 $\dfrac{252}{n^2}$。

5.3.2.5　球的循环次数

球在磨机中运动一周所用的时间并不等于筒体旋转一周所用的时间。球在圆周轨迹上运动所用的时间 $t_1(\mathrm{s})$ 为：

$$t_1 = \frac{60}{n} \times \frac{360 - 4\alpha}{360} = \frac{90 - \alpha}{1.5n}$$

球在抛物线轨迹上运动所用的时间 $t_2(\mathrm{s})$ 为：

$$t_2 = \frac{X_B}{v\cos\alpha} = \frac{4R\sin\alpha\cos^2\alpha}{\dfrac{n\pi}{30}R\cos\alpha} = \frac{19.1\sin2\alpha}{n}$$

球运动一周用的时间 $t_0(\mathrm{s})$ 为：

$$t_0 = t_1 + t_2 = \frac{90 - \alpha + 28.6\sin2\alpha}{1.5n}$$

当球磨机筒体旋转一周时，球的循环次数 j 应为：

$$j = \frac{t}{t_0} = \frac{90}{90 - \alpha + 28.6\sin2\beta} \qquad (5\text{-}14)$$

式中　t ——筒体旋转一周的时间，s，$t = \dfrac{60}{n}$。

由此可见，球的循环次数取决于脱离角 α。球磨机筒体转速不变时，球的循环次数是随球所在回转层的位置而异。同层球的循环次数随筒体转速的变化而变化，转速越高，α 越小，筒体内球的循环次数也越少。当达到临界转数时，α 等于零，则筒体转一周的时间内，球也回转一次。

以上利用数学分析方法讨论了球在筒体内的运动情况，导出了一些用试验方法不易得到的结论和参数关系。实验证明，理论与实际是相近的。其实际运动情形与理论间存在的差异，主要是球在筒体内的运动并不像我们推导数学公式时所假定的那样，事实上，各层球之间并非互相静止，而是有滑动现象存在。以上对旋转筒式球磨机内粉磨介质的运动分析，可以作为确定球磨机工作参数的理论依据。

5.4 球磨机主要参数的分析计算

5.4.1 球磨机主要结构参数的确定

5.4.1.1 筒体的内径 D 和长度 L

球磨机的生产率和功率消耗与磨机筒体直径 $D^{2.5}$ 和筒体长度 L 成正比，因此，磨机一直向大型化特别是向大直径方向发展。

根据实践总结，磨机筒体内径 D 与筒体长度 L 有下列关系：

格子型球磨机：$L = (0.7 \sim 2)D$，对于粉碎比大、物料可磨性差、产品粒度要求细时，取大值；反之，取小值。

溢流型球磨机：$L = (1.3 \sim 2)D$。

管磨机：$L = (2.5 \sim 6)D$，对于开路磨料系统，取 $L = (3.5 \sim 6)D$；对于闭路磨料系统，取 $L = (2.5 \sim 3.5)D$。

5.4.1.2 主轴承的直径 d 和宽度 B

主轴承的直径 d 和宽度 B 等结构尺寸，取决于中空轴颈的结构尺寸，中空轴颈的结构尺寸是由进料和出料的需要而确定的。通常，主轴承的直径 $d = (0.35 \sim 0.40)D$，主轴承的宽 $B = (0.45 \sim 0.60)d$。

5.4.2 球磨机主要工作参数

5.4.2.1 球磨机转速

A 球磨机的临界转速

当球磨机筒体的转速达到某一数值，使外层球的脱离角 $\alpha = 0°$，介质的离心力等于介质本身的重力，在理论上粉磨介质将紧贴附在筒壁上，随筒体一起回转而不会降落下来，此情况下，球磨机的转速称为临界转速。

根据临界转速的定义，将 $\alpha = 0°$ 代入式 5-2 中，可得出球磨机的临界转速 n_0（r/min）为：

$$n_0 = \frac{30}{\sqrt{R}} = \frac{42.4}{\sqrt{D}} \tag{5-15}$$

式中 R——磨机筒体的有效半径，m；

D——磨机筒体的有效直径，m。

磨机工作转速 n 与临界转速 n_0 的比值 ψ 用百分数表示，这个比值叫转速率，即

$$\psi = \frac{n}{n_0} = \sqrt{\cos\alpha} \tag{5-16a}$$

或

$$\psi^2 = \cos\alpha \tag{5-16b}$$

由于式 5-15 是在前述三个假定的基础上推导出来的，因此，理论上求得的临界转数并非实际的临界转速。球磨机的临界转速主要取决于粉磨介质的装入量和衬板表面的形状，实际上取决于介质与介质、介质与衬板之间的相对滑动量的大小。因此，磨机理论临界转速只是标定磨机工作转速时的一个相对标准。

B 球磨机的理论工作转速

为了使磨机正常进行粉磨工作，磨机的工作转速必须小于临界转速，满足这样条件的工作转速很多，但是其中必有一个最有利的工作转速，而最有利的工作转速应保证球必须具有最大的降落高度，使球在垂直方向获得最大的动能来粉碎物料。为此，必须求出球最大下落高度时的脱离角 α，由此即可确定球磨机的最佳工作转速。

由图 5-54 知，球的降落高度 H 可按式 5-17 计算：

$$H = h + |Y_B| \tag{5-17}$$

根据抛物体的运动学可知，球离开脱离点 A 上升的高度 h，可按式 5-18 计算：

$$h = \frac{v^2\sin^2\alpha}{2g} \tag{5-18}$$

将 $v^2 = Rg\cos\alpha$ 代入上式，则得：

$$h = 0.5R\sin^2\alpha\cos\alpha$$

将上式和式 5-8 的第二式代入式 5-17，即得球的降落高度 H 为：

$$H = 4.5R\sin^2\alpha\cos\alpha \tag{5-19}$$

由式 5-19 知，落下高度 H 是脱离角 α 的函数。为了求得落下高度 H 的极大值，必须取导数 $\frac{\mathrm{d}H}{\mathrm{d}\alpha} = 0$，即

$$\frac{\mathrm{d}H}{\mathrm{d}\alpha} = \frac{\mathrm{d}(4.5R\sin^2\alpha\cos\alpha)}{\mathrm{d}\alpha} = 0$$

或 $4.5R\sin\alpha(2\cos^2\alpha - \sin^2\alpha) = 0$

根据粉磨介质脱离条件知，脱离角 $\alpha \neq 0$，故 $\sin\alpha \neq 0$，则必定有：

$$2\cos^2\alpha - \sin^2\alpha = 0$$

或

$$\tan^2\alpha = 2$$

于是可得介质落下最大高度 H 时的脱离角 α：

$$\alpha = 54°44''$$ (5-20)

将 $\alpha = 54°44''$ 代入式 5-2 中，可得最外层粉磨介质最佳的理论工作转速 n_1 为：

$$n_1 = \frac{30\sqrt{\cos\alpha}}{\sqrt{R}} = \frac{22.8}{\sqrt{R}} = \frac{32}{\sqrt{D}}$$ (5-21)

最佳的理论转速率 φ_1 为：

$$\varphi_1 = \frac{n_1}{n_0} = \frac{32/\sqrt{D}}{42.4/\sqrt{D}} = 0.76$$ (5-22)

式中　D——球磨机筒体的有效直径，m。

上面导出的最佳理论工作转速，只是针对最外一层而言。实际上磨机工作时，筒体内装有多层球。根据前面导出的球运动的基本方程式知，在 n 值一定时，不同回转半径 R 的球对应有不同的脱离角 α。因此，最外层球处于最佳的工作条件（即 $\alpha = 54°44''$）时，其余各层球都将处于不利的工作条件。所以，为了使更多的球处于有利的工作条件，假设所有不同回转半径的球层集中在某一层上，该层称为"缩聚层"。如果该层处于最有利的工作条件（$\alpha = 54°44''$），则意味着所有各层球都处于最有利的工作条件。

如图 5-56 所示，用 A_0 和 B_0 表示"缩聚层"的脱离点和着落点，R_0 表示该层的回转半径，其值可根据球扇形面积对 O 点的转动惯量的计算方法来确定。在求 R_0 时，面积 1 与面积 2，面积 3 和面积 4 对 O 点的转动惯量近似相等。这样就可以用面积 1 补入面积 2 的位置，用面积 4 补入面积 3 的位置，则扇形面积对 O 点的动转惯量 J 为：

$$j = \int_{R_1}^{R} r^3\varphi_c dr = \frac{\pi(R^2 - R_1^2)\varphi_c R_0^2}{2\pi}$$ (5-23)

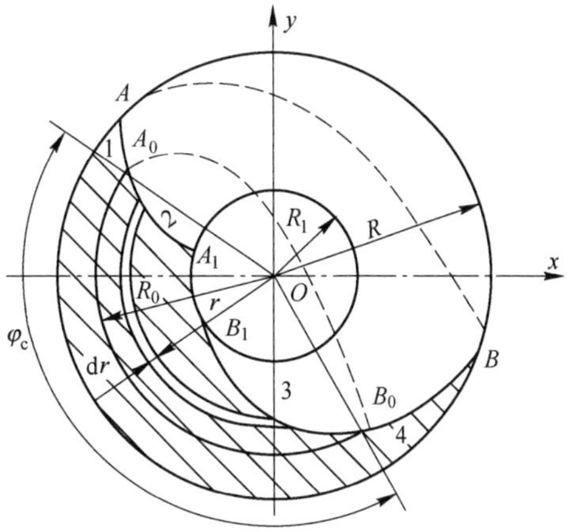

图 5-56　缩聚层的回转半径

式中　φ_c——扇形的圆心角，rad；

　　　　r——微面积的回转半径，m。

由式 5-23 可得 $\frac{1}{4}\varphi_c(R^4 - R_1^4) = \frac{1}{2}(R^2 - R_1^2)\varphi_c R_0^2$，所以

$$R_0 = \sqrt{\frac{R^2 + R_1^2}{2}}$$ (5-24)

当该层介质有最大落下高度时，脱离角 $\alpha = 54°44''$，则：

$$R_0 = \frac{900}{n^2}\cos\alpha_0 = \frac{520}{n^2}$$ (5-25)

将式 5-13 和式 5-25 代入式 5-24 中，经化简整理后，即得"缩聚层"处于最有利条件的工作转速 n_2(r/min) 为

$$n_2 = \frac{26.3}{\sqrt{R}} = \frac{37.2}{\sqrt{D}}$$ (5-26)

最有利的转速率 φ_2 为：

$$\varphi_2 = \frac{n_2}{n_0} = \frac{37.2/\sqrt{D}}{42.4/\sqrt{D}} = 0.88 \tag{5-27}$$

因此，球磨机最有利的理论工作转速为：

$$n = (0.76 \sim 0.88) n_0 \tag{5-28}$$

上述结论是在粉磨介质与衬板及介质与介质之间没有相对滑动的情况下得出的，实际上，磨机内这种相对滑动或多或少都是存在的，所以按式5-28求得的磨机工作转速并不一定是最有利的，因此，磨机有利的工作转速应根据实际情况选取。

C 球磨机的实际工作转速

理论工作转速是从粉磨介质能够产生最大粉碎功的观点推导出来的。这个观点没有考虑到粉磨介质在随筒壁上升的过程中，部分介质滑动和滚动的现象，这会影响介质的提升高度，为了能得到真正最大的降落高度，即真正最大的粉磨功，实际转速要略大于理论转速。但在实际生产中，考虑转速不能单纯从得到最大粉磨功的观点出发，因为物料的粉磨既有冲击破碎，又研磨作用。所以要从达到最佳经济指标的观点出发，即要求磨机的生产能力最高，单位产量功率消耗最小，粉磨介质和衬板的磨损消耗量最少。

在确定磨机实际工作转速时，应考虑磨机的直径、生产方式、衬板形状、介质种类和装填量、粉磨物料的性质、入磨粒度和粉磨细度等因素影响。

对于大直径的磨机，实际工作转速低于理论工作转数；对于小直径磨机，转速则可高些。对于湿磨机，由于水的润滑作用，从而降低了介质之间、介质与衬板之间的摩擦系数，产生较大的相对滑动。因此在相同条件下，湿式磨机应比干式磨机的转速高5%左右。带有凸棱的衬板表面，能减少介质的相对滑动量，增加其提升高度，故其实际工作转速应比用平滑形衬板时低些。磨机内介质的填充系数越小，相对滑动越大，则转速应高些，反之则低些。粉磨小块软物料，要比在相同条件下粉磨大块硬物料时，转速可低些，等等。对于湿式球磨机，取 $n = (0.79 \sim 0.85) n_0$；对于棒磨机，取 $n = 0.65 n_0$；对于管磨机，取 $n = (0.68 \sim 0.76) n_0$。实际工作转速应通过实验确定。

5.4.2.2 磨机内装球量

磨机内装球量的多少及各种球的配比对粉磨效率有重要影响。装球过少，会使粉磨效率降低；装球过多，内层球不能实现正常的抛落运动，使球下落时的冲击能量减少，粉磨效率因之也要降低。装球量的多少不仅与筒体有效容积有关，而且也与磨机转数有直接关系。各种磨机最合理的装球量应通过试验确定。

对于 $\phi3200 \times 3100$ 型球磨机，试验结果表明，当筒体转速为 $n = 0.76 n_0$，装球质量45t，充填率接近41%时，能获得最大的生产率，其装球量试验结果见表5-2。

表 5-2　$\phi3200 \times 3100$ 型球磨机装球量试验结果

装球量 m_q /t	37	40	45	47
充填率 φ /%	31.6~36	34.2~39	38.6~44	40.5~46
平均充填率/%	33.8	36.6	41.3	43.3
处理能力 $Q/t \cdot h^{-1}$	49.44	47.55	49.74	40.74

磨机的装球量也可按下述理论方法计算。

磨机内装球量 m_q 可按式 5-29 计算：

$$m_q = \frac{1}{4}\pi D^2 L\varphi\gamma \tag{5-29}$$

式中　D——球磨机筒体有效直径，m；

　　　L——球磨机筒体有效长度，m；

　　　φ——粉磨介质的充填率；

　　　γ——粉磨介质的堆密度，锻造钢球取 $\gamma = 4.5 \sim 4.8\text{t/m}^3$，铸铁球取 $\gamma = 4.3 \sim 4.6\text{t/m}^3$。

粉磨介质充填率 φ 是指粉磨介质所占的面积与筒体断面积 πR^2 的比值，即

$$\varphi = \frac{s_1 + s_2}{\pi R^2} \tag{5-30}$$

式中　s_1, s_2——分别为作圆周运动和抛物线运动的粉磨介质所占的面积；

　　　R——磨机筒体有效内半径。

由图 5-57 知，$\varphi_c = 2\pi - 4\alpha_i$，作圆周运动的球微面积为：

$$ds_1 = \varphi_c r dr \tag{5-31}$$

因为 $r = \dfrac{900}{n^2}\cos\alpha_i$，$dr = -\dfrac{900}{n^2}\sin\alpha_i d\alpha_i$，则式 5-31 可写成：

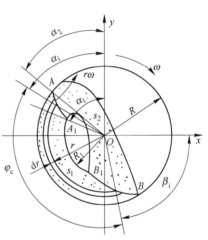

图 5-57　球磨机的截面积

$$ds_1 = -\left(\frac{900}{n^2}\right)^2 (2\pi - 4\alpha_i)\sin\alpha_i\cos\alpha_i d\alpha_i = -\left(\frac{900}{n^2}\right)(\pi - 2\alpha_i)\sin2\alpha_i d\alpha_i \tag{5-32}$$

故抛物线运动的球微面积为：

$$ds_2 = \omega r t_2 dr \tag{5-33}$$

式中　ω——筒体转动角速度，s^{-1}；

　　　t_2——球在抛物线轨迹上运动的时间，s，$t_2 = \dfrac{4\sin\alpha_i\cos\alpha_i}{\omega}$。

故式 5-33 可写成：

$$ds_2 = -\left(\frac{900}{n^2}\right)^2 \sin2\alpha_i d\alpha_i \tag{5-34}$$

球面积可由式 5-35 计算

$$s = s_1 + s_2 = \int ds_1 + \int ds_2$$

$$s = s_1 + s_2 = \int ds_1 + \int ds_2 = \int_{\alpha_1}^{\alpha_2} -\left(\frac{900}{n^2}\right)^2 (\pi - 2\alpha_i)\sin2\alpha_i d\alpha_i + \int_{\alpha_1}^{\alpha_2} -\left(\frac{900}{n^2}\right)^2 \sin^2 2\alpha_i d\alpha_i$$

$$= \frac{1}{2}\left(\frac{900}{n^2}\right)^2 (\pi - 2\alpha_i)\cos2\alpha_i + \sin2\alpha_i - \alpha_i + \frac{1}{4}\sin4\alpha_i \Big|_{\alpha_1}^{\alpha_2} \tag{5-35}$$

因为 $\cos\alpha_i = \psi^2$（ψ 为磨机的转速率，磨机工作转速与其理论临界转速之比,%），见式 5-16b，所以筒体断面积为：

$$\pi R^2 = \pi \left(\frac{900}{n^2}\right)^2 \cos^2\alpha_i = \pi \left(\frac{900}{n^2}\right)^2 \psi^4 \tag{5-36}$$

将式 5-35 和式 5-36 代入式 5-30 中，得：

$$\varphi = \frac{1}{2\pi\psi^4} \left| (\pi - 2\alpha_i)\cos2\alpha_i - \alpha_i + \frac{1}{4}\sin4\alpha_i \right|_{\alpha_1}^{\alpha_2} \tag{5-37}$$

当 $\psi = 0.76$ 时，$\alpha_2 = \arccos\psi_1^2 = 54°43'$，$\alpha_1 = \arccos\frac{R_1}{R}\psi_1^2 = 73°52'$，按式 5-37 计算，得 $\varphi_{1max} = 0.42$。

同理，当 $\psi_2 = 0.88$ 时，求出相应的 α_2 和 α_1 值，并代入式 5-37 计算，得 $\varphi_{2max} = 0.58$。求出介质充填率 φ 值后，将其代入式 5-29 中，即可求出磨机的装球量。由上述分析可知，有利的工作转速对应有一个合适的装球量。

实践证明，合适的装球量可按下述关系确定：

对于湿式格子型球磨机，$\varphi = 0.40 \sim 0.45$；对于干式格子型球磨机和管磨机，$\varphi = 0.25 \sim 0.35$；对于溢流型球磨机，$\varphi = 0.35 \sim 0.40$。

5.4.2.3 球磨机生产率

影响磨机生产率的因素很多，而且工作条件的变化幅度也较大，因此目前尚无一个完整的理论公式，一般都采用模拟计算法确定，即选定一个实际生产中的磨机在优越条件下工作时比生产率或磨粉效率作为标准，把待计算磨机的工作条件与作为标准的磨机进行比较并加以校正，从而近似地确定待计算磨机的比生产率或磨粉效率。

磨机生产率（t/h），按新生成的小于 0.074mm（-200 目）级别的粉料量进行计算，计算公式为：

$$Q = qV \tag{5-38}$$

其中：

$$q = K_1 K_2 K_3 K_4 q_0 \tag{5-39}$$

式中　　q ——待计算磨机的生产率，$t/(m^3 \cdot h)$；

q_0 ——选作比较标准的磨机的比生产率，$t/(m^3 \cdot h)$；

Q ——待计算磨机的生产率，t/h；

V ——待计算磨机的有效容积，m^3；

K_1 ——可磨性系数，一般根据试验测定，无实测资料时，可按表 5-3 选取；

K_2 ——磨机形式校正系数，按表 5-4 选取；

K_3 ——磨机直径有效系数，按表 5-5 选取，也可按式 $K_3 = \left(\frac{D - 2b}{D_0 - 2b_0}\right)^{0.5}$ 计算，式中 D，D_0 分别为待计算磨机和标准磨机的直径，b，b_0 分别为待计算磨机和标准磨机的衬板厚度；

K_4 ——磨机给料粒度和产品粒度系数，$K_4 = \frac{Q_1}{Q_2}$，式中 Q_1，Q_2 分别为待计算磨机和标准磨机在不同给料粒度及产品粒度条件下，按新生成的小于 0.074mm 级别计算的相对生产率，由表 5-6 选取。

表 5-3　可磨性系数 K_1 值

硬度等级	普氏硬度系数	K_1 值
很软	<2	1.4~2.0
软	2~4	1.25~1.50
中硬	4~8	1.0
硬	8~10	0.75~0.85
很硬	>10	0.50~0.70

表 5-4　磨机形式校正系数 K_2 值

磨机形式	格子型磨机	溢流型磨机	棒磨机
K_2 值	1.0	0.9	1.0~0.85

注：棒磨机 K_2 值，当磨机细度大于 0.3 时取大值，反之取小值。

表 5-5　磨机直径校正系数 K_3 值

标准磨机直径 D_0/mm	设计磨机直径 D/mm						
	900	1200	1500	2100	2700	3200	3600
900	1.00	1.19	1.34	1.66	1.85	2.07	2.10
1200	0.84	1.00	1.14	1.40	1.63	1.74	1.76
1500	0.74	0.87	1.00	1.22	1.46	1.52	1.55
2100	0.60	0.71	0.81	1.00	1.17	1.25	1.30
2700	0.51	0.61	0.70	0.85	1.00	1.09	1.17
3200	0.47	0.57	0.64	0.80	0.92	1.00	1.07
3600	0.46	0.55	0.62	0.76	0.86	0.94	1.00

表 5-6　不同给料和产品粒度条件下按新形成的 -0.074mm 级别计算的相对生产率

给料粒度/mm	产品粒度/mm					
	0.4	0.3	0.2	0.15	0.10	0.074
	最终产品中 -0.074 mm 级别的不同含量 β_2（%）时磨机相对生产率 Q_i/t·h^{-1}					
	40	48	60	72	85	95
−40+0	0.77/0.75	0.81/0.79	0.83/0.83	0.81/0.86	0.80/0.88	0.78/0.90
−30+0	0.83/—	0.86/—	0.78/—	0.85/—	0.83/—	0.80/—
−20+0	0.89/0.86	0.92/0.89	0.92/0.92	0.88/0.95	0.86/0.96	0.82/0.96
−10+0	1.02/0.97	1.03/0.99	1.00/1.00	0.93/1.01	0.90/1.02	0.85/1.02
−5+0	1.15/1.04	1.13/1.05	1.05/1.05	0.95/1.05	0.91/1.05	0.85/1.05
−3+0	1.19/1.06	1.16/1.06	1.06/1.06	0.95/1.06	0.91/1.06	0.85/1.06

注：表内分子为非均质矿石的相对生产率，分母为均质矿石的相对生产率。

待计算磨机按原矿计算的生产率 $Q_原$ 为：

$$Q_原 = \frac{qV}{\beta_2 - \beta_1} \tag{5-40}$$

式中　β_2——产品中−0.074mm 级别的含量，无实测资料时可查图 5-58；

　　　β_1——给料中−0.074mm 级别的含量，无实测资料时可查图 5-59。

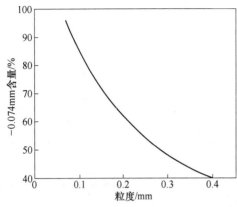

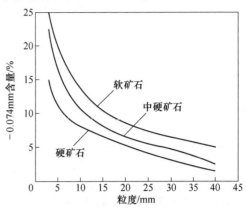

图 5-58　粉磨产品粒度与−0.074mm 含量关系图　　图 5-59　磨机给料粒度与−0.074mm 含量关系图

5.4.2.4　球磨机的功率

耐火原料在粉磨过程中动力消耗很大，输入电机的电能消耗在三个方面：（1）电动机本身的损失，占总电能的 5%~10%，与电机本身的效率有关。（2）机械摩擦损失，即克服传动部件间的摩擦所消耗的功率。它与磨机轴颈和轴承的构造、传动方式及润滑方式等有关，并与磨机转速成正比，这部分电耗占总电能的 10%~15%。（3）有用功耗，即使粉磨介质和物料产生规定的运动进行磨料作用所消耗的功率，其大小与介质装入量和磨机转速等因素有关，占总电能的 75%~80%。

A　球磨机功率的理论计算法

a　泻落式工作磨机的功率计算

当磨机泻落式工作时，由于摩擦力的作用，整个球的偏转状态如图 5-60 所示。

设 φ 为球的填充率，D、L 分别为球磨机的有效直径和有效长度（m），γ 为球的堆密度（t/m³），则球的重力 G(kN) 为

$$G = \frac{1}{4}\pi D^2 L \varphi \gamma g \qquad (5\text{-}41)$$

S_G 是所有球荷载的重心，在一定转速下，球重心偏转一个角度 θ，与球体所对应的圆心角为 Ω，弓形球截面面积为 s，球重力对磨机中心 O 的力臂为 l。由几何学可知，球体重心与筒体中心的距离 X 为：

$$X = \frac{2}{3} \times \frac{R^3 \sin^3 \frac{\Omega}{2}}{s}$$

将 $s = \varphi \pi R^2$ 代入上式得：

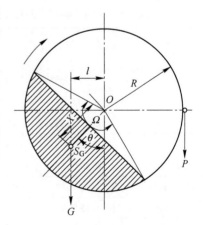

图 5-60　球磨机的泻落式工作状态

$$X = \frac{2}{3} \times \frac{R^3 \sin^3 \dfrac{\Omega}{2}}{\varphi \pi R^2} = \frac{1}{3} \times \frac{\sin^3 \dfrac{\Omega}{2}}{\varphi \pi} D \qquad (5\text{-}42)$$

球重力 G 对磨机中心 o 的力臂 l 为：

$$l = X\sin\theta = \frac{1}{3} \times \frac{\sin^3\frac{\Omega}{2}}{\pi\varphi} D\sin\theta \tag{5-43}$$

球重力对磨机中心 o 的力矩 $M(\mathrm{N \cdot m})$ 为：

$$M = 1000Gl \tag{5-44}$$

力矩 M 力图阻止磨机旋转，为使磨机能正常运转，必须依靠电机供给与力矩 M 大小相等、方向相反的转矩来克服它，所以磨机的有用功率至少应该为：

$$N_{有} = \frac{2n\pi M}{60 \times 1000} = \frac{2000n\pi Gl}{60 \times 1000} \tag{5-45}$$

将式 5-41 和式 5-43 代入式 5-45 中，并令 $n = \frac{30\sqrt{2}}{\sqrt{D}}\psi$，化简整理则得：

$$N_{有} = 3.63D^{2.5}L\psi\gamma\sin^3\frac{\Omega}{2}\sin\theta \tag{5-46}$$

由式 5-41 可知 $\frac{G}{\varphi} = \frac{1}{4}\pi D^2L\gamma g$，将它代入式 5-46 中，整理后得

$$N_{有} = 0.47\frac{G}{\varphi}\sqrt{D}\psi\sin^3\frac{\Omega}{2}\sin\theta \tag{5-47}$$

式中　ψ——转速率；

其他符号意义同前。

球偏转时所对应的圆心角 Ω 只取决于磨机的充填率，可以计算或由图 5-61 查得。球的偏转角 θ 取决于磨机的转速度 ψ、充填率 φ 和摩擦系数 f。

机械摩擦消耗的功率与传动方式、润滑情况等有关，一般为：

$$N_{摩} = 0.1N_{有}$$

电机安装功率（kW）为：

$$N = K_1(N_{有} + N_{摩}) \times \frac{1}{\eta} \tag{5-48}$$

式中　K_1——备用系数，一般取 $K_1 = 1.1$；

　　　η——传动效率，对中心传动的磨机

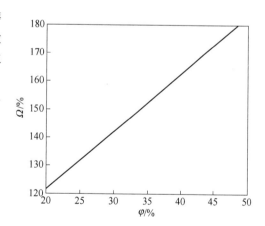

图 5-61　圆心角 Ω 与充填率 φ 的关系

　　　　$\eta = 0.92 \sim 0.94$，对边缘传动的磨机 $\eta = 0.86 \sim 0.90$，中间有减速装置时，应选低值，直接传动则选高值。

由式 5-47 可以得出如下结论：

（1）由式 5-47 可知，当球磨机直径 D、长度 L 及转速率 ψ 不变时，偏转角 θ 也是常数，这时只有充填率 φ 影响功率消耗，而充填率 φ 决定球偏转时所对应的圆心角 Ω，所以只有 $\sin^3\frac{\Omega}{2}$ 影响磨机有用功率的大小。在 $\varphi = 100\%$ 时，$\Omega = 360°$，$\sin^3\frac{\Omega}{2} = 0$，故 $N = 0$；

而当 $\varphi = 0$ 时，$N = 0$；当 $\varphi = 50\%$ 时，$\Omega = 180°$，$\sin^3 \dfrac{\Omega}{2}$ 有最大值，磨机的有用功率消耗也就达到最大值，粉磨效果最好。因此生产实践中充填率在 50% 以下。

（2）当磨机的直径、长度及充填率保持一定时，由式 5-47，有用功率与 ψ 和 $\sin\theta$ 的乘积成正比，如图 5-62 所示。显然最初时有用功率随磨机转速的提高增加的幅度较小，到后来，随着转速的提高增加的幅度较大。

（3）在式 5-46 中，充填率 φ、转速率 ψ、圆心角 Ω 及偏转角 θ 保持不变时，若所有常数项的乘积用 K 表示，则：

$$N = KD^{2.5}L \qquad (5\text{-}49)$$

即磨机的有用功率与磨机直径 D 的 2.5 次方及长度成正比。由此可知，相同工作条件下，尺寸不同的两台磨机的有用功率比为：

$$\frac{N_2}{N_1} = \frac{D_2^{2.5}L_2}{D_1^{2.5}L_1}$$

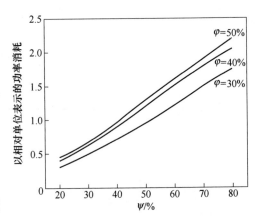

图 5-62　泻落式工作时所需的有用功率

如果已知 $D_1 \times L_1$ 磨机的有用功率 N_1，则可求出另一磨机 $D_2 \times L_2$ 的有用功率 N_2（kW），即：

$$N_2 = N_1 \frac{D_2^{2.5}L_2}{D_1^{2.5}L_1}$$

这就是用小型试验磨机的试验数据来推算工作磨机所需功率的理论依据。

磨机单位容积的有用功率，即比功率为：

$$N'_{\text{比}} = \frac{KD^{2.5}L}{\dfrac{1}{4}\pi D^2 L} = \frac{4K}{\pi}\sqrt{D}$$

令 $K' = \dfrac{4K}{\pi}$，则：

$$N'_{\text{比}} = K'\sqrt{D} \qquad (5\text{-}50)$$

由式 5-50 可知，大直径磨机的比功率（或有用功率）大，其单位容积的粉磨功也较大，那么，单位容积的生产率也大。

同理，若已知直径 D_1 的磨机的比功率 $N'_{\text{比}}$，则可算得与它同类型的相同工作条件下的任一直径 D_2 磨机的比功率 $N''_{\text{比}}$。

因 $N'_{\text{比}} = K'\sqrt{D_1}$，$N''_{\text{比}} = K'\sqrt{D_2}$，所以有：

$$N''_{\text{比}} = N'_{\text{比}}\sqrt{\frac{D_2}{D_1}} \qquad (5\text{-}51)$$

b　抛落式工作磨机的功率计算

如图 5-63 所示，磨机处于抛落式工作状态时，粉磨作用主要依靠落下的球的冲击动能。这种冲击动能越大，粉磨作用就越强，磨机有用功率也增加。磨机所消耗的有用功率，应该等于抛落下来的球在单位时间内所作的功。因此，可根据球到着落点时具有的动能计算有用功率。

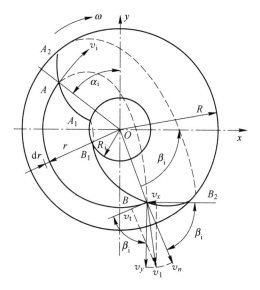

图 5-63　球磨机的抛落式工作状态

在磨机筒体旋转一周的时间内，径向距离为 dr 的单元球层质量 dm（kg）为：

$$dm = 2000\pi rL\gamma dr \tag{5-52}$$

式中　　r——所取介质层距筒体中心的距离，m；

　　　　γ——球的堆密度，t/m^3；

　　　　dr——所取介质层的厚度，m。

v_1 为球在着落点 B 的速度。任一层在脱离点 A 的水平速度为 $v_x = v_i\cos\alpha_i$，球沿抛物线运动到着落点 B 时，其水平速度仍为 $v_x = v_i\cos\alpha_i$，着落点的铅垂速度为

$$v_y = \sqrt{2gH}$$

将球落下的最大高度 $H = 4.5r\sin^2\alpha_i\cos\alpha_i$ 代入上式中，通过整理得：

$$v_y = 3v_i\sin\alpha_i$$

由此可得球在着落点 B 的速度 v_1 为：

$$v_1 = \sqrt{v_x^2 + v_y^2} = \sqrt{v_i^2\cos^2\alpha_i + 9v_i^2\sin^2\alpha_i} = v_i\sqrt{9 - 8\cos^2\alpha_i} \tag{5-53}$$

在磨机筒体回转一周的时间内，单元球层质量 dm 的冲击动能为：

$$dE = \frac{1}{2}dm \times v_1^2 = 1000\pi rL\gamma v_i^2(9 - 8\cos^2\alpha_i)dr \tag{5-54}$$

根据式 5-2 和式 5-3 知，$\cos\alpha_i = \dfrac{r}{a}$，$v_i^2 = rg\cos\alpha_i$，而 $a = \dfrac{900}{n^2}$，将其代入式 5-54 中，则得：

$$dE = \frac{1000\pi L\gamma g}{a}\left(9r^3 - \frac{8}{a^2}r^5\right)dr \tag{5-55}$$

式中　　a——脱离点轨迹直径。

对式 5-55 进行积分，积分上、下限为 $R \sim R_1$，并令 $K = \dfrac{R_1}{R}$，则可得磨机筒体转一周时整个球落下所作的功 A 为：

$$A = \frac{1000\pi L\gamma g}{a}\left(9\int_{R_1}^{R} r^3 \mathrm{d}r - \frac{8}{a^2}\int_{R_1}^{R} r^5 \mathrm{d}r\right) = \frac{1000\pi L\gamma g R^4}{4a}\left[9(1 - K^4) - \frac{16R^2}{3a^2}(1 - K^6)\right]$$

将 $a = \dfrac{R}{\psi^2}$ 代入上式，则得：

$$A = \frac{1000\pi L\gamma g R^3 \psi^2}{4}\left[9(1 - K^4) - \frac{16}{3}\psi^4(1 - K^6)\right] \tag{5-56}$$

球磨机所消耗的有用功率 N_y，应等于抛落下来的球在单位时间内所作的功，即：

$$N_y = \frac{A_n}{60 \times 1000}$$

将式 5-56 代入上式，并使 $n = \dfrac{30\sqrt{2}}{\sqrt{D}}\psi$，$R = \dfrac{D}{2}$，则得：

$$N_y = 0.0693 D^{2.5} L\gamma g \psi^3\left[9(1 - K^4) - \frac{16}{3}\psi^4(1 - K^6)\right] \tag{5-57}$$

将 $\dfrac{G}{\varphi} = \dfrac{1}{4}\pi D^2 L\gamma g$ 代入式 5-57 中，则得：

$$N_y = 0.088 \frac{G}{\varphi}\sqrt{D}\psi^3\left[9(1 - K^4) - \frac{16}{3}\psi^4(1 - K^6)\right] \tag{5-58}$$

实际上，球下落冲击后，只是径向速度产生的动能用于粉磨物料，而切线方向的速度 v_t 产生的动能，可以认为又返给筒体，变成协助筒体旋转的主动力矩。所以，用式 5-57 或式 5-58 计算磨机的有用功率会偏大，而应该减去球下落冲击时的切向速度产生动能所转化的那部分主动力短，具体求法如下：

由图 5-28 知，v_1 的切线速度 v_t 为

$$v_t = -v_x\sin\left(3\alpha_i - \frac{\pi}{2}\right) + v_y\cos\left(3\alpha_i - \frac{\pi}{2}\right) = v_x\cos 3\alpha_i + v_y\sin 3\alpha_i$$

因为 $\sin 3\alpha_i = 3\sin\alpha_i - 4\sin^3\alpha_i$，$\cos 3\alpha_i = 4\cos^3\alpha_i - 3\cos\alpha_i$

故 $v_t = v_i + 4v_i\sin^2\alpha_i\cos 2\alpha_i$

半径 r 处的单元球层质量 $\mathrm{d}m$ 在着落点处返回筒体的动能为 $\mathrm{d}E_t$

$$\mathrm{d}E_t = \frac{1}{2}\mathrm{d}mv_t^2$$

在着落点处全部球质量返回筒体的动能 E_t 为

$$E_t = \int_{R_1'}^{R} \mathrm{d}E_t \tag{5-59}$$

式 5-59 的积分下限不再是 R_1，而是 R_1'，这是由于着落点处的切线速度 v_t 是随 r 和 α_i 的变化而变化。当球层半径 $r > R_1'$ 时，v_t 的方向与筒体旋转方向一致，这时 v_t 产生的动能可认为返给筒体。而当球层半径 $r < R_1'$ 时，v_t 的方向与筒体旋转方向相反，这时 v_t 产生的动能则不能按返给筒体考虑。

当 $v_t = 0$ 时，即 $v_i + 4v_i\sin^2\alpha_i\cos 2\alpha_i = 0$。解之得：$\alpha_i = 55°44'$。

此脱离角所对应的半径为 $R'_1 = a\cos 55°44'$ ，返给筒体的动能 E_t （N·m） 为

$$E_t = \int_{R'_1}^{R} \frac{2000\pi r L\gamma dr}{2}(v_i + 4v_i \sin^2\alpha_i \cos 2\alpha_i)^2$$

$$= 1000\pi L\gamma g \int_{R'_1}^{R}\left(\frac{9r^3}{a} - \frac{72r^5}{a^3} + \frac{192r^7}{a^5} - \frac{192r^9}{a^7} + \frac{64r^{11}}{a^9}\right)dr$$

$$= 1000\pi L\gamma R^3\psi^2\left[\frac{9}{4}(1 - K'^4) - 12\psi^4(1 - K'^6) + 24\psi^8(1 - K'^8) - \right.$$

$$\left. 19.2\psi^{12}(1 - K'^{10}) + \frac{16}{3}\psi^{16}(1 - K'^{12})\right]$$

式中，$K' = \dfrac{R'_1}{R}$ ，$\psi^2 = \dfrac{R}{a}$。

故 $N_t = \dfrac{E_t n}{60 \times 1000} = 0.277D^{2.5}L\gamma g\psi^3\left[\dfrac{9}{4}(1 - K'^4) - 12\psi^4(1 - K'^6) + \right.$

$$\left. 24\psi^8(1 - K'^8) - 19.2\psi^{12}(1 - K'^{10}) + \frac{16}{3}\psi^{16}(1 - K'^{12})\right] \tag{5-60}$$

将 $\dfrac{G}{\varphi} = \dfrac{1}{4}\pi D^2 L\gamma g$ 代入式 5-60 中，则得：

$$N_t = 0.353\frac{G}{\varphi}\sqrt{D}\psi^3\left[\frac{9}{4}(1 - K'^4) - 12\psi^4(1 - K'^6) + 24\psi^8(1 - K'^8) - \right.$$

$$\left. 19.2\psi^{12}(1 - K'^{10}) + \frac{16}{3}\psi^{16}(1 - K'^{12})\right] \tag{5-61}$$

因此，抛落式工作磨机的有用功率 $N_{有}$（kW） 应为：

$$N_{有} = N_y - N_t \tag{5-62}$$

机械摩擦消耗的功率 $N_{摩}$（kW） 一般为：

$$N_{摩} = 0.1N_{有} \tag{5-63}$$

故电机安装功率 N（kW） 为：

$$N = K_1(N_{有} + N_{摩}) \times \frac{1}{\eta} \tag{5-64}$$

式中 K_1——备用系数，取 $K_1 = 1.1$；

η——传动效率，对中心传动的磨机 $\eta = 0.92 \sim 0.94$，对周边传动的磨机 $\eta = 0.86 \sim 0.9$。中间有减速装置时，应取低值，直接传动则取高值。

公式中的 K（或 K'） 值是随不同的 φ 值和 ψ 值而变化的，其值可按表 5-7 选取，或按式 5-65 计算：

$$K = \sqrt[3]{1 - \frac{\pi\varphi}{2.52\psi^2}} \tag{5-65}$$

表 5-7 K（K'） 值

充填率	转速率 ψ /%							
φ /%	65	70	75	80	85	90	95	100
30	0.527	0.625	0.700	0.746	0.777	0.802	0.819	0.837

充填率	转速率 ψ/%							
φ/%	65	70	75	80	85	90	95	100
35		0.511	0.618	0.683	0.726	0.759	0.781	0.797
40		0.237	0.508	0.606	0.669	0.711	0.740	0.760
45			0.288	0.506	0.600	0.656	0.694	0.721
50				0.332	0.508	0.592	0.644	0.676

B 计算磨机功率的经验公式

由于影响磨机生产率的因素很多，在进行功率的理论计算时很难把这些因素都考虑在内，因此就出现使用实践中总结出来的经验公式计算球磨机功率。

球磨机的电机功率，可按经验公式 5-66 计算：

$$N = \frac{0.023C \cdot G \cdot D \cdot n}{\eta} \tag{5-66}$$

式中 C ——粉磨介质系数，查表 5-8；

G ——磨机内介质、物料和水的总量，t；

D ——筒体有效内径，m；

n ——磨机工作转速，r/min；

η ——机械传动效率。

表 5-8 介质系数 C 值

介质种类	充填率 φ/%				
	0.1	0.2	0.3	0.4	0.5
矽质卵石	13.3	12.25	11.0	9.5	7.8
大钢球	11.9	11.0	9.9	8.5	7.0
小钢球	11.5	10.6	9.5	8.2	6.8

5.5 影响球磨机生产能力的因素

影响球磨机生产能力的因素很多，因此球磨机的生产能力还很难用理论公式准确地计算出来。设计中球磨机的生产能力只能用试验的近似方法，或者用与试验球磨机对比的方法确定。影响球磨机生产能力的主要因素有：球磨机的型式，它的直径和长度，仓数及各仓的长度比值，衬板及隔仓板形状，筒体转速；粉磨物料的种类、性质，加料粒度，要求产品细度；研磨体的种类，装载量，尺寸大小的配合等。

此外，磨机的操作方法（如干法或湿法），加料的均匀程度，研磨体与物料重量的比例，在干法生产中风的通过情况，湿法生产中水的加入量、流速等都会影响球磨机的生产能力。

5.5.1 入磨物料

被粉磨的物料性质直接影响磨机的生产能力，就同一种物料不同给料粒度来说，减小给料粒度可以提高磨机产量，但其产量随着产品粒度的变细而降低。从能量观点看，磨机的粉磨效率远低于破碎机的效率。可通过破碎作业设法减小入磨给料粒度，对节省电耗提高磨机产量都是有利的。当给料粒度减小至 5mm 以下时，生产能力变化很小，甚至无变化。

按生产统计资料，入磨物料粒度与磨机的生产能力之间大致有如表 5-9 所示的关系。

表 5-9　入磨物料粒度与磨机的生产能力之间修正关系

给料粒度/mm	<40	<20	<10	<5	<3
产量修正值	0.83	0.92	1.00	1.05	1.08

对于干法作业的磨机，物料平均水分最好不超过 1%，水分高将影响粉磨与运输操作。随入磨物料湿度的增加，磨机的产量就会降低。物料的黏性也影响磨机的生产能力。

5.5.2　研磨体的装载量、补充与配合

研磨体又称研磨介质。钢球是磨机中普遍采用的研磨体，它具有高密度、高硬度、高抗磨和高韧性等性能。常用中碳钢、高碳钢或铬钢锻制而成，也有用铸钢和铸铁的。钢段是尺寸较小的圆柱体，它的长度大于直径，具有较大的研磨表面积，适合于作细磨之用。钢棒通常采用轧制圆钢，钢棒首先是粉碎大块物料，然后才依次粉碎较小的物料，对粒度适应性很强，特别适于粗磨之用。

5.5.2.1　研磨体的装载量

研磨体装载量少，粉磨效率低；研磨体装载量过多，内层球运动时产生干涉，破坏了球的正常循环，粉磨效率也将降低，并将增加电耗。

在实际工作中，常用填充率（或充填率）来表示研磨体的装载量，研磨体的填充率可用以下经验公式求得：

$$\varphi = 50 - 127 \times \frac{b}{D} \tag{5-67}$$

式中　b——研磨体表面到筒体中心的距离，m；

　　　D——筒体直径，m。

5.5.2.2　研磨体的配合

为了提高粉磨效率，单纯考虑研磨体的填充率是不够的，还应确定研磨体大小尺寸的适当配合。在磨机中进行粉磨时，一方面物料受到研磨体的冲击作用，另一方面还受到研磨体的研磨作用。在单位时间内，若要粉磨作业很快进行，则研磨体与物料的接触点越多越好，也就是说当研磨体的装载量一定时，研磨体的尺寸越小越好。但从另一方面看，要想将较大块的物料粉碎，则要求研磨体具有足够的质量才行，即入磨物料粒度越大，要求研磨体的尺寸越大，因此磨机中研磨体的大小尺寸要恰当搭配。

钢球的直径主要取决于给料粒度、物料性质及所要求的产品粒度等因素。给料和产品粒度越大，物料越坚硬，要求钢球直径越大。给料和产品粒度越小，物料越松脆，则要求钢球的直径越小。钢球的最大直径可用经验公式求得：

$$d = 28\sqrt[3]{d_{给}} \tag{5-68}$$

式中　　d——钢球最大直径，mm；

　　　　$d_给$——给料最大尺寸，mm。

5.5.2.3　研磨体的补充

由于研磨体和物料不断地运动，研磨体本身也受到强烈的冲击和研磨。研磨体的消耗量很大，每隔一定时间，应往磨机内补充一定量新的研磨体。

影响研磨体磨损因素较多，如研磨体的材质及装载量、被磨物料的性质、干法或湿法粉磨、磨机转速及衬板型式等。当物料粉磨到 0.074mm 时，铬钢球的消耗量约为 1.0kg/t 物料，碳钢球约为 1.25kg/t 物料，铸铁球约为 1.5kg/t 物料。目前研磨体的补充，需要具体条件下对研磨体磨损进行实测的经验数据，再结合磨机实际动力负荷（如电流大小），来确定研磨体的填充量及其两次补充的时间间隔。当磨机运转相当长一段时间后，需将研磨体全部倒出更新。

复习思考题

5-1　不同物料的细磨，其设备选用有所不同。根据球磨机的分类标准，试说明球磨设备的类别及其适用条件。

5-2　球磨机的转速决定了球磨介质的运动状态，请说明球磨机筒体同一转速条件下如何调节球磨机内球磨介质的运动状态。

5-3　球磨介质的运动状态对物料的作用效果影响显著，试说明球磨介质运动状态对物料细磨进程的影响。

5-4　筒磨机内部的隔仓板有何作用？

5-5　磨机筒体水平放置，但物料却可以由进料端缓慢地流向出料端，请说明完成粉磨作业的机理。

5-6　影响球磨机生产能力的因素有哪些？结合所学知识，如何有效提高球磨机的产能？

6 其他粉磨设备

本章要点

(1) 掌握笼型粉碎机、雷蒙磨和自磨机的工作原理；

(2) 了解笼型粉碎机、雷蒙磨和自磨机的构造特征；

(3) 熟悉雷蒙磨、自磨机主要的工作参数。

6.1 笼型粉碎机

笼型粉碎机是根据冲击破碎原理设计而成的，主要适用于细碎含水量在 6% 以下的各种物料，尤其适用于硬度较大的物料。在进行破碎时还起到混合的作用，适宜脆性物料，特别适合粉料结块后的打散。在进行破碎作业时，内外两组笼条作高速相反旋转，物料自内而外通过笼条撞击而粉碎。其特点是结构简单，粉碎效率高、运转平稳、便于清理、维修方便。

6.1.1 笼型粉碎机的构造与规格

笼型粉碎机的主要粉碎部件是由两个相对回转的笼子 3 和 5 组成（图 6-1），每个笼子都有一个固定在轮毂 4 和 6 的钢盘，垂直于钢盘按同心圆固装着 2~3 圈的钢棒，两个轮毂分别用键和轴端压板安装在水平传动轴 1 和 7 上，这两个轴的中心线是在一条直线上。每个轴上均装有三角带轮，由电动机经皮带传动分别带动笼子 3 和 5，按相对方向旋转。笼型粉碎机的规格以转笼的最外圈直径 D 和宽度 B 来表示。

6.1.2 笼型粉碎机的工作原理

笼型粉碎机的传动方式为双侧电动机传动。筒体焊接在由槽钢焊接而成的架子上，转子在筒体内部。主轴分别坐落在筒体两边，通过皮带与电动机连接。进料口开在筒体一侧，出料口在架子下方。粉碎机整体由四根支脚支撑。粉碎机工作时，电机带动两根同心主轴相反方向转动。物料由进料口进入内条笼，粉碎后进入外笼，物料在两个转笼间不断受到笼上钢棒往返撞击而被粉碎。

物料由装料斗 2 进入两个彼此相对旋转笼子，物料首先落到最里圈的钢棒上，受到钢棒猛烈冲击而被粉碎，并在离心力的作用下被抛到下一圈的钢棒上，当物料落到第二圈钢棒时继续产生上述粉碎过程，但物料受到的打击方向与前一圈相反，如此不断进行下去，直至物料通过所有各圈的钢棒为止（图 6-2），被粉碎的物料落到笼外机壳

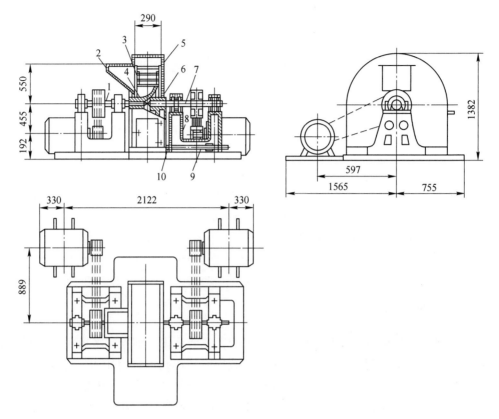

图 6-1　笼形粉碎机结构及尺寸

1，7—传动轴；2—装料斗；3，5—转笼；4，6—轮毂；8—机架；9—螺杆；10—螺母

的底部卸出。

为满足配料粒度的要求，粉碎后的物料应经过
筛分，一般采用 0.5mm 或 1.0mm 的筛网。生产中
通过控制加料量，可以调整物料的细度及回流量。
如果不需要较细的粉料，可将其中较大的一个转笼
固定。笼型粉碎机也可用于混合后泥料中泥饼的打
碎，此时只需转动一个转笼，并注意用完后及时清
除黏结在机件上的余料。

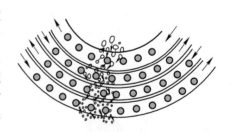

图 6-2　物料在转笼内运动简图

耐火材料厂一般选用 ϕ1000mm×290mm 笼型粉
碎机，被粉碎物料的水分含量应不大于 6%，给料粒度应不大于 30mm。当产量较高时，
可选用 ϕ1350mm×300mm 笼型粉碎机。

中、小型耐火材料厂，混合后泥料泥饼的打碎，可采用 ϕ850mm×200mm 打泥机，此
设备仅有一个转笼，并在机壳上固定一定数量的钢棒，起固定笼子的作用。

在生产过程中应严防金属块进入笼中，以免钢棒的快速磨损或折断。

笼型粉碎机的最易磨损件是笼子的钢棒。检修的主要内容是更换笼子上的钢棒或清洗
轴承，检修周期一般为 4~5 个月。为便于将笼子取下进行修理或更换，在此设备上设置
有水平螺杆 9 和与它配合的固定在机座上的螺母 10，当转动螺杆 9 时，可将轴承架及其

装配在此架上的轴承、水平传动轴 7 和笼子 5 一起沿机座上的导轨左右移动。表 6-1 是 φ1000mm×290mm 笼型粉碎机的技术参数。

表 6-1　φ1000mm×290mm 笼型粉碎机的技术性能

项　目	数　据
转笼直径/mm	1000
转笼宽度/mm	290
主轴转速/r·min⁻¹	600
给料粒度/mm	<30
生产能力/t·h⁻¹	3.5~4
设备总重/t	2.4

6.2 悬辊式盘磨机

6.2.1 悬辊式盘磨机的构造

悬辊式盘磨机又称雷蒙磨，属于圆盘不动型盘磨机，适宜细磨各种中等硬度、水分含量小于 6% 的物料。

在耐火材料工业中，当产品的品种较多而数量较少时，宜采用此设备进行磨粉，因换料时清理工作较为简便，可获得产品粒度为 0.044mm 的干物料。在中小型耐火材料企业中，常用于制备细粉。悬辊式盘磨机在粉磨工艺流程中的安装图如图 6-3 所示。

悬辊式盘磨机的进料物块的尺寸在 20mm 以下，出料细度可在 40μm，一次粉碎比达 300 以上，使用时配套设施较多，产量较大。

悬辊式盘磨机由贮料斗、给料机、环辊粉磨装置、分级器、传动装置和润滑系统等组成。而环辊粉磨装置（主机）由梅花架、磨辊轴、磨辊、磨环（磨盘）、主轴、刮板和机壳等组成。

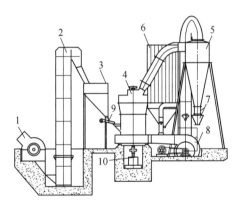

图 6-3　悬辊式盘磨机整套安装图

1—破碎机；2—斗式提升机；3—料仓；
4—雷蒙机主机；5—集粉器；6—除尘器；
7—卸料器；8—风机；9—喂料机；10—减速机

图 6-4 为雷蒙磨粉主机的结构示意图。主机的主轴 3 由一对圆锥齿轮 7 和 8 带动，在主轴 3 上端装有梅花架 10，梅花架上悬有 3~5 个磨辊轴，磨辊轴 2 上端铰接在梅花架上，磨辊轴能自由转动，同时，磨辊轴通过上端铰接处可向外摆动。磨辊由传动装置带动而绕机体中心轴线作快速公转，同时磨辊本身又自转。公转所产生的离心力作用使磨辊向外张开而压紧于圆盘的磨环（磨盘）上，如图 6-5 所示。

悬辊式盘磨机工作时，块状物料经机体侧部的进料口 9 给入，物料一部分落到盘底，由铲刀 6 铲起并送入磨辊与圆盘磨环之间，由磨辊磨碎。铲刀与梅花架连在一起，随梅花架和辊子一同转动，每个辊子前面都有一把倾斜安装的铲刀。

返回风箱将气流从固定盘下部以切线方向吹入，经过研磨区时将磨细的微粒及少量粗粒带到位于上部的风力分级机（选粉机），经过分级，粗粒将落至粉磨区再磨，细粒级将作为合格产品随风流向上运动，排入旋风集尘器，整个系统在负压下工作。

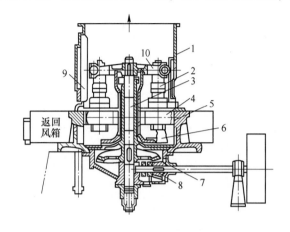

图 6-4　悬辊式盘磨机

1—机壳；2—磨辊轴；3—主轴；4—磨辊；5—磨环；6—铲刀；

7—圆锥大齿轮；8—圆锥小齿轮；9—进料口；10—梅花架

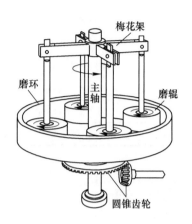

图 6-5　悬辊式盘磨机工作原理图

6.2.2　悬辊式盘磨机的规格

悬辊式盘磨机（雷蒙机）的规格以磨辊的个数以及磨辊的直径（cm）×长度(cm) 来表示。如：型号为 4R3216 的悬辊式盘磨机，其中的 4R，表示有 4 个磨辊；3216 中的前两位表示磨辊的直径为 32cm，后两位表示磨辊的长度为 16cm。表 6-2 为国产悬辊式盘磨机的技术性能。

表 6-2　国产悬辊式盘磨机的技术性能

型　　号	3R2714	4R3216	5R4119
磨辊尺寸 $D×L$/mm×mm	270×140	320×160	410×190
磨辊个数/个	3	4	5
磨环内径/mm	830	970	1270
中心轴转速/r·min^{-1}	145	124	95
磨辊转数/r·min^{-1}	445	385	302
风筛直径/mm	1096	1340	1710
风机风量/m³·h^{-1}	12000	19000	34000
风机风压/kPa	1.67	2.7	2.7
配用颚式破碎机规格/mm×mm	150×250	200×250	250×500
储料斗/m³	1	1.5	2.5
提升机运输量/m³·h^{-1}	13.9	13.9	19

型　　号	3R2714	4R3216	5R4119
最大进料尺寸/mm	15	20	20
产品粒度/mm		0.044~0.125	
电机功率/kW 磨机（主机）	22	28	75
风筛	3	5.5	7.5
喂料机	—	11	—
斗式提升机	3	3	5.5
风机	13	30	55
颚式破碎机	5.5	10	17
外形尺寸/mm×mm×mm	8700×5000×7819	8200×5000×10530	10500×6500×13530
质量/t	9.115	14.200	14.867

悬辊式盘磨机粉磨作业属于圈流（闭路）式粉碎，细度可控制，产量大，粉碎比大，工作频率高，但对原料的铁污染大，产品需要进行除铁处理；主机工作时应在微负压下运行，以免环境粉尘污染，主机启动时不能负载开车，喂料要均匀，物料的含水分一般不大于6%。

6.3 自磨机

自磨机也称为无介质粉磨机，它是利用物料在磨机内自身互相冲击和磨剥作用而达到粉碎的目的。

自磨机工作时，是将经过粗碎后的物料（其块度一般为300~400mm）直接送入磨机内，一次可磨碎到0.1mm以下所需要的产品进度。粉碎比可达到3000~4000，比球磨机和棒磨机的粉碎比要大10倍到几十倍。

自磨机粉磨具有如下特点：（1）可减少破碎、粉磨和运输等设备，因此工艺流程简单，占地面积小，投资少；（2）流程短，可减少操作与维修人员，降低费用；（3）节省钢球和钢棒的消耗量，因此经营费用低；（4）物料自磨，选择性粉碎作用强，可减轻产品的铁质污染，因此产品质量好。

自磨机按其粉磨方法，可分为干式自磨机和湿式自磨机两种，如图6-6所示。湿式自磨机较干式自磨机优越且经济，但干式自磨机对于希望获得干物料粉以及水源紧张的地区仍具特殊意义。湿式自磨机的排料方式与格子型球磨机相类似。

6.3.1 自磨机的构造

6.3.1.1 干式自磨机的构造

干式自磨机主机构造如图6-6a所示，它由筒体、主轴承、给料漏斗、减速器等组成。

与球磨机的筒体相比较，干式自磨机筒体构造的特点为：筒体直径大，而长度短，为了加强端盖刚性，在端盖上铸有放射状的加强筋；筒体内有四种形状不同、作用不同的衬板，筒体圆筒部分的内表面通常是每块条形衬板夹一块提升衬板（图6-7），条形衬板主要是防止筒体壁磨损，提升衬板除防止筒体壁磨损外，更主要的是起带动物料上升的作用；筒体端盖的内表面靠近中空轴颈处设有波峰板，波峰板的外周还有扇形的端衬板。端衬板的作用是防止端盖磨损，而波峰板则主要起防止"偏析"现象的发生，即大块物料跑到筒体一端。

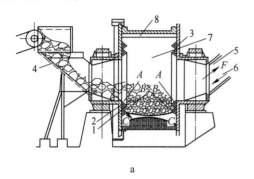
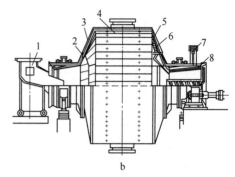

1~3—楔形衬板；4—进料槽；5—排出气流；
6—返回的粗粒；7—粉碎区；8—提升板

1—给料小车；2—给料端波峰衬板；3—给料端衬板；
4—筒体提升；5—出料口衬板；6—出料口格子板；
7—大齿轮；8—圆筒筛（自返装置）

图 6-6　自磨机结构示意图
a—干式自磨机；b—湿式自磨机

为了便于检修，给料端和出料端都支架在有车轮的小车上，小车放在钢轨上，检修时可向后移动小车，检修人员即进入磨机内部进行修理。

6.3.1.2　湿式自磨机的构造

$\phi 5500mm \times 1800mm$ 湿式自磨机的构造如图 6-6b 所示。

它的筒体与球磨机和干式自磨机的筒体相比较有如下特点：湿式自磨机的筒体是由两个半筒体在结合面处用螺钉拧紧把合构成一个完整的筒体。每半个筒体又是由筒壁和左右两个截锥形侧板焊制而成的。截锥形侧板

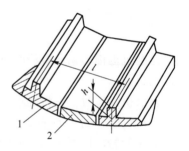

图 6-7　筒体衬板
1—提升衬板；2—条形衬板

的锥角为150°，截锥形侧板的小口上焊有法兰，而带有中空轴颈的端盖止口面就靠在这个法兰面上，并用螺钉拧紧把合，在排料端的截锥形侧板内面焊一圈压条筋。

湿式自磨机筒体内表面衬有 7 种不同形状的衬板。进料端衬板如图 6-8 所示，它直接受到刚入磨机的大块物料的冲击，同时又受到回转运动物料的磨损，因此损耗快。为避免物料冲击板面，则在衬板靠近中心的一端，设有 250mm 高的波峰。为避免物料环向运动的磨损，则在衬板上设有 80mm×80mm 截面的护筋。实践证明，波峰高增加到 330mm，并在内圈上也增加了护筋，其寿命可延长 2~2.5 倍。

格子板如图 6-9 所示，它在自磨机中不单是起排料的作用，同时还起到筛分作用。因此，格孔所处的位置和孔隙大小都要选择适当。格子板可分为高水平排料、中水平排料和低水平排料三种。在物料充填率45%左右的情况下，用中水平排料位置，即可满足排料要求，但自磨机往往会出现较低充填率（低于20%）的情况，就有排不出料的可能。护

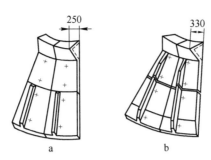

图 6-8　进料端衬板

a—半截护筋低波峰衬板；b—全护筋高波峰衬板

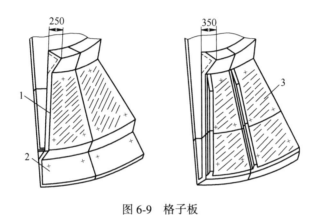

图 6-9　格子板

1—中水平排料低波峰无护筋格子板；2—盲板；3—低水平排料高波峰带护筋格子板

筋和波峰板在格子板中有同样的作用。

　　给料端中空轴颈内有衬套，它的一端有提水用筋，提水用筋与圆周成 45°角，其倾斜方向依筒体的旋转方向而定。湿式自磨机的排料端与球磨机相似，但较球磨机更复杂。它除了在排料端中空轴颈内装有带喇叭形叶片的内套之外，在内套里面，还有自返装置（相当于磨机自带的分级装置，如图 6-10 所示）。

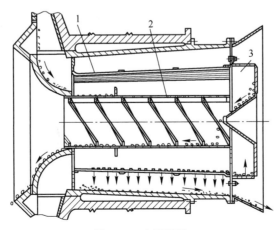

图 6-10　自返装置

1—圆筒筛；2—返料管；3—返料勺

自返装置由内外两个同心的套筒和返砂勺组成，内套筒是钢板焊成的，其内表面有螺旋叶片，螺旋叶片的旋向应与筒体的旋向相反，外套筒是一个算条筛筒，两端有盖板，两个盖板的直径不同，一大一小，小直径盖板上有一圈弧形长孔，而大直径盖板上有两圈弧形长孔，返砂勺就固定在大直径盖板上，返炒勺中心为一喇叭孔，喇叭孔的外周有曲线叶片。

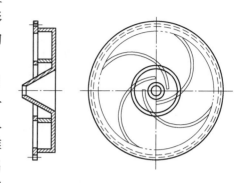

图 6-11　返料勺构造

料浆通过格子板孔之后，被簸箕板送入自返装置的筛上，大块物料在筛面上运动到另一端的返料勺内。在返料勺的回转运动中，送入返料管内。返料管内的螺旋片，将大块物料推送到磨机之内再磨。筛下物沿着出料衬套排出机外，进行下道工序处理。返料勺的构造如图 6-11所示。

自磨机的特点

物料在自磨机筒体中的运动状态，除了具有一般旋转筒式磨机中介质和物料的运动规律外，因自磨机（主要指干式自磨机）拥有筒体提升衬板，在端盖上有波形衬板这些特殊条件，所以物料在自磨机筒体内具有自己特殊的运行规律。

如图 6-6a 所示，新给料中的小粒，由给料端进入，沿 A 面均匀地落于筒体底部中心，然后向两侧扩散，大块具有较大的动能，总是趋向较远的一侧，但其中有一部分必然要和 A、B 面相碰，然后向另一侧返回，因之，也使大块料得到均匀分布。$A—A$，$B—B$ 在这里的作用是防止给入物料发生偏析。自排料端沿 F 面返回的颗粒如同新给料中的细粒一样，均匀地落于筒体底部的中心，然后向两边扩散。大块和细粒在筒体底部沿轴向运动，方向正好相反，于是产生粉磨作用。

提升板 $C—C$ 和波峰衬板 $B—B$，有楔住料块的作用，又称为楔形衬板（key action members），如图 6-12 所示。均匀分布在筒体底部的物料，在"真趾区"集中，这里的重力和离心力最大。由于筒体的回转和筒很短，物料首先在 $C—C$ 处楔住，而且沿轴向挤成"拱形"，使在"真趾区"的所有物料均处于压力状态下。然后逐渐向上发展，在 $B—B$ 之间形成"拱形"，使其间的物料也同样处于受压状态。

物料随磨机转动，位置迅速提高，物料很快由压力状态转入张力状态，当重力克服离心力时就脱离筒体，在磨机内循环运动，粗粒除自转外还向磨机中心处移动，对小颗粒产生粉磨作用，筒体内物料运动图如图 6-12 所示。

物料在通过压力区后，各粒级循回路径是不同的，大粒在很短的时间内回到破碎区，处于内层，大于 25mm 的颗粒向磨机中心移动，借重力浮落于"真趾区"前，而成外层。新给料落在浮落物料的前面，部分的落在"假趾区"后面，和向前转动着的提升板 $C—C$ 冲击后，反弹到浮落区。浮落区如同颚式破碎机的定颚一样，不同的是这里的"定颚"，除了破碎物料之外，它本身也遭到破坏。

只有小于 25mm 的颗粒才自由落下，通过"大瀑布"（cataract）区和衬板冲击后进入破碎区，然后通过磨剥的双重作用而粉碎。

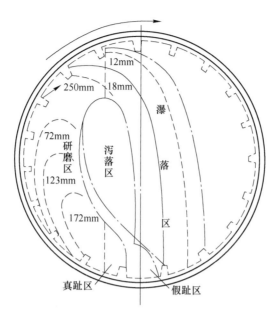

图 6-12　筒体内物料运动及粒级分布图

筒体内的物料在冲击、磨碎和压碎作用下逐渐地粉碎，符合产品粒度要求的颗粒被输入自磨机内的循环空气流而排出。

6.3.3　自磨机工作参数

6.3.3.1　工作转速

自磨机内物料运动状态与转速的关系和球磨机相似，衬板形式、给料粒度和产品粒度大小、充填率大小等因素，对其适宜工作转速的影响较为显著，所以转速的波动范围较大。

要想准确选择适宜的工作转速，则需要在一定的磨机形式和生产条件下做转速试验，在产品产量、质量和机件、衬板、动力消耗等项技术经济指标最佳时来确定。

自磨机工作转速一般为：

$$n = (65\% \sim 90\%) n_0 \tag{6-1}$$

自磨机常用的适宜工作转速为：

$$n = (70\% \sim 85\%) n_0 \tag{6-2}$$

式中　　n ——磨机工作转速，r/min；

$\quad\quad n_0$ ——磨机临界转速，r/min，$n_0 = \dfrac{42.4}{\sqrt{D}}$；

$\quad\quad D$ ——磨机内直径，m。

在选择时，干式自磨机和规格较大的磨机应偏小，湿式自磨机和规格较小的磨机应偏大。

6.3.3.2　生产率

影响自磨机生产率的因素很多，变化也较大，因此目前还没有可靠的理论公式来计算自磨机的生产率，所以多数是根据试验用的小磨机进行推算：

$$Q = Q_c \left(\frac{D}{D_c}\right)^k \times \frac{L}{L_c}$$ (6-3)

式中　　Q——设计自磨机的生产率，t/h；

　　　　Q_c——试验自磨机的生产率，t/h；

　　D，L——设计磨机的直径和长度，m；

　D_c，L_c——试验磨机的直径和长度，m；

　　　　k——磨机直径影响系数，粗磨时，$k = 2.8 \sim 3.1$，中细磨时，$k = 2.5 \sim 2.8$。

6.3.3.3　功率的计算

影响自磨机功率变化的因素多而复杂，目能还没有完善而准确的公式来进行计算。一般是根据试验用的小磨机进行推算：

$$N = N_c \left(\frac{D}{D_c}\right)^k \times \frac{L}{L_c}$$ (6-4)

式中　　N_c——试验磨机的功率，kW；

　　　　N——选用磨机的功率，kW；

　　　　k——直径影响系数，一般 $k = 2.5 \sim 2.6$；

其他符号意义同前。

> 复习思考题

6-1　结合笼型粉碎机的构造与粉碎原理，试分析其适用范围。

6-2　悬辊式磨机是风流输送和细磨物料的代表设备，其密闭性强、扬尘少。根据悬辊式磨机的工作过程，说明其粉磨优点与缺点。

6-3　根据物料的强度与硬度，试举例说明哪些物料适合采用自磨机进行粉磨。

6-4　查阅文献资料，列举一种其他粉磨设备并说明其工作原理与使用条件。

7 筛分与输送设备

+·—+

本章要点

(1) 掌握筛分作业的意义和作用，会计算和比较不同类型筛分设备的筛分效率；

(2) 了解筛分的类型、筛制的定义；

(3) 熟悉主要物料输送设备的特点及工作参数计算。

+·—+

7.1 物料的筛分设备

所谓筛分设备就是用于冶金、选矿、化工、建材、煤炭、粮食、陶瓷等行业，将粒径大小不同的物料加以区分的设备的总称。筛分设备的种类有上百种之多，经常用的有脱水振动筛、直线振动筛、棒条振动筛、矿用振动筛、滚筒筛、变频振动筛、旋振筛、气流筛、摇摆筛、圆振动筛、高频振动筛、超声波振动筛等。这些不同的筛分设备具有不同的构造，不同的工作原理，因此它们也有着不同的适用领域和适用范围，本章主要讲述常用于耐火材料生产的工业筛分设备。

7.1.1 物料筛分的意义

7.1.1.1 筛分作业的意义与作用

通过单层或多层筛子把物料按其尺寸大小不同，分成若干粒度级别的过程，称为筛分。通过筛孔的物料叫筛下料，被截留在筛面上的物料称为筛上料。筛分除用于物料的分级外，还用于脱水、脱泥和脱除介质等。

在耐火材料生产过程中，常将筛分作业与破碎作业配合使用，组成破碎筛分流程。

为了提高破碎机的生产能力，在破碎前先分出已符合产品要求的粒度，这种筛分方式称为预先筛分；在破碎机后检查破碎产品粒度的筛分作业称为检查筛分。

耐火材料厂采用的筛分设备有多种类型，如振动筛、回转筛、固定筛和圆盘筛等。振动筛具有构造简单、生产能力大和筛分效率高等优点，在耐火材料工业和其他工业部门得到广泛的应用。回转筛常用于烧结白云石砂和冶金石灰的筛分。固定筛主要用来分离块料。圆盘筛专供筛分泥料用。

7.1.1.2 筛分类型

筛分操作按物料含水的不同，分为干法筛分和湿法筛分两种。一般采用干法筛分，但对于黏湿物料，进行干法筛分困难，需要用湿法筛分，在筛面上喷水，将细粒级及泥质冲洗下去，或将筛面和物料都浸在水中进行筛分。

按筛分用途不同，主要可分为独立筛分和辅助筛分两类。筛分后所得的产品即为成品的筛分称为独立筛分。在工业生产中，有时需要将物料分为若干级别的产品，有时需要将物料中过大或过小的颗粒除去，此时采用独立筛分。与筛分作业配合的筛分称为辅助筛分，在筛分前进行的辅助筛分称为预先筛分，它可在粉碎前分出已符合粒度要求的产品，提高粉碎作业的生产能力，降低电耗；在粉碎后对所得产品进行筛分，这种辅助筛分称为检查筛分，它可保证产品的粒度，改善产品质量。

为了把物料分成若干粒级，使用一系列不同的筛面，它们的排列次序称为筛序。按筛出颗粒的粗细的顺序可分为三种基本形式，如图 7-1 所示。

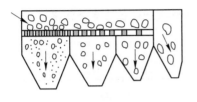 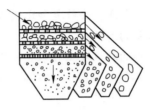 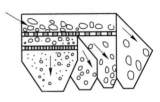

a　　　　　　　　　　b　　　　　　　　　　c

图 7-1　筛分顺序

a—由细到粗筛序；b—由粗到细筛序；c—混合筛序

（1）由细到粗的筛序（图 7-1a）：其优点是操作和更换筛面方便，各级筛下料分别从不同处排出，运送方便。其缺点是粗颗粒都需要经过细筛网，不仅筛网易磨损，而且常被粗颗粒堵塞，降低筛分效率。

（2）由粗到细的筛序（图 7-1b）：其优点是可将筛面由粗到细重叠布置，占地面积小。粗颗粒不接触细筛网，减少了细筛网的磨损。较为难筛的细粒能很快地通过上层筛网，有利于提高筛分质量，但这样配置不利于维修。

（3）混合筛序（图 7-1c）：是上述两种筛序的组合，兼有两者的优缺点。

耐火材料工业中多用由粗到细的筛序。

7.1.1.3　筛面与筛制

筛面是筛分设备的工作面，其上有一定形状的孔眼，这些孔眼称为筛孔。视被筛分物料的粒度和筛分作业的工艺要求，可供选用的筛面按其结构不同，有棒条筛面（又称格子筛面）、板状筛面和编织筛面等。

（1）棒条筛面。棒条筛面是由平行排列的上宽下窄异形断面的钢棒与连接横杆组成。常见的棒条断面形状如图 7-2 所示，棒条筛面如图 7-3 所示，适用于对粒度大于 50mm 块状粗料的筛分，通常用在固定筛或重型振动筛上。

 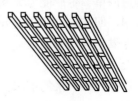

图 7-2　常见的棒条断面形状　　　　　图 7-3　棒条筛面

固定筛装在粗碎机供料仓的上部，可控制给料块度小于破碎机允许的最大给料粒度。将筛上的大块物料用手锤或其他方法破碎后使之过筛、破碎。

（2）板状筛面。板状筛面是由厚度为 5~12mm 的钢板经冲孔制成。筛孔的形状有圆形、方形和长方形等，其筛孔尺寸通常在 12~50mm 之间，图 7-4 为板状筛面的一种（圆孔板状筛面）。板状筛面具有较大的强度与刚度，使用寿命较长，其缺点是开孔率低，为40%~60%。

长方形筛孔的筛面和圆形或方形筛孔的筛面比较，其优点是开孔率较高，筛面质量较轻，生产能力较大，在处理含水较多的物料时不易堵塞。但长方形筛孔的筛面只能用在对筛分产品粒度要求不太严格的情况下。

（3）编织筛面。编织筛面如图 7-5 所示，可用钢丝、铜丝及尼龙丝等编织而成。筛孔的形状为方形或长方形，开孔率可达 75%。编织筛面只适用于中细粒级物料的筛分。它是运动筛中应用最广的一种筛面。这种筛面的优点是开孔率高，质量轻，易于制造，但其使用寿命较短。

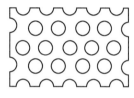

图 7-4　板状筛面　　　　图 7-5　编织筛面

7.1.1.4　筛分过程与筛分效率

A　筛分过程

筛分过程就是把大小不同的固体颗粒的混合物通过筛面，尺寸小于筛孔的颗粒通过筛孔面落下，其余颗粒截留在筛面上然后排出的过程。物料的筛分过程分两个阶段：首先是易于穿过筛孔的颗粒通过，其次是不能穿过筛孔的颗粒所组成的颗粒层到达筛面；要使这两个阶段能够实现，物料在筛面上应具有适当的运动，一方面使筛面上的物料呈松散状态，物料产生粒度分层，大颗粒处于上层，小颗粒位于筛面上，进而透过筛孔；另一方面，物料和筛子的运动促使堵在筛孔上的颗粒脱离筛面进入物料层上部，让出细颗粒透过的通道。

只有尺寸小于筛孔的颗粒才有通过筛孔的可能，至于可能性大小，用通过概率 P 来表示。如图 7-6 所示，设筛孔为方形，筛孔每边净长为 D，筛丝的粗细为 b，如一个直径为 d 的球形颗粒，在筛分时垂直地向筛孔下落，要能顺利通过筛孔，其重心位置则应在 $(D-d)^2$ 范围之内。而颗粒在筛孔上很可能出现的位置为 $(D+b)^2$ 的面积。因此，颗粒通过筛孔的概率为：

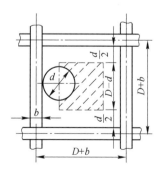

$$P = \frac{(D-d)^2}{(D+b)^2} = \frac{D^2}{(D+b)^2}\left(1 - \frac{d}{D}\right)^2 \qquad (7-1)$$

上式表明，筛孔尺寸越大，筛丝和颗粒直径越小，则颗　图 7-6　颗粒通过筛孔的概率粒通过筛孔的可能性越大。

表 7-1 列出两种 $\dfrac{b}{D}$ 比值筛面通过不同 $\dfrac{d}{D}$ 比值颗粒的概率值。从表可以看出，当 $\dfrac{d}{D} >$ 0.8 时，P 值迅速减少，也即很难过筛。因此，常把 $d < 0.8D$ 的颗粒称为易筛粒，而把 $d > 0.8D$ 的颗粒称为难筛粒。当难筛粒级含量较多时，可适当增大筛孔尺寸并相应降低筛分效率，以提高生产能力。实践经验表明，由于筛子不断运动，筛孔尺寸可选择比所要求筛分粒大一些，对于方形筛孔，可以增大 10% 左右；对于圆孔可增大 12.5% 左右；橡胶筛面的筛孔尺寸比相应的筛板或筛网的筛孔尺寸应增加 10%～20%。

表 7-1   颗粒通过筛孔的概率

d/D	P/%	
	b/D = 0.25	b/D = 0.50
0.1	51.92	36.00
0.2	41.00	28.44
0.3	31.41	21.77
0.4	23.08	16.00
0.5	10.10	11.11
0.6	10.24	7.14
0.7	5.76	4.00
0.8	2.56	1.77
0.9	0.64	0.45
1.0	0.00	0.00

如果筛面倾斜设置（图 7-7），则筛孔的通过大小将由 D 减小为 $D' = D\cos\alpha$，因而颗粒通过筛孔的机会势必减少，筛面虽水平放置而颗粒的运动方向不垂直筛面，也同样会产生类似的影响。另外，颗粒不是球形，而是正方形、长方形或其他不规则形状，其通过筛孔的概率也会减少。

实际上，颗粒通过筛孔的概率要比理论分析的大。从图 7-8 可看出，颗粒重心虽在 $(D - d)^2$ 之外，但颗粒与筛丝碰撞后，其重心有可能落在筛孔面积内而落下；即使此时其重心仍不在筛孔内，颗粒经与筛丝碰撞而弹跳起来，当其第二次落到筛面时就有可能落入筛孔而通过。

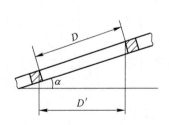

图 7-7   倾斜筛面对通过的影响

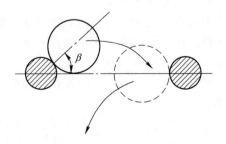

图 7-8   颗粒弹跳通过筛孔

如图 7-9 所示，设球形颗粒以速度 v 沿筛面运动，由于振动作用，颗粒的运动轨迹为抛物线，运动方程为：

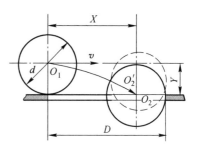

图 7-9　颗粒运动速度对
通过筛孔的影响

$$\begin{cases} X = vt \\ Y = \dfrac{1}{2}gt^2 \end{cases} \qquad (7\text{-}2)$$

当 $X = D - \dfrac{d}{2}$ 时，如果 $Y < \dfrac{d}{2}$，则颗粒不能通过筛孔；$Y \geqslant \dfrac{d}{2}$，则颗粒可以通过筛孔，颗粒在垂直方向下落 $Y = \dfrac{d}{2}$ 的距离所需时间为：

$$t = \sqrt{\dfrac{2Y}{g}} = \sqrt{\dfrac{d}{g}} \qquad (7\text{-}3)$$

将式 7-2 代入式 7-3，得到颗粒能通过筛孔的最大允许速度（m/s）为：

$$v = \left(D - \dfrac{d}{2} \right)\sqrt{\dfrac{g}{d}} \qquad (7\text{-}4)$$

式中　D——筛孔尺寸，m，方孔为边长，圆孔为直径；
　　　d——颗粒直径，m；
　　　g——重力加速度，m/s²。

当颗粒的水平速度大于计算值时，颗粒不能通过筛孔，而从筛孔上越过。式 7-4 计算的是近似值，未考虑空气阻力和碰撞影响。

B　筛分效率

在筛分过程中，按理说比筛孔小的颗粒料应该全部穿过筛孔，但实际上并非如此，总有一部分小于筛孔的颗粒没有机会透过筛孔，而随着筛上料一起排出，在筛上料中，未穿过筛孔的细颗粒（小于筛孔尺寸的颗粒）越多，筛分的效果越差。为了评定筛分质量，引入筛分效率这一质量指标。

筛分效率是指实际得到的筛下产物的质量 G_2 与入筛原物料中所含筛下产物的质量之比。这个比值（小于 1），称为筛分效率，用百分数来表示：

$$\eta = \dfrac{G_2}{G_1} \times 100\% \qquad (7\text{-}5)$$

式中　η——筛分效率，%；
　　　G_1——入筛物料中含小于筛孔颗粒的质量；
　　　G_2——实际得到的筛下产物的质量。

在实际生产中按式 7-5 求筛分效率是比较困难的，所以通常都按式 7-6 来计算筛分效率：

$$\eta = \dfrac{100(b - c)}{b(100 - c)} \times 100\% \qquad (7\text{-}6)$$

式中　b——入筛原物料中小于筛孔粒级含量的百分数；

c——筛上产物中所含小于筛孔粒级含量的百分数。

将入筛物料和筛上产物进行精确的筛分，根据筛分结果，即可求出 b 和 c。测定筛分效率所用的检查筛的筛孔应与生产上用的筛子的筛孔相同。

【例】 已知进筛物料的颗粒尺寸为 10～0.088mm，其中 10～5mm 的物料占 35%，5～3mm 的物料占 25%，3～1mm 的颗粒占 20%。选用筛孔尺寸为 5mm 的摇动筛筛分后，经分析，筛上料中大于 5mm 的颗粒占 85%，筛下料中大于 5mm 的颗粒占 20%，求该筛的筛分效率。

解：根据式 $\eta = \dfrac{100(b-c)}{b(100-c)} \times 100\%$ 及题意，可知入筛原物料中小于筛孔粒级含量的百分数，即 $b = 65\%(100\% - 35\%)$；筛上料中大于 5mm 的颗粒占 85%，则筛上产物中所含小于筛孔粒级含量的百分数 $c = 15\%$。因此 $\eta = \dfrac{100(65\% - 15\%)}{65\%(100 - 15\%)} \times 100\% = 77.04\%$。

工业上所用的各种筛子的筛分效率：固定条筛为 50%～60%，回转筛为 60%，摇动筛为 70%～80%，振动筛在 90% 以上。

7.1.1.5　影响筛分效果的因素

影响筛分效率和生产能力的因素很多，主要有三个方面。

A　物料的性质

(1) 颗粒的形状。球形颗粒容易通过方孔和圆孔筛；条状、片状以及多角形物料难于通过方孔和圆孔筛，但较易通过长方形孔筛。

(2) 物料的堆积密度。筛分能力与物料的堆积密度成正比，但在堆积密度较小的情况下，尤其是轻质物料，由于微粒的飘扬，上述正比关系便不易保持。

(3) 物料的粒度组成。含易筛粒多的物料容易筛分，含难筛粒多的物料则较难筛分。若含直径为 1～1.5 倍筛孔尺寸的颗粒，易卡在筛孔中，形成料层，影响细颗粒通过筛分；而直径大于 1.5 倍筛孔尺寸的颗粒形成的料层，对颗粒的穿透能力影响不大。因此，把粒度为 1～1.5 倍筛孔尺寸的颗粒叫做阻碍粒。物料含难筛粒和阻碍粒越多，则筛分效率越低。通常认为物料中最大颗粒不应大于筛孔尺寸的 2.5～4 倍。当物料中筛下粒级含量较少时，可采用筛孔较大的辅助筛网预先排出过粗的粒级，然后对含有大量细粒级的物料进行最终筛分，以提高筛分能力。

(4) 物料的含水量和含泥量。干法筛分时，若物料含有水分，筛分效率和筛分能力都会降低。在细筛网上筛分时，水分的影响更大。物料表面的水分使细颗粒相互黏结成团，并附着在大颗粒上，这种黏性物料将堵塞筛孔。另外，附着在筛丝上的水分，因表面张力作用，可能形成水膜，把筛孔掩盖起来，这样，阻碍了物料的分层和通过。

应当指出，影响筛分过程的并不是物料所含的全部水分，而只是表面水分，化合水分和吸附水分对筛分并无影响，因此吸湿性好的物料允许水分含量可高一些（图 7-10）。

物料中若含有泥质混合物，当含水量达到 8% 时会使细粒物料黏结在一起，再经筛面摇动即滚成球团，很快堵塞筛孔，筛分困难。为了筛分这类物料，可采用湿法筛分，在筛分时不断向筛面物料喷水，从图 7-10 可见，物料含水量超过某一值后，筛分效率反而提高，因为这时已有部分水分开始沿着颗粒表面流动，流水有冲洗颗粒和筛网的作用，改善筛分条件。

B 筛面结构参数及运动性质的影响

a 筛面结构参数

（1）筛孔形状。筛孔形状不同，物料的通过能力相差较大。一般采用方形筛孔，筛面开孔率较大，筛分效率较高。在选择筛孔形式时，应与物料的形状相适应。对于块状物料应采用正方形筛孔；当筛分粒度较小且水分较高时，可采用圆孔，以避免方形孔的四角发生粘连堵塞；对于条状、片状物料应采用长方形筛孔。

（2）筛面开孔率。筛孔面积与整个筛面面积之比值称为开孔率。开孔率大的筛面筛分效率和生产能力都高，但会降低筛面强度和使用寿命。

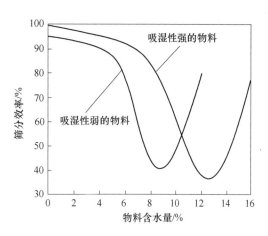

图 7-10　物料含水量与筛分效率的关系

（3）筛面尺寸及倾角。筛面的宽度主要影响生产能力，筛机长度则影响筛分效率。筛面宽度越大，料层厚度越薄；长度越大，筛分时间越长。料层厚度减少及筛分时间加长都有助于提高筛分效率。但筛面过长，筛分效率提高不多，而筛分机构笨重。筛面的长宽比 $\frac{L}{B}$ 应在适当的范围内。筛面长宽比过大，筛面上料层厚，细粒难于接近筛面通过筛孔；筛面长宽比过小，筛面料层厚度可减小，但颗粒在筛面上停留时间短，物料通过筛孔的机会减少。这两种情况都会使筛分效率降低，通常取 $\frac{L}{B} = 2.5 \sim 3$。

筛子倾斜安装可以提高送料速度，便于排出物料。倾角过小，生产能力减小；倾角过大，物料沿筛面运动速度过高，物料筛分时间缩短，筛分效率降低。因此，筛分倾角要选择合适，固定筛的倾角一般为 $40° \sim 45°$，振动筛的倾角一般为 $0° \sim 25°$。

b 筛面运动特性

筛面与物料的相对运动是进行筛分的必要条件。按相对运动方向的不同，可分为两种类型：一种是颗粒主要垂直筛面运动，如振动筛；另一种是颗粒主要平行筛面运动，如筒形筛、摇动筛等。颗粒做垂直筛面运动，物料堵塞筛孔的现象减轻，物料层的松散度增大，颗粒通过筛孔的概率增大，筛分效率得以提高。各类筛中，固定筛的筛分效率最低；回转筛由于筛孔容易堵塞，筛分效率也不高；摇动筛上的物料主要是沿筛面滑动，而且摇动频率也比振动筛的频率小，所以筛分效率也较振动筛低；振动筛上的物料在筛面以接近于垂直筛面的方向被抖动，而且振动频率高，所以筛分效率最高。各种筛机的筛分效率见表 7-2。

表 7-2　各种筛机的筛分效率

类型	固定筛	回转筛	摇动筛	振动筛
筛分效率/%	$50 \sim 60$	60	$70 \sim 80$	>90

筛面的运动频率和振动幅度影响到颗粒在筛面上的运动速度和通过筛孔的概率，对筛

分效率影响很大。筛分效率主要是依靠振幅与频率的合理调整来得到改善。对于粒度较小的物料筛分，宜用小振幅高频率的振动。

C 操作条件的影响

（1）给料的均匀性。连续均匀的给料，使单位时间的加料量相同，而且入筛物料沿筛面宽度分布均匀，才能使整个筛面充分发挥作用，有利于提高筛分效率和生产能力。在细筛筛分时，加料的均匀性影响更大。

（2）加料量。加料量少，筛面料层厚度薄，可提高筛分效率，但生产能力降低；加料量过多，料层过厚，容易堵塞筛孔，增加筛子负荷，不仅降低筛分效率，而且筛下料总量也不会增加。

7.1.2 回转筛

7.1.2.1 回转筛工作原理、类型及性能

回转筛是以筒形筛面做回转运动的筛机。回转筛按筛面形状的不同，分为圆筒筛、圆锥筛、多角筒筛（也称角柱筛）和角锥筛四种，如图 7-11 所示。锥筛水平安装，筒筛呈稍倾斜安装，倾角为 5°~11°。

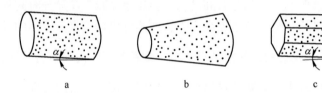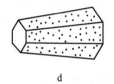

图 7-11 回转筛类型

a—圆筒筛；b—圆锥筛；c—角柱筛；d—角锥筛

角锥筛以六角形截面为主，也称六角筛，如图 7-12 所示。电机经减速器带动筛机的中心轴 1，从而使筛面 2 做等速旋转。物料由进料口 3 加入，在筒内由于摩擦力作用被带至一定高度，然后因重力作用沿筛面向下运动，随后又被带起，物料在筒内的运动轨迹为螺旋形。这样一边进行筛分，一边沿倾斜的筛面逐渐移向卸料端。细粒通过筛孔落入料斗 7，粗粒由筛筒的卸料端排出。

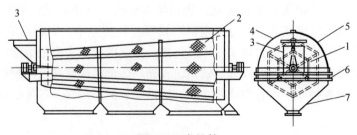

图 7-12 角锥筛

1—中心轴；2—筛面；3—进料口；4—机壳；5—机壳开盖；6—机架；7—料斗

多角筛与圆筒筛相比，因物料在筛面有一定的翻动，产生轻微的抖动，故筛分效率较高。

回转筛的优点是：（1）转动均匀缓慢，冲击和振动小，工作平稳；（2）不需要特殊基础，可安装在楼面上或料仓下面；（3）易于密封收尘；（4）维修方便，使用寿命较长。其主要缺点是：（1）筛面利用率低，工作面积仅为整个筛面的 1/8～1/6；（2）设备庞大，金属用量多，筛孔易堵塞，筛分效率低，动力消耗大，不适于筛分含水量较大的物料。

7.1.2.2 回转筛的工作参数

A 筒筛尺寸和喂料粒径

通常筒筛直径 D 应大于最大喂料粒径 d_{max} 的 14 倍，即

$$D \geqslant 14d_{max} \tag{7-7}$$

筒筛长度通常选取：

$$L = (3 \sim 5)D \tag{7-8}$$

增加筛体长度，可延长物料在筒内下滑的路程，提高筛分效率，但实践证明，多数筛下料在距进料端 0.6m 内已被筛出，故筒体不宜过长，一般取 1640～2100mm 之间。

B 筒筛的转速

回转筛的转速适当提高，物料在筒体内提升较高，物料下滑的路程较长，有利于筛分能力的提高，但若转速过高，惯性离心力致筛内物料贴附在筛面上一起转动，使筛分不能进行。

筒筛的轴线倾角不大，可近似认为筒体水平安装，物料在筒内的受力分析如图 7-13 所示。

物料颗粒与筛面一起回转时，所具有的惯性离心力为：

$$F_c = \frac{G}{g} \times \frac{v^2}{R} \tag{7-9}$$

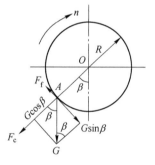

图 7-13 物料在筒体内的受力分析

式中　G ——颗粒的质量，N；

　　　R ——筒体内半径，m；

　　　g ——重力加速度，m/s²；

　　　v ——颗粒的线速度，m/s，$v = \dfrac{\pi n R}{30}$；

　　　n ——筒体转速，r/min。

当物料颗粒沿筒体切线方向的重力等于物料与筒体的摩擦力时，颗粒将开始向下滚动，此时：

$$G\sin\beta - f(G\cos\beta + F_c) = 0 \tag{7-10}$$

将式 7-9 代入式 7-10 得：

$$n = 30\sqrt{\frac{\sin\beta - f\cos\beta}{fR}} \tag{7-11}$$

式中　β ——颗粒上升角，（°）；

　　　f ——物料对筛面的摩擦系数；

其他符号意义同前。

实践证明，当 $\beta = 40° \sim 45°$ 时，筛分才能顺利进行，取 $f = 0.7$，则：

$$n = \frac{8}{\sqrt{R}} \sim \frac{14}{\sqrt{R}}$$

式中 R——筒体内半径，m。

回转筛的圆周速度一般为 0.6~1.25m/s，通常取 0.7~1m/s。

C   回转筛的生产能力

回转筛的生产能力（t/h）与筛机的规格、筛孔尺寸、筛子的倾角、物料的含水量、单位时间内加入的物料量以及筛子的转速等有关。至今没有一个完善的计算公式，一般按下式进行估算：

$$Q = 0.6n\rho_s \tan 2\alpha \sqrt{R^3 h^3} \tag{7-12}$$

式中 n——回转筛的转速，r/min；

ρ_s——物料的堆积密度，t/m³；

α——筛子的倾角，一般为 5°~11°；

R——筛子内半径，m；

h——物料层厚度，m，一般为 5~50mm，当 $h = 10~25$mm 时筛分效率最高。

D   回转筛功率

回转筛所需功率主要消耗于轴颈在轴承中的摩擦、物料在筛面滑动的摩擦以及提升物料等。回转筛的电动机功率可按下式计算：

$$N = [f_2 r(m + m_0) + 2f_1 m_0 R] \cdot \frac{n}{\eta} \tag{7-13}$$

式中 N——回转筛功率，kW；

r——轴颈半径，m；

m——筛子质量，kg；

m_0——筛内物料质量，kg；

f_1——物料与筛面间的摩擦系数，一般取 $f_1 = 0.7$；

f_2——轴颈与轴承间的摩擦系数，一般取 $f_2 = 0.1$；

n——筛子转速，r/min；

η——传动效率，一般取 $\eta = 0.8$。

7.1.3   摇动筛

7.1.3.1   摇动筛构造及其工作原理

摇动筛常用曲柄连杆传动机构使支承在铰链上的筛箱做往复摆动。由于筛面的不均匀运动，使筛面上的物料产生惯性力，克服物料与筛面的摩擦力，因而使物料与筛面间产生相对运动，并使物料以一定速度向卸料端移动，从而得以筛分。因此，摇动筛的特点是：筛面的位移和运动轨迹都由传动机构确定，不会因筛面的载荷等动力因素而变化。

摇动筛的筛面宽度一般为 0.5~3m，长度为 1.5~8m，通常长宽比为 2~3。筛面可为单层或多层；筛面设置可为水平或倾斜（图 7-14），倾斜度视物料的性质而异，一般为 10°~20°，湿筛的斜度可减小至 5°~10°。

摇动筛与回转筛比较，它的筛面可全部利用，运动特性也较好，因此筛分能力和筛分效率较高，但其动力不能完全平衡，筛孔容易堵塞，效率没振动筛高。

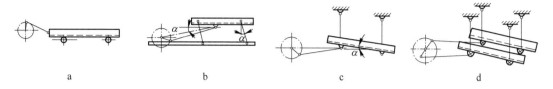

图 7-14　摇动筛的主要类型

a—滚动支承；b—弹性支承；c—吊杆悬挂；d—共轴双筛箱

7.1.3.2　摇动筛的工作参数

A　转速

摇动筛的类型虽多，但各种摇动筛的构造和传动机构都可归纳为图 7-15 所示。筛箱或悬挂在铰链吊杆 AB 上，或是支承在铰链支架 AF 上。吊杆或支架与铅垂线方向成 β 角，筛面与水平方向成 α 角。曲柄 OE 装在传动轴 O 上，曲柄经连柄 $O'E$ 使筛箱做往复摆动。连杆与筛箱铰接于 O' 上，OO' 连线与水平方向成 γ 角。当筛箱运动时，活铰 A 及 A' 的中心以 AB（或 AF）为半径做弧线摆动。由于半径远较摆幅为大，筛箱可近似看成做直线的往复运动，故弧线可以用通过活铰中心 A 且与吊杆 AB（或支架 AF）垂直的线段 DD 代替。显然 DD 与水平方向的夹角也是 β。连杆长度也远较曲柄长度 r 为大，故可认为当曲柄转动时连杆在空间做平行移动，即 r 为一定。

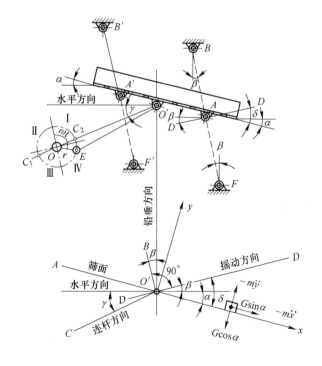

图 7-15　摇动筛工作示意图

曲柄的转速不能过低，否则物料在筛面上相对静止，不能进行筛分；但也不能过高，以免物料跳过筛孔甚至弹出筛外而不能进行有效筛分。因此，为了顺利地进行筛分，曲柄的转速应适宜，使物料与筛机间有不对称的相对滑动。当曲柄位于第Ⅱ和第Ⅲ象限时，物料可能沿筛面向上运动，或称为反向滑动，因为这时筛面所获得的加速度方向向右，相对的物料惯性力的方向应向左。曲柄位于第Ⅰ和第Ⅳ象限时，物料可能沿筛面向下运动，或称正向滑动，同时也可能发生物料往上抛起现象。

当曲柄以角速度 ω 转动时，筛箱的摆动距离为：

$$s = \lambda \sin\omega t \tag{7-14}$$

式中　λ ——筛箱摆幅，等于筛箱偏离其平衡位置的极大距离；

　　　t ——曲柄转动的时间。

摆幅与曲柄长 r 的关系为：

$$\lambda \approx \frac{r}{\cos(\gamma - \beta)} \tag{7-15}$$

式中　$\gamma - \beta$ ——连杆与筛箱摆动方向的夹角。

以筛面方向为坐标 x 方向，则在筛面方向以及在垂直于筛面的方向上筛箱运动的位移 x、y，速度 $\dot{x}$、$\dot{y}$ 以及加速度 $\ddot{x}$、$\ddot{y}$ 分别为：

$$x = \lambda\cos\delta\sin\omega t \ , \ y = \lambda\sin\delta\sin\omega t$$

$$\dot{x} = \lambda\omega\cos\delta\cos\omega t \ , \ \dot{y} = \lambda\omega\sin\delta\cos\omega t$$

$$\ddot{x} = -\lambda\omega^2\cos\delta\sin\omega t \ , \ \ddot{y} = -\lambda\omega^2\sin\delta\sin\omega t$$

式中　δ ——筛箱摆动方向与筛面方向的夹角。

处在筛面上的物料颗粒跟随筛箱一起运动时，在 x 轴方向上所受作用力为

$$F_x = -m\ddot{x} + G\sin\alpha$$

式中　$-m\ddot{x}$ ——颗粒惯性力的分力；

　　　m ——颗粒质量；

　$G\sin\alpha$ ——颗粒所受重力的分力。

在 x 轴方向上颗粒所受摩擦阻力为：

$$F_f = f(m\ddot{y} + G\cos\alpha)$$

式中　f ——颗粒与筛面间的摩擦系数；

　$m\ddot{y}$ ——颗粒惯性力的分力；

$G\cos\alpha$ ——颗粒所受重力的分力。

当 $F_x \geqslant F_f$ 时，颗粒即可在筛面上顺着 x 轴方向滑动，此时：

$$-m\ddot{x} + G\sin\alpha \geqslant f(m\ddot{y} + G\cos\alpha)$$

令颗粒在筛面上的摩擦角 $\varphi = \arctan f$，并将 $\ddot{x}$、$\ddot{y}$ 值代入上式得：

$$\omega^2 \geqslant \frac{g\sin(\varphi - \alpha)}{\lambda\sin\omega t\cos(\varphi - \delta)}$$

相位角 ωt 在 $0\sim2\pi$ 之间变动，$\sin\omega t$ 的极大值为+1。当 $\sin\omega t = 1$ 时，上式的 ω 即表示使颗粒在 x 方向上滑动时曲柄所应具有的最低角速度。于是：

$$\omega_{\min} = \sqrt{\frac{g\sin(\varphi - \alpha)}{\lambda\cos(\varphi - \delta)}}$$

因为 $\omega = \dfrac{2\pi n}{60}$，$n$ 为曲柄每分钟转速数，故：

$$n_{\min_1} = 30\sqrt{\frac{\sin(\varphi - \alpha)}{\lambda\cos(\varphi - \delta)}} \tag{7-16}$$

式中　$n_{\min_1}$——曲柄每分钟转速，r/min；

　　　λ——摆幅，m。

用此式确定的转数称为摇动筛的第一转速。

在反 x 方向上，颗粒所受作用力为：

$$F_{-x} = m\ddot{x} - G\sin\alpha \tag{7-17}$$

如果 $F_{-x} \geq F_f$，则颗粒将在筛面上逆着 x 方向滑动。此时：

$$m\ddot{x} - G\sin\alpha \geq f(m\ddot{y} + G\cos\alpha)$$

于是可推导出与此情况相应的曲柄最低转数：

$$n_{\min_2} = 30\sqrt{\frac{\sin(\varphi + \alpha)}{\lambda\cos(\varphi + \delta)}} \tag{7-18}$$

用此式确定的转数称为摇动筛的第二转速。

最后，如果 $-m\ddot{y} \geq G\cos\alpha$，这时颗粒将从筛面上抛起。于是可推导与此情况相应的曲柄最低转数为：

$$n_{\min_3} = \sqrt{\frac{\cos\alpha}{\lambda\sin\delta}} \tag{7-19}$$

式中　$n_{\min_3}$——摇动筛的第三转速，r/min；

　　　λ——摆幅，m。

用此式确定的转数称为摇动筛的第三转速。

通常摇动筛的工作转速介于第一和第二转速之间。对于细筛，宜取较小的振幅和较高的转速；粗筛则相反。

B　生产能力

喂到摇动筛上的物料不断沿着筛面运动。因此，对于喂入物料来说的生产能力（m^3/h）为：

$$Q_0 = 3600KBhv \tag{7-20}$$

式中　B——筛面宽度，m；

　　　h——刚喂到筛面上的物料层厚度，m，$h = (1 \sim 2)d_{\max}$，$d_{\max}$ 为物料中最大颗粒的直径；

　　　K——松散系数，$K = 0.4 \sim 0.6$；

　　　v——筛上料平均移送速度，m/s。

筛上料平均送料速度 v 的大小与筛面倾角的大小有关，也与筛面运动的加速度 $a = \omega^2\lambda = \dfrac{\pi^2 n^2\lambda}{900}$ 或动力系数 $n^2\lambda$（m/min）大小有关。这两者越大，则 v 也越大，通常 $v = 0.05 \sim 0.25$ m/s。

C　功率

摇动筛的功率消耗在使筛箱获得功能以及消耗在克服运动阻力上。从理论上讲，由于筛箱做往复摆动，在摆动的前半周产生动能所消耗的功率，在后半周能够回收。不过事实表明，由于能量的散失及摩擦力的关系，在后半周也还得消耗一定的功率才能使筛箱摆动。因此，每次摆动的能量消耗为：

$$E = 2\frac{mv^2}{2} = \frac{m\pi^2\lambda^2 n^2}{900} \tag{7-21}$$

所以功率消耗（kW）为：

$$N = \frac{En}{1000 \times 60} = \frac{m\lambda^2 n^3}{5.48 \times 10^6} \tag{7-22}$$

式中 m ——摇动筛摆动部分（包括物料）的质量，kg；

λ ——筛箱摆幅，m；

n ——曲柄转速，r/min。

筛的传动效率为 0.7，则电动机功率消耗（kW）为：

$$n_M = \frac{m\lambda^2 n^3}{3.8 \times 10^6} \tag{7-23}$$

式中符号意义同前。

7.1.4 振动筛

7.1.4.1 振动筛工作原理及性能

振动筛是依靠激振器使筛面产生高频振动进行筛分的机械。根据振动筛筛箱的运动轨迹不同，有单轴惯性振动筛、自定中心振动筛、双轴惯性振动筛和共振筛之分。耐火材料生产过程中，广泛采用前两种振动筛作为检查筛和粒度分级用。各种振动筛结构上的共同点是筛箱用弹性支承并带有激振器。筛箱在激振器的作用下，产生圆形、椭圆形或直线轨迹的高频振动。

振动的目的在于使筛面上颗粒不致卡住筛孔，使物料层松散，细粒更有机会透过料层通过筛孔落下，使物料沿筛面向前移动进行筛分。振动的条件应以不致使物料弹跳出筛面为限。因此，振动筛一般处于小振幅、高频状态下工作，振幅大致在 0.5~5mm 范围，振动频率在 600~3000min⁻¹ 之间，有时可达 3600min⁻¹。有些振动筛由于筛面没有给予物料向前运动的分力，因此它的安装角要比摇动筛大，通常在 8°~40°之间，以使物料能在筛分中向前移动。

振动筛与其他筛分机比较，振动筛筛箱的运动参数（轨迹形状、振幅大小等）与动力因素（筛箱负荷、激发力大小等）有关，前者随后者而变化。但摇动筛则相反，由于连杆长度、摆动次数和摆动距离不变，故连杆与筛箱虽是铰接，但却是刚性联系，故筛箱的运动参数与动力因素无关；摇动筛的筛分运动方向基本上平行于筛面，而振动筛振动方向与筛面垂直，并进行高频的强烈振动。振动筛的这种运动特性有助于强化筛分过程，使筛机具有很高的生产能力和筛分效率，筛分效率为 60%~90%，最高可达 98%。筛分黏湿物料时，其工作指标也比其他类型的筛机要高。这种高效率的振动对提高细筛的筛分效率特别有利，因此使用范围比其他筛机要广。筛孔尺寸 0.25~100mm，不仅可用于粗、中、细颗粒的筛分，而且还可用于脱水和脱泥等分离作业。单位质量的筛分能力大，动力消耗低，结构简单，操作、调整、维修方便。

激振器激振的方法有使用不平衡旋转、偏心轴旋转产生的机械力以及电磁的间歇吸力等。因此，振动筛按驱动方式可分为机械振动筛和电磁振动筛两类。机械振动筛有偏心振动筛、惯性振动筛、自定中心振动筛和共振筛等，电磁振动筛有电振筛和概率筛等。

7.1.4.2 振动筛构造

A 偏心振动筛

偏心振动筛的结构如图 7-16 所示。筛的传动轴 3 支承于固装在筛架 1 上的滚动轴承 2 内。传动轴的偏心轴颈套上另一对轴承 4，这对轴承的外壳固定在筛框 6 的中部。筛箱的两端则弹性支承，用弹簧 5 支撑在筛架上。筛箱内可以是单层筛网或多层筛网 7。筛箱倾斜摆放，与水平成 20°的倾角，可在±5°范围内调整。

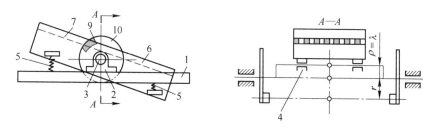

图 7-16　偏心振动筛

1—筛架；2，4—轴承；3—传动轴；5—弹簧；6—筛框；
7—筛网；8—胶带轮；9—偏心对重；10—转盘

电动机通过胶带驱动胶带轮 8，使偏心轴旋转，与偏心轴颈相连的筛箱中部就跟着作圆周振动。筛箱两端由于受到弹簧的牵连，作椭圆振动（图 7-17），使喂入物料在筛面上产生相对运动而筛出。

偏心轴的中部用套管保护，在传动轴的非偏心部分还装有一对带偏心对重 9 的转盘 10，用来平衡筛子工作时的惯性力，工作时应该使

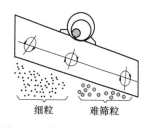

图 7-17　偏心振动的振动轨迹

$$mω^2ρ = m_0ω^2r$$

式中　m ——筛的振动部分质量，kg；

　　　$ω$ ——偏心轴的角速度，rad/s；

　　　$ρ$ ——偏心轴的偏心距，m；

　　　m_0 ——偏心对重质量，kg；

　　　r ——偏心对重重心与转动中心的距离，m。

实际上，筛机工作时，因喂料不均匀或其他原因，筛机振动部分的质量会经常发生波动，筛体的惯性力不能得到完全平衡，会引起支承轴承及建筑物振动。

偏心振动筛有多种结构形式，它们的差别主要是采用不同类型的支承装置，如用板弹簧、螺旋弹簧或弹性吊杆等。

偏心振动筛的中部，振幅的大小及运动轨迹的形状完全是由偏心轴的偏心距所决定的，不受动力因素（筛面负载等）的影响，这点与纯振动筛不同，故又称为半振动筛。

偏心振动筛的特点是依靠振动工作，且靠近筛中部的运动特性不受筛箱载荷等因素影响，故适用于粗、中粒度物料的筛分。这种筛机的缺点是：当喂料不均匀时，不平衡的惯性力使轴承磨损加快，并可能引起建筑物的振动，同时其偏心传动轴结构较复杂，需设置两对轴承。

B 惯性振动筛

惯性振动筛是靠固装在其中部的带偏心重的惯性激振器驱动，而使筛箱产生振动的。按激振器不同，可分为单轴振动筛（图 7-18a、b）和双轴振动筛（图 7-18c）。单轴振动筛又分为纯振动筛和自定中心振动筛，是由单轴激振器回转时产生的惯性力驱使筛箱振动，筛箱运动轨迹为圆形+或椭圆形，属圆振动筛，而双轴振动筛则属直线振动筛。

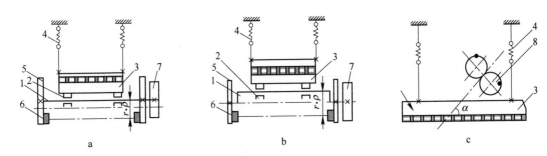

图 7-18 惯性振动筛类型

a—纯振动筛；b—自定中心振动筛；c—双轴振动筛

1—传动轴；2—轴承；3—筛箱；4—吊杆弹簧；5—转盘；6—偏心重；7—胶带轮；8—双轴激振器

纯振动筛如图 7-18a 和图 7-19 所示。筛箱通过吊杆弹簧 4 悬起，或用板簧 4 弹性固定在筛架上，筛架可安放刚性支承上，也可用挠性吊杆 8 悬起。传动轴 1 的轴承 2 固定在筛箱 3 上，轴承中心与胶带轮 7 中心位于同一直线上。传动轴的转盘 5 上挂有偏心重 6，当传动轴经三角胶带用电动机带动时，由于偏心重惯性力的关系，使得筛箱产生圆周振动。

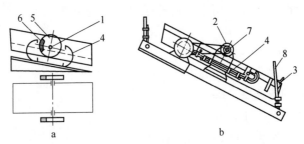

图 7-19 纯振动筛

a—原理图；b—结构简图

1—传动轴；2—轴承；3—筛箱；4—板簧；5—转盘；6—偏心重；7—胶带轮；8—挠性吊杆

纯振动筛的结构简单，筛箱振动时的惯性力经过弹簧消振，不易传给筛架，这些是它的优点。

惯性振动筛工作时，偏心重所产生的激振力与筛重的关系为：

$$m_0 r = m\lambda \tag{7-24}$$

式中　m_0——偏心重质量，kg；

　　　r——偏心重的重心与旋转中心的距离，m；

　　　m——筛的振动部分质量，kg；

　　　λ——筛箱的振幅，m。

　　所以筛箱的振幅随着筛面负载而变。因喂入物料不均匀，筛面负荷过重，振幅减小，致使筛孔发生堵塞，影响筛分效率。另外，工作时胶带轮也跟随筛箱一起振动，使得胶带跳动，不但胶带容易脱落损坏，而且还使电动机轴受到冲击，影响使用寿命。因此，纯振动筛的振幅较小，一般不大于3mm，这些都是纯振动筛的缺点。

　　为了改善振动筛的工作条件，可以在传动轴上与轴承配合的地方设置一对偏心轴颈，这就成为自定中心振动筛（图7-18b）。若这种筛转盘上的平衡对重能满足下述关系：

$$m_0 r = m\rho \tag{7-25}$$

式中　ρ——为偏心轴的偏心距，m；

　　其他符号意义同前。

则在工作时，对传动轴的转动中心来说，处于动力平衡状态。所以可以保持传动轴在空间的位置基本不变，筛箱以一定的振幅 ρ 振动。若偏心对重 m_0' 不能满足动力平衡条件时，且 $\dfrac{m_0'}{m_0} = k$，则由于传动轴受到惯性力的作用，将引起其空间位置的变化，以振幅 R 振动达到新的平衡状态，此时：

$$m_0' r = m(\rho + R) \tag{7-26}$$

　　将式7-25与式7-26相除，经整理得：

$$R = \rho(k - 1) \tag{7-27}$$

　　设 $\rho = 2$mm，而 $k = 1$mm，可以认为传动轴的空间位置几乎不变，故这种筛称为自定中心振动筛。

　　自定中心振动筛胶带轮的中心有着固定的空间位置，工作时传动胶带不会跳动，可以用较大的振幅工作，这是它优于纯振动筛之处。另外其运动特性与偏心振动筛相似，但不像偏心振动筛那样需要两对轴承，构造简单；同时筛箱的振动不需要精确平衡，这是它优越于偏心振动筛之处。因此，自定中心振动筛在耐火材料等无机非金属材料工业得到广泛应用，主要用于物料的中细粒度的筛分作业。

　　上述两种惯性振动筛属圆振动筛，惯性振动方向不定。目前耐火材料等无机非金属材料工业生产中广泛应用的是定向振动的双轴惯性振动筛，如图7-18c及图7-20所示。

　　双轴惯性振动筛的筛箱振动由双轴激振器来实现。双轴激振器如图7-21所示，它有两根主轴，两轴上都有质量和偏心距均相等的偏心重，两轴彼此用齿轮副传动，做等速反向转动。两不平衡轴的相位相反，偏

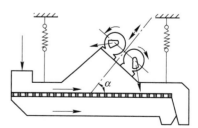

图7-20　双轴惯性振动筛

心重 A 和 A' 无论在何位置上，它们所产生的合力总是沿着 X 轴的方向（图7-21b），而惯性离心力在 Y 方向上的分力相互抵消，使筛箱沿着 X 轴直线方向振动。因此是一种直线

振动筛。激振器的激振力变化范围从零到最大值，转盘每转180°，合力的方向改变一次。由于激振器与筛面成35°～55°交角安装，振动方向线与水平面有一定的倾角，因此，这类筛机不需倾斜安装。

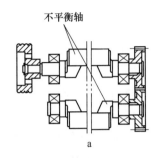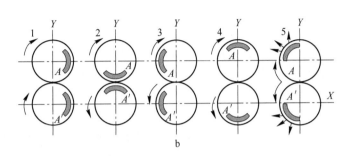

图 7-21 双轴激振器

a—结构简图；b—工作原理图

双轴惯性振动筛的转速计算可按摇动筛原理导出。

双轴惯性振动筛的激振器比较复杂，制造成本较高，因此不如单轴振动筛应用普遍，工业上主要用于中细筛作业。

三种常用的振动筛结构比较列于表7-3。

表 7-3 偏心、惯性、自定中心振动筛比较

偏心振动筛	惯性振动筛	自定中心振动筛
（1）构造复杂，具有两对轴承	（1）构造简单，只有一对可动轴承，没有固定轴承	（1）构造介于偏心和惯性之间，只有一对可动轴承
（2）具有偏心轴，并引起筛框振动	（2）轴承上无偏心轴颈	（2）轴承偏心式自定中心振动筛轴承上有偏心轴颈
（3）轴上安有两个非平衡轮，用以平衡筛框的惯性力，其上的配重需严格选定	（3）轴上安有两个惯性轮，并由它引起筛框的振动	（3）轴上安有两个非平衡轮，用以平衡筛框的平衡力，其上的配重不需严格选定
（4）筛框通过弹簧减振器和固定轴承支撑在固定筛架上	（4）通过弹簧悬挂或支撑在支架上，没有固定筛架	（4）筛框通过带弹簧的拉杆悬挂于支架上，没有固定筛架

C 共振筛

共振筛是基于接近共振状态下进行工作的一种振动筛。图7-22所示为最常用的双质量系统共振筛。

它由两个振动质量接近相等的振动系统组成，这样可使振动机体作用在基础上的负荷得到平衡。筛箱1由弹性支杆所支承，筛箱的末端由弹性连杆2驱动。弹性连杆和筛箱都安装在对重3上。对重由弹簧4支承于基础5上。在对重上有若干个弹性框架6。这些弹性框架与对重制成一体，与筛箱相联，构成振动系统。筛箱由偏心轴套7带动头部装有弹簧的连杆驱动，驱使上下筛箱在45°振动方向上做相对运动。此时，筛箱是在接近共振的低临界状态下工作。

共振筛是一种直线振动筛，它的优点是耗电少，传给基础的负荷小，生产能力和筛分

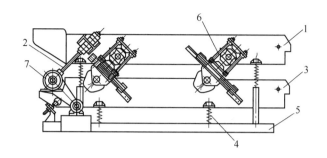

图 7-22　双质量系统共振筛

1—筛箱；2—弹性连杆；3—对重；4—弹簧；5—基础；6—弹性框架；7—偏心轴套

效率高，适用于中细粒级的物料筛分及脱水、脱泥作业，它的缺点是结构复杂，筛箱构件要承受较大的冲击载荷，容易损坏，调整较复杂，因此限制了其推广使用。

  D　电磁振动筛

  电磁振动筛是利用电磁激振器来使筛面实现振动的。筛机处于共振状态下工作，筛箱做直线振动，它的运动特性与双轴惯性振动筛相似。

  电磁振动筛如图 7-23 所示，筛箱 1 和筛箱上的激振器衔铁 2 组成的振动机体为筛机的工作质量 m_1，辅助重物 3 和激振器的电磁铁 4 组成筛机的平衡质量 m_2，两质量机体间用弹簧 5 连接。整个系统用弹簧吊杆 6 悬挂在固定的支架结构上，激振器通入交变电流时，衔铁 2 和电磁铁 4 的铁芯交替地相互吸引和排斥，使两质量机体产生振动。如果机体的质量和弹簧 5 刚度选择适合，就可使振动系统调节到接近共振状态下工作。激振器倾斜安装在筛箱上，筛面水平或稍微倾斜安装，筛箱的振动使物料跳动，并沿筛面移动，使物料得到筛分。

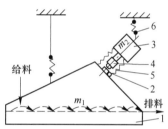

图 7-23　电磁振动筛

1—筛箱；2—衔铁；3—辅助重物；
4—电磁铁；5—弹簧；6—弹簧吊杆

  电磁振动筛无传动部件，结构简单紧凑，耗电少，筛分效率可达 98%，适宜于作密封筛分，便于自动控制。它的振幅小（2~4mm），振动频率高（可达 3000min^{-1}），比较适宜于细粒级物料的筛分。

  E　概率筛

  筛分方法的共同特点是筛分粒度与筛孔尺寸紧密配合。这种传统的筛分方法存在的问题是：筛面磨损严重、单位面积筛分能力低、筛面常堵塞、许多细粒掺杂在筛上产物里。

  概率筛又称摩根森（Mogensen）筛，它虽也是一种振动筛，但其工作原理与惯性振动筛完全不同。它利用大筛孔、多层筛面、大倾斜角的原理进行筛分，因而大大减少了难筛临界粒度以及筛上搭桥等现象。

  概率筛如图 7-24 所示，筛箱 1 通常用弹簧吊在楼板或钢架上，筛箱上安置 3~6 层筛面 2，最上层筛面的筛孔尺寸最大，依次往下缩小（也可采用同样筛孔的筛面）。各筛面以不同倾角排列，倾斜依次扩大。激振器 3 可采用偏心惯性激振器或电磁激振器，可安装在筛箱左上部或后壁下方。物料从上部喂入，当筛机振动工作时，物料被各层筛网所分级，筛下料自下方卸出，各筛面的筛上料可汇集在一起排出（要求筛分两种级别时），或分别排出（要求筛分多种级别时）。

概率筛的筛分粒度远小于筛孔尺寸，原因是筛面倾角大，有效筛孔尺寸小于实际筛孔尺寸，概率筛利用筛网的不同倾角其筛孔投影面积不同，而使大小不同颗粒通过筛孔的概率不等来进行分级。另外，粗颗粒通过筛孔的概率较小，而细颗粒的概率较大，当它们通过多层筛网时，细颗粒通过的层数较多，而粗颗粒则被中间筛网截留，于是不同粒级的颗粒就被依次分开。合理布置筛网的倾角，可

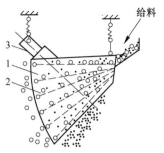

图 7-24   概率筛示意图
1—筛箱；2—筛面；3—电磁激振器

使概率变化的幅度进一步加大，于是筛下料的粒度又能进一步得到控制，可按要求筛分出两种以上粒度产品，而筛分精度很高。

由于概率筛筛孔较大，细粒级能迅速通过筛孔排出，因而不致形成阻碍过筛的料层，粗颗粒可以迅速散开并向卸料端运动，从而使筛分效率和筛分能力很高。

概率筛的特点是：（1）筛丝直径较粗，强度大，寿命长；（2）筛孔大，不易堵塞，因而单位面积的筛分能力高，为一般筛机的数倍至十多倍；（3）筛分小而湿物料时，筛分效率也比一般筛机高很多；（4）调节性高，可根据筛分物料的粒度组成和筛分粒度要求，适当选择各层筛面的筛孔尺寸，调整筛面的倾角以及调节激振器的频率的振幅来调节筛下产品的粒度，而不必像一般筛机只能更换筛网；（5）概率筛结构紧凑，筛箱可全封闭操作，功率消耗及工作噪声都小，是一种有发展前途的筛机。

7.1.4.3   工作参数的确定

A   振动角与振幅

a   筛面倾角

筛面倾角影响筛分能力和筛分效率。当筛机其他参数确定后，筛面倾角越大，筛分能力越大，但筛分效率降低。

圆形轨迹振动筛的筛面倾角取 $15° \sim 25°$。在破碎车间时多选择 $\alpha = 20°$，对于黏湿物料的筛分取大值，偏心振动取 $\alpha = 20°$。

直线轨迹振动筛及共振筛取 $\alpha = 0° \sim 8°$。特殊情况下，还可取负值，即筛面沿物料运动方向略为上倾，上倾角小于 $2°$。用于脱水时，取 $\alpha = -5° \sim 0°$。

b   振动方向角

双轴振动筛或共振筛一般接近水平安装，为了保证物料的移动，必须有振动方向角。振动方向角大，物料抛掷高，筛分效率高，适用于难筛物料；振动方向角小，物料运动速度快，生产能力高，适用于易筛物料。振动方向角一般取 $30° \sim 65°$，为了适应各种筛分的需要，目前，双轴振动筛和共振筛多采用 $45°$ 的振动方向角。

c   振幅

振动筛的振幅一般在 $2 \sim 8mm$。当筛孔较小或用于脱水时，取小值；当筛孔较大时，取大值。如果筛孔易被难筛颗粒卡住时，可取较大值，有利于颗粒的跳出。筛孔尺寸与振幅 λ 值的关系见表 7-4。

表 7-4　筛孔尺寸与振幅 λ 的关系

筛孔尺寸/mm	1	2	6	12	25	50	75	100
振幅/mm	1	1.5	2	3	3.5	4.5	5.5	6.5
转速/r·min^{-1}	1600	1500	1400	1000	950	900	850	800

用作预先筛分的单轴振动通常取 $\lambda = 2.5 \sim 3.5$mm，用作最终筛分的单轴振动筛取 $\lambda = 3 \sim 4$mm，双轴振动筛取 $\lambda = 3.5 \sim 5.5$mm，共振筛取 $\lambda = 6 \sim 15$mm。

B　振动频率

做圆周振动的振动筛的运动分析见图 7-25，筛面上任何一点的运动方程式为：

$$\begin{cases} x = -\lambda\cos\omega t \\ y = \lambda\sin\omega t \end{cases} \qquad (7\text{-}28)$$

式中　λ——筛面振幅；

ω——圆周运动的角速度；

t——振动时间。

于是，筛面运动某一时刻的速度、加速度分别为：

$$\dot{x} = \omega\lambda\sin\omega t \text{ , } \dot{y} = \omega t\cos\omega t \qquad (7\text{-}29)$$

$$\ddot{x} = \omega^2\lambda\cos\omega t \text{ , } \ddot{y} = -\omega^2\lambda\sin\omega t \qquad (7\text{-}30)$$

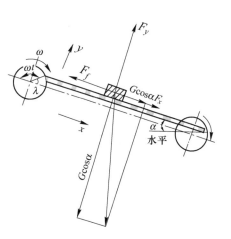

图 7-25　圆振动筛的运动分析

在筛上的物料颗粒受到重力、筛面加速度运动时所引起的惯性以及筛面摩擦力的作用。当这三者之间成如下关系时，颗粒就顺着筛面、逆着筛机滑动，或在筛面上被抛起：

$$G\sin\alpha + F_x \geqslant F_f$$
$$-F_x \geqslant F_f + G\sin\alpha \qquad (7\text{-}31)$$
$$F_y \geqslant G\cos\alpha$$

式中　F_x，F_y——在筛面方向上和垂直于筛面的方向上颗粒的惯性力；

F_f——筛面的摩擦力；

G——颗粒所受重力。

因为

$$F_x = -m_1\ddot{x} = -m_1\omega^2\lambda\cos\omega t$$

$$F_y = -m_1\ddot{y} = m_1\omega^2\lambda\sin\omega t$$

$$F_f = f(G\cos\alpha - F_y) = f(G\cos\alpha - m\omega^2\lambda\sin\omega t)$$

式中　m_1——颗粒质量；

f——颗粒与筛面间的摩擦系数，$f = \arctan\varphi$，φ 为摩擦角；

α——筛面倾斜角。

将 F_x、F_y 及 F_f 等值代入式 7-31，且因 $\omega = \dfrac{\pi n}{30}$，其中 n 为筛面每分钟振动次数。经整理可得出颗粒顺着筛面方向、逆着筛面方向滑动及在筛面上被抛起时的筛面最小振动次数（r/min）：

$$n_{\min_1} = \sqrt{\frac{\sin(\varphi - \alpha)}{\lambda}} \tag{7-32}$$

$$n_{\min_2} = \sqrt{\frac{\sin(\varphi - \alpha)}{\lambda}} \tag{7-33}$$

$$n_{\min_3} = \sqrt{\frac{\cos\alpha}{\lambda}} \tag{7-34}$$

式中，λ 为振幅，m。上述各式所表示的振动次数分别称为振动筛的第一、第二和第三转速。

目前企业使用的振动筛的工作转数（r/min）大多超过第三转速，即

$$n = (45 \sim 54)\sqrt{\frac{\cos\alpha}{\lambda}} \tag{7-35}$$

振动频率（r/min）还可以在选定抛掷强度 K_v 和振幅 λ 后按以下公式计算，对于单轴振动筛：

$$n \approx 950\sqrt{\frac{K_v\cos\alpha}{\lambda}} \tag{7-36}$$

对于双轴振动筛和共振筛：

$$n \approx 950\sqrt{\frac{K_v\cos\alpha}{\lambda\sin\beta}} \tag{7-37}$$

式中　K_v——抛掷强度；

　　　α——筛面倾角；

　　　β——振动方向角；

　　　λ——振幅，mm。

为了保证振动筛在较高的筛分效率和筛分能力下工作，必须选择合理的 K_v 值。当 $K_v = 2.8 \sim 3$ 时，筛面的一个振动周期几乎等于物料的一个跳动周期。这时物料与筛面接触时间最短，对减少筛面的磨损有利。为了获得较高的筛分效率，最好使物料颗粒在筛子的每一个振动周期能接触筛孔，故一般情况下，$K_v < 3.3$。K_v 值还需按筛机的机械强度、寿命和工作可靠性等因素来选定。单轴振动筛一般取 $K_v = 3 \sim 3.5$，双轴振动筛取 $K_v = 2.2 \sim 3$，共振筛取 $K_v = 2 \sim 3.3$。相应的单轴振动筛的振动频率一般为 $800 \sim 1200 \text{min}^{-1}$，双轴振动筛为 $700 \sim 900 \text{min}^{-1}$，共振筛为 $400 \sim 800 \text{ min}^{-1}$。

　C　生产能力

筛机的生产能力可以根据喂料量或筛下产品量计算；用于脱水作业时，可以根据脱水量计算。根据喂料量计算的生产能力（t/h）可按下式计算：

$$Q = qA\rho_s K_1 K_2 \eta K_3 K_4 K_5 \tag{7-38}$$

式中　　　　　　　　q——单位筛面面积的生产能力，$\text{m}^3/(\text{m}^2 \cdot \text{h})$，见表7-5；

　　　　　　　　　A——筛面面积，m^2；

　　　　　　　　　ρ_s——物料的堆积密度，t/m^3；

K_1，K_2，η，K_3，K_4，K_5——修正系数，见表7-6。

表 7-5　筛孔尺寸与单位筛面面积的生产能力的关系

筛孔尺寸	0.16	0.2	0.3	0.4	0.6	0.8	1.17	2.0	3.15	5
q	1.9	2.2	2.5	2.8	3.2	3.7	4.4	5.5	7.0	11
筛孔尺寸	8	10	16	20	25	31.5	40	50	80	100
q	17	19	25.5	28	31	34	38	42	56	63

表 7-6　系数 K_1、K_2、η、K_3、K_4、K_5 的值

系数	考虑因素	筛分条件及各系数值									
K_1	细粒级含量的影响	给料中粒度<筛孔之一半的粒级含量/%	0	10	20	30	40	50	60	70	80	90
		K_1 值	0.2	0.4	0.6	0.8	1.0	1.2	1.4	1.6	1.8	2.0
K_2	粗粒级含量的影响	给料中>筛孔尺寸的粗粒含量/%	10	20	25	30	40	50	60	70	80	90
		K_2 值	0.94	0.97	1.0	1.03	1.09	1.18	1.32	1.55	2.0	3.36
η	筛分效率	筛分效率/%	40	50	60	70	80	90	92	94	96	98
		η 值	2.3	2.1	1.9	1.6	1.3	1.0	0.9	0.8	0.6	0.4
K_3	颗粒形状的影响	颗粒形状	一般物料(煤除外)			球形颗粒(如砾石)			煤		
		K_3 值	1.0			1.25			1.5		
K_4	湿度影响	物料的湿度	筛孔<25mm			筛孔>25mm					
			干的	湿的	结团的	0.9~1.0					
		K_4 值	1.0	0.75~0.85	0.2~0.6						
K_5	筛分方法影响	筛分方法	筛孔<25mm			筛孔>25mm					
			干的	湿的(喷水筛分)		0.9~1.0					
		K_5 值	1.0	1.25~1.4	10						

根据筛下产品量计算的生产能力（t/h）为：

$$Q' = qAK_1K_\eta K_s K_\delta K_a K_w \tag{7-39}$$

式中　q——单位筛面面积的生产能力，$t/(m^2 \cdot h)$，等于图 7-26 的 q_1 值乘以 9.82，该数值适合于堆积密度 $\rho_s = 1.6t/m^3$；

　　　K_1——细粒影响系数，见表 7-7；

　　　K_η——筛分效率影响系数，见表 7-8；

　　　K_s——筛孔形状系数，见表 7-9；

　　　K_δ——多层筛面的筛面位置系数，最上层 $K_\delta = 1$，中间层 $K_\delta = 0.9$，最下层 $K_\delta = 0.8$；

　　　K_a——有效面积修正系数，图 7-26 的横坐标列出了各种筛孔下的筛面有效面积，如果选用的筛面有效面积与图中所示相关较大，则应修正，如筛孔为 25.4mm 时，有效面积为 58%，如选用的筛面的有效面积为 36%，则系数

$$K_a = \frac{36}{58} = 0.62；$$

　　　K_w——有喷水的湿法筛分系数，见表 7-10。

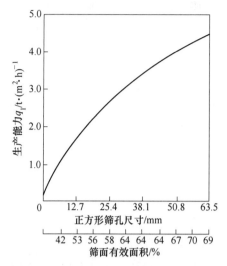

图 7-26　筛下产品单位面积的生产能力

表 7-7　细粒影响系数 K_1 值

给料中粒度<筛孔尺寸一半的细粒含量/%	0	10	20	30	40	50	60	70	80	85	90	95
系数 K_1	0.44	0.55	0.7	0.8	1	1.2	1.4	1.8	2.22	2.5	3	3.75

表 7-8　筛分效率影响系数 K_η 值

筛分效率 η/%	70	80	85	90	95
系数 K_η	2.25	1.75	1.50	1.25	1.00

表 7-9　筛孔形状系数 K_s 值

筛孔形状	长边与短边比值	系数 K_s
方孔或长孔	<2	1.0
长孔	2~4	1.15
	4~25	1.2
	>25，长边顺物料运动方向	1.4
	>25，长边垂直于物料运动方向	1.3

表 7-10　湿法筛分系数 K_w 值

筛孔尺寸/mm	<0.79	1.59	3.18~4.76	7.94	9.53	12.7	19.1	25.4	750.8
K_w 值	1.25	3	3.5	3	2.5	1.75	1.35	1.25	1.00

　　根据要求的生产能力，运用上述各式算出所需要的筛机面积，即可选定筛子的规格（长度和宽度）。然后按选定的筛子的宽度，按筛面倾角来选定物料沿筛面运动的速度，验算料层的厚度，料层厚度一般不得大于筛孔尺寸的 4 倍。

　　D　功率

　　惯性振动筛工作时的功率消耗，包括振动体的功能损耗及轴承内的摩擦损耗两部分。

因动能损耗而消耗的功率（kW）为：

$$N_1 = \frac{m^2 n^3 r^2}{1.74 \times 10^6 (M + m)} \qquad (7\text{-}40)$$

式中　　m——激振器偏心重质量，kg；

　　　　r——偏心重的重心与转动中心的距离，m；

　　　　M——筛的振动部分质量，kg；

　　　　n——振动次数，r/min。

　　　激振器在轴承中的摩擦损失（kW）为：

$$N_2 = \frac{f m_0 m^3 d}{1.72 \times 10^6} \qquad (7\text{-}41)$$

式中　　m_0——激振器偏心重质量，kg；

　　　　f——轴承中的摩擦系数，对于滚动轴承 $f = 0.0025 \sim 0.01$，对于滚球轴承 $f = 0.001 \sim 0.004$；

　　　　d——轴颈直径，m；

　　　其他符号意义同前。

　　　因此，惯性振动筛的功率（kW）为：

$$N = \frac{N_1 + N_2}{\eta} \qquad (7\text{-}42)$$

式中　　η——传动效率。

7.2　物料的输送设备

　　　输送设备是以连续的方式沿着一定的路线从装料点到卸料点输送物料和成件货物的搬运机械设备。输送设备既可以进行碎散物料的输送，也可以进行成件物品的输送。除进行纯粹的物料输送外，还可以与各工业企业生产流程中的工艺过程的要求相配合，形成有节奏的流水作业运输线。所以输送设备广泛应用于现代化的各个工业企业中。本节主要就耐火材料生产企业中常用输送设备工作原理、构成及类型等进行讲述。

7.2.1　带式输送机

7.2.1.1　工作原理

　　　带式输送机又称胶带输送机，俗称"皮带输送机"。

　　　带式输送机是以胶带、钢带、钢纤维带、塑料带和化纤带作为传送物料和牵引工件的输送机械，如图 7-27 所示，它主要由两个端点滚筒 2、3（3 同时兼具张紧装置）和紧套其上的闭合输送带 4 组成。带动输送带转运的滚筒称为驱动滚筒；另一个只用于改变输送带运动方向的滚筒称为改向滚筒。驱动滚筒 2 由驱动装置 7 驱动，输送带依靠驱动滚筒与输送带间的摩擦力拖动，驱动滚筒一般都装置于卸料端，以增大牵引力有利于拖动。为了避免输送带在驱动滚筒上打滑，用张紧装置 3 将输送带拉紧。物料由喂料端喂入，落在输送带上，依靠输送带摩擦带动运送到卸料端卸出。

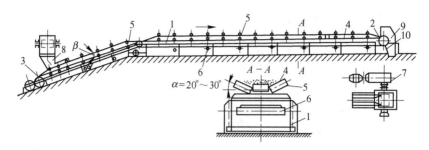

图 7-27　带式输送机简图

1—金属结构架；2—驱动滚筒；3—张紧装置；4—输送带；5—上托辊；

6—下托辊；7—驱动装置；8—装载装置；9—卸载装置；10—清扫器

为防止输送带负重下垂，输送带支在托辊 5 与 6 上，输送带分为上下两支：上支为载重边，托辊要装置密些；下支为回程边，托辊可装置少些。

7.2.1.2　带式输送机的分类

带式输送机可分为通用式输送机、钢绳芯带式输送机、双向带式输送机和垂直带式输送机等。通用带式输送机又分为固定式和移动式（图 7-28）两种。

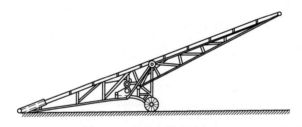

图 7-28　移动式带式输送机

按输送带形式分槽形和平形带式输送机两种。前者输送带上的上支承托辊 5 的形状弯曲成槽形。槽形带的承载能力较大，但支承滚筒的结构较复杂。输送带的下支则一律采用平直托辊 6 做支承。

带式输送机的布置形式与输送带的倾角有关，而输送带的倾角取决于物料与输送带的摩擦系数、输送带断面形状、物料的堆积角、运载方式和运行速度等。其主要缺点在于不能自动取货，需辅助装料设备，运行路线固定，皮带倾角不能过大。带式输送机可用于水平或倾斜输送，布置的基本形式如图 7-29 所示。

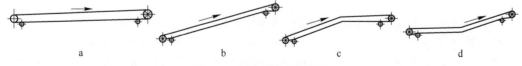

图 7-29　输送带的布置形式

在倾斜向上输送时，不同物料的允许最大倾角 β 值见表 7-11。若超过 β 值，则由于物料与输送带间的摩擦力不够，物料将在输送带上产生滑动，从而影响输送能力。在倾斜向下输送时，允许最大倾角取表中所列值的 80%。

表 7-11　带式输送机的最大倾角 β 值

物料名称	$\beta/(°)$	物料名称	$\beta/(°)$
块煤	18	未筛分的石块	18
原煤	20	筛分后的石灰石	12
0~3mm 焦炭	20	湿砂	23
0~25mm 焦炭	18	干砂	15
0~60mm 矿石	20	湿土	20~23
0~120mm 矿石	18	干松黏土	20
0~350mm 矿石	16	块状干黏土	15~18
20~40mm 油页岩	20	粉状干黏土	22
40~80mm 油页岩	18	水泥	20

带式输送机的主要特点是输送带既是载物构件又是牵引件，结构简单安装维修方便；能连续输送操作，运转平稳可靠，噪声较小；各部件间的摩擦力小、动力消耗低；输送量大且输送距离长，单机长度可达 10km；可在机体全长的任意地方装卸料。其缺点是投资费用高，故短距离输送或运输量较少时，不宜使用；一般作水平输送，倾角输送时，坡度仅达 17°~18°。如需兼作提升设备运输，需将输送机延长或改用垂直带式输送机；只能作直线输送，如需改向必须用数台输送机相连布置。

带式输送机在耐火材料工业中应用较多，主要用于运送粉粒状物料或成件物品。

7.2.1.3　带式输送机的主要工作部件

带式输送机主要由输送带、托辊、驱动装置、拉紧装置、装料装置、卸料装置、清扫装置和制动装置等组成。

A　输送带

输送带与一般传动胶带不同，它不但起牵引作用，而且还起承重作用，要求具有较高的强度，相对伸长要小而弹性要高，吸水性小且有足够的耐磨性。

输送带主要有织物芯胶带和钢绳胶带两大类。织物芯胶带中的衬垫材料通常用棉织物衬垫，也有用化纤织物衬垫，如人造棉、尼龙丝、聚胺物和聚酯物等。织物芯胶带有橡胶输送带和聚氯乙烯塑料输送带两种。塑料带除了具有橡胶带的耐磨、弹性等特点外，还具有化学稳定性、耐酸、耐碱及一定的耐油性。

橡胶输送带如图 7-30 所示，它是由若干层帆布组成，帆布层之间用硫化法浇上一层薄的橡胶，带的上下及左右两侧都覆以橡胶保护层。橡胶层的作用是保护帆布不受潮腐蚀、防止物料对帆布的磨损。橡胶层的厚度对于工作面和非工作面是不同

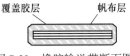

图 7-30　橡胶输送带断面图

的。工作面橡胶层的厚度为 1.0mm、1.5mm、3.0mm、4.5mm、6.0mm 共五种；非工作面的橡胶层厚度为 1.0mm、1.5mm 和 3.0mm 三种。橡胶层厚度因带速、输送带长度、物料粒度等情况不同而不同。一般带速越高、机身越短、物料粒度大则胶面厚度应越厚。

帆布层是承受拉力的主要部分，胶带越宽，则帆布层也越宽，承受的总拉力也越大，帆布的层数越多，可承受的总拉力也越大；但帆布层越多，胶带的横向柔性越小，胶带就不能与支撑它的托辊平整地接触，容易造成胶带跑偏。常用橡胶带的帆布层数如表 7-12 所示。

表 7-12   常用橡胶输送带的帆布层数

带宽/mm	300	400	500	650	800	1000	1200	1400	1500
层数	3~4	3~5	3~6	3~7	4~8	5~10	6~12	7~12	8~13

橡胶输送带按用途分为普通型、强力型及耐热型三种。普通型橡胶带的帆布径向扯断强度为 56kN/(m·层)，强力帆布径向扯断强度为 96kN/(m·层)。耐热型橡胶带适用于 120℃ 以下的物料的输送，这种带在工作面上铺有石棉保护层。普通橡胶输送带的最大倾斜角可达 16° 左右。为了增大输送带的倾斜角，可以用不同纹路覆面的输送带，其输送倾角可达 40°。纹路橡胶带的缺点是易被磨损。

塑料输送带有多层芯和整芯两种。多层芯塑料带和普通橡胶带相似，其径向扯断张力为 56kN/(m·层)，整芯塑料带厚度有 4mm、5mm、6mm 三种。整芯塑料带生产工艺简单，成本低、质量好。

夹钢绳芯橡胶输送带是以平行排列在同一平面上的许多条钢绳芯层代替多层织物芯层的输送带（图 7-31）。钢绳由很细的钢丝捻成，直径在 2.0~10.3mm。钢丝经淬火后表面镀铜，以提高橡胶与钢绳的黏着力。经处理后的钢丝再冷拉至直径为 0.25mm 的细丝。夹钢绳芯橡胶输送带的优点是抗拉强度高，适用于长距离和陡坡输送；伸长率小，带芯较薄，纵向挠曲性能好，易于成槽，这不仅可以增大输送量，还可防止胶带跑偏。横向挠曲性能好，故滚筒直径可以减小；动态性能好，耐冲击、耐弯曲疲劳，破损后易修补，因而可提高作业速度。使用寿命 6~10 年，为普通胶带寿命的 2~3 倍。其缺点是：当覆盖胶损坏后，钢丝易腐蚀，使用时要防止物料卡入滚筒与胶带之间，因其伸长率小而易被拉断。带式输送机已向长距离、大输送量、高速度方向发展。

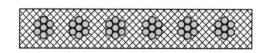

图 7-31   夹钢绳芯橡胶带断面图

输送带要连接成无端的闭合件才能正常使用。生产时输送带一般为 100~200m 一段，运到目的地后再连接起来。

连接方法有机械连接和硫化胶接两种。常用的机械连接有钢卡连接、合页连接、板卡连接和塔头连接。机械连接的接头强度只有胶带本身强度的 35%~40%，使用寿命短，接头通过滚筒时对滚筒有损害，故只适合用于短距离或移动式输送的织物芯胶带。硫化胶接法可显著提高橡胶输送带的使用寿命，硫化接头的强度可达胶带本身强度的 85%~90%，因此在条件允许的条件下，尽量采用硫化胶接法。对于塑料输送带宜用塑化胶接。钢绳芯胶带连接时，可将一头的钢绳端头排列在另一端钢绳之间，相互间留有不少于 2mm 的间隙，以便中间用足够的橡胶来传递剪力。接头的长度应能保证张力从一端的钢绳通过周围的芯胶传递给另一端的钢绳。

　　B　托辊

托辊用于支承输送带和带上物料的质量，减少输送带的下垂度，以保证稳定运行。对托辊的基本要求是：表面要光滑，径向跳动小，轴承能很好地润滑和防尘，转运阻力小，尺寸紧凑，自重轻且耐用。

托辊分平形和槽形两种。平形托辊如图 7-32a 所示，一般用于输送成件物品。在输送散状物料时，为增加输送能力，一般都采用槽形托辊（图 7-32b），输送能力可提高 20%以上。槽角一般采用 30°，国外有的已达 60°。槽形托辊安装时，要保证中间托辊水平。

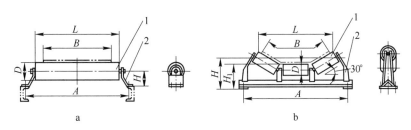

图 7-32　平形托辊和槽形托辊
a—平形托辊；b—槽形托辊
1—辊柱；2—支架

托辊由滚柱和支架两部件组成。滚柱是一个组合体，如图 7-33 所示，它由滚柱体、轴、轴承、密封装置等组成。滚柱体用钢管截成或铸铁制造，两端具有钢板冲压或铁制成的壳体作为轴承座，通过滚动轴承支承在心轴上。为了防止灰尘进入轴承和润滑油漏出，装有密封装置，其中迷宫式密封防尘效果最好，但防水能力较差。

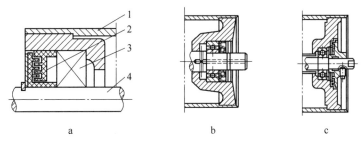

图 7-33　托辊结构
a—迷宫式密封的托辊；b—填料密封的托轴；c—迷宫-毛毡式密封的托轴
1—滚柱体；2—密封装置；3—轴承；4—轴

刚性固定在输送机机架上托辊的支架采用铸造、焊接或冲压法制得。因输送带的不均质性，导致其延长率不同，同时因托辊安装的不准确和载荷在带的宽度上分布不均等原因，均会使运动着的输送带产生跑偏现象。为此在承载边每隔 10 组托辊设置一组槽性调心托辊（或平形调心托辊），回程边每隔 6~10 组设置一组平形调心托辊。

槽形调心托辊的结构如图 7-34 所示，托辊支架 2 安装在一个有滚动止推轴承的主轴 3 上，使整个托辊能绕垂直轴旋转，当输送带跑偏而碰到导向滚柱体 7 时，由于阻力增加而产生的力矩使整个托辊支架旋转。这样托辊的几何中心线便与带的运动中心线不相垂直（图 7-35），带和托辊之间产生一滑动摩擦力，此力可使输送带和托辊恢复正常运动位置。

在受料处，为减少物料对输送带的冲击，可设置用橡胶圈式或弹簧板式的有缓冲托辊，如图 7-36 所示。

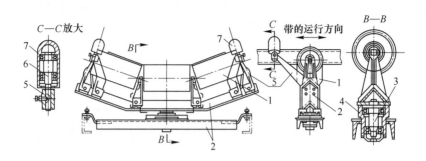

图 7-34   槽形调心托辊

1—托辊；2—托辊支架；3—主轴；4—轴承座；5—杠杆；6—立辊轴；7—导向滚柱体

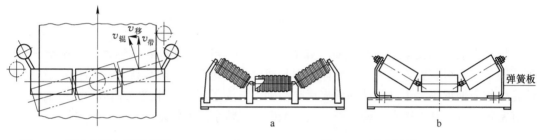

图 7-35   调心托辊作用原理图   图 7-36   缓冲托辊

a—橡胶圈式；b—弹簧板式

托辊的相关尺寸和规格已标准化（表 7-13）。托辊的直径由带宽决定。上托辊间距的布置应保证输送带在托辊间所产生的下垂度尽可能地小，一般取下垂度不超过 2.5%，可根据带宽和物料的物理特性来选定。受料处托辊间距视物料堆积密度而定，一般取上托辊间距的 1/3～1/2，下托辊间距一般为 3m。头部滚筒轴线到第一组槽形托辊的间距可取为上托辊间距的 1.3 倍。尾部滚筒到第一组托辊间距不小于上托辊间距。

表 7-13   托辊的相关尺寸

输送带的宽度 B/mm		500	650	800	1000
托辊直径 D/mm		89	89	89	108
上托辊间距/mm	物料堆积密度≤1.6t/m³	1200	1200	1200	1200
	物料堆积密度>1.6t/m³	1200	1200	1100	1100
槽形托辊外形尺寸/mm	安装宽度 A	720	870	1070	1300
	安装高度 H	210	230	240	300

注：B、D、A、H 见图 7-32。

C   驱动装置

驱动装置是通过驱动滚筒和输送带间的摩擦作用牵引输送带运动的。输送带绕在驱动滚筒上的形式如图 7-37 所示。

为了避免输送带在驱动滚筒上打滑，驱动滚筒趋入点的输送带张力 S_n 和奔离点的张力 S_1 间满足尤拉公式，驱动输送带的条件是：

$$S_n \leqslant S_1 e^{f\alpha} \tag{7-43}$$

式中 S_n ——驱动滚筒趋入点的输送张力；

S_1 ——驱动滚筒奔离点的输送带张力；

e ——自然对数底数；

f ——驱动滚筒与输送带间的摩擦系数；

α ——输送带与驱动滚筒的包角。

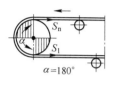 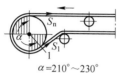 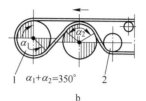 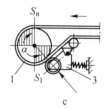

图 7-37　输送带绕在驱动滚筒上的形式

a—单滚筒；b—双滚筒；c—具有压紧装置的滚筒

1—驱动滚筒；2—改向滚筒；3—弹簧压紧装置

为便于计算，将橡胶输送带的 $e^{f\alpha}$ 值列于表 7-14。

表 7-14　$e^{f\alpha}$ 值

驱动滚筒情况及 f 值		包角 $\alpha/(°)$					
		180	200	220	240	360	400
		$e^{f\alpha}$					
光面滚筒	潮湿环境 $f=0.20$	1.87	2.01	2.15	2.31	2.51	4.04
	干燥环境 $f=0.25$	2.19	2.39	2.61	2.85	4.81	5.74
胶面滚筒	潮湿环境 $f=0.35$	3.01	3.39	3.84	4.34	9.10	11.47
	潮湿环境 $f=0.40$	3.51	4.04	4.64	5.35	12.30	16.40

驱动滚筒上的牵引力（即圆周力）P_y 为：

$$P_y = S_n - S_1 \tag{7-44}$$

将式 7-43 代入上式可得：

$$P_y = S_1(e^{f\alpha} - 1) \tag{7-45}$$

或

$$P_y \leqslant \frac{e^{f\alpha} - 1}{e^{f\alpha}} \times S_n \tag{7-46}$$

由上式可知，输送带的牵引力随包角、摩擦系数及输送带初张力的增加而增大，但输送带的张力的增加受带强度的限制。摩擦系数的增加受滚筒表面材质及工作条件的影响，包角的增加受结构方案的影响。为了在包角、摩擦系数和初张力一定的情况下增加带的牵引力，则宜采用加装压紧滚筒（图 7-37c）或其他压带装置产生附加压力的办法。

胶带输送机的驱动装置如图 7-38 所示，由电动机、减速机、驱动滚筒和联轴器等构成。电动机和减速机采用联轴器连接，减速机与滚筒采用十字滑块联轴器连接。驱动滚筒由电动机经减速机驱动。对于倾斜布置的输送机，驱动装置中还设有制动装置，以防止突然停机时因物料质量的作用而产生输送带的下滑运动。

驱动滚筒如图 7-39 所示，它由铸铁铸成或由钢板焊接而成。

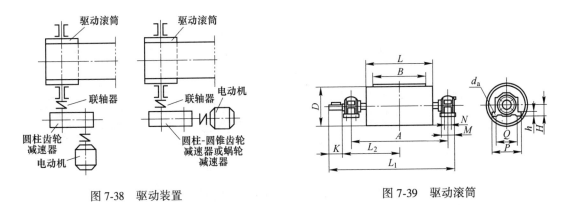

图 7-38　驱动装置　　　　　　　　　图 7-39　驱动滚筒

滚筒的形状分圆柱形和鼓形两种。鼓形滚筒中部突起的目的是使运行的输送带能自动定心，突起部分的高度通常取为直径的 0.5%，但不小于 4mm。滚筒的宽度应比带宽大 100~200mm。滚筒的直径 D 由输送带内织物层数 i 决定。对于普通输送带，当采用硫化接头时，驱动滚筒直径 $D(\mathrm{mm})$ 与输送带层数 i 之比 D/i 不小于 125；当采用机械接头时，D/i 不小于 100；对于强力型输送带，D/i 不小于 200。

驱动滚筒有光面和胶面两种，光面滚筒与输送带的摩擦系数一般在 0.20~0.25 之间，适用于功率不大、环境温度低的场合。在环境潮湿、功率大容易打滑的情况下，应采用胶面滚筒，其中铸胶滚筒质量较好，胶层厚且耐磨；包胶滚筒也可以达到同样的使用性能，但使用寿命略短。

图 7-40 所示为电动滚筒的构造，它把电动机和减速装置都装在驱动滚筒内，其优点是结构紧凑，占用空间小，操作安全，整机装拆方便，减少停机时间，质量轻，节省金属材料。其缺点是结构相对复杂、制造要求精度高，不适合用于环境温度高于 40℃ 和物料温度高于 50℃ 的场合。

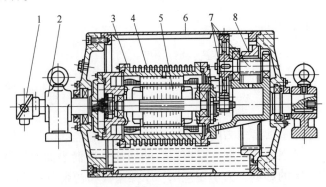

图 7-40　油冷式电动滚筒
1—接线盒；2—轴承座；3—电机外壳；4—电机定子；5—电机转子；
6—滚筒外壳；7—齿轮；8—内齿圈

D 改向装置

为了改变输送带的运动方向，设置改向装置。改向装置有改变滚筒（图7-41a及b）和改向托辊组（图7-41c及d）。

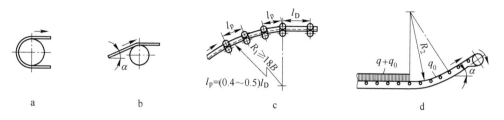

图7-41 改向装置简图

a—180°改向；b—减小倾角改向；c—槽形滚柱组改向；d—水平向倾斜的自由悬垂

胶带输送机在垂直平面内的改向一般采用改向滚筒，改向滚筒的结构与驱动滚筒基本相同，但其直径比驱动滚筒略小一些。改向滚筒直径 D（mm）与胶带帆布层数 i 之比一般取 $80 \sim 100$。用于180°改向者一般用做尾部滚筒或垂直拉紧滚筒，用于90°改向者一般用做垂直拉紧装置上方的改向轮，用在45°改向者一般用作增面轮。

输送带由倾斜方向转水平（或减小倾斜角），可用一系列托辊改向，其支承间距取上托辊间距的一半。此时输送机的曲线部分是向上凸起的，其凸起弧段的曲率半径（m）按下式计算：

$$R_1 \geqslant 18B \qquad (7-47)$$

式中 B——宽度，m。

有时可不用任何改向装置，而让输送带自然悬垂成一曲线来改向。如输送带由水平方向转为向上倾斜方向时（或增加倾斜角），即可采用这种方法，不过输送带仍需要设置一系列托辊。此时带的凹弧段的曲率半径按下式计算：

$$R_2 \geqslant \frac{S}{10q_0} \qquad (7-48)$$

式中 S——凹弧段输送带的最大张力，N；

q_0——单位长度输送带质量，kg/m。

曲率半径 R_2 的推荐值见表7-15。

表7-15 曲率半径 R_2 的推荐值

带宽/mm	曲率半径 R_2/m	
	物料堆积密度≤1.6t/m³	物料堆积密度>1.6t/m³
500~650	80	100
800~1000	100	120
1200~1400	120	140

E 拉紧装置

拉紧装置的作用是张紧带式输送机的输送带，限制带在各支承托辊间的垂度和保证带中有必要的张力，使带与驱动滚筒间产生足够的摩擦力，以保证正常工作。拉紧装置有螺杆式、小车坠重式和垂直坠重式三种（图7-42）。其位置最好安装在包角等于180°、张力较小的改向滚筒处。螺杆式拉紧装置（图7-42a）由调节螺杆和导架等组成。旋转螺杆即可移动轴承座沿导向架滑动，以调节带的张力。螺杆应能自锁，以防松动。这种装置的行程一般按输送带长度的1%选取，有500mm和800mm两种。这种装置紧凑轻巧，但不能自动调节，须经常由人工调节。它适用长度较短（<80m）、功率较小的输送机上。

　　小车坠重式拉紧装置如图7-42b所示，一般装在输送机的尾部，通过坠重曳引拖动滚筒来达到拉紧目的。这种拉紧装置适用于输送机较长（50~100m）、功率较大的情况。其缺点是工作不够平衡。

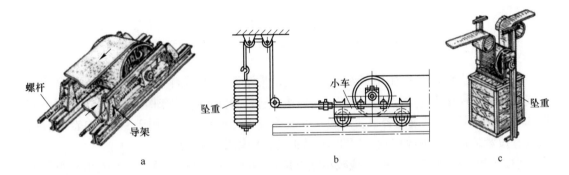

图7-42　带式输送机的拉紧装置
a—螺杆式；b—小车坠重式；c—垂直坠重式

　　垂直坠重式拉紧装置如图7-42c所示，通常装在靠近驱动滚筒绕出边处，其拉紧原理与小车坠重式相同。它适用于采用小车坠重式有困难的场合。这种拉紧装置的优点是利用了输送机走廊的空间位置，便于布置。其缺点是改向滚筒多，物料易掉入输送带与拉紧滚筒间而损坏输送带，特别是输送潮湿或黏性较大的物料时，由于清扫不净，这种现象更为严重。当需要张紧行程很长时，可与小车坠重式拉紧装置联合使用。

　　F　装料装置

　　装料装置的作用是将物料装到输送带上。它的形式取决于输送物料的性质和装卸方式。成品物件通常用斜槽、滑块（图7-43a）或直接装在输送带上；散状物料则用装料漏斗（图7-43b）；若装料位置需要沿输送机纵向移动时，则应采用装料小车（图7-43c），它可沿输送机机架上的轨道移动。

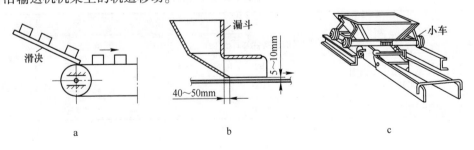

图7-43　装料装置
a—倾斜滑块；b—装料漏斗；c—装料小车

　　装料装置要保证装料均匀，可对准输送带中心加料。装料时利用缓冲板、溜槽等装置，使物料加到输送带时的料流方向和速度尽量与输送带运行的方向和速度一致。因此，斜面的倾角比物料对斜面的摩擦角大 10°～15°，且斜面做成可调整的。在装料点不允许有物料撒漏和堆积现象。加料落差要小，若为冲击式加料（如电铲、抓斗等加料），应先经漏斗或料仓的缓冲，然后使物料能均匀地流到输送带上。当输送物料或使用条件改变时，要能够调节料流速度，结构要紧凑且具有防尘和防风的功能。

G　卸料装置

　　卸料装置用来将输送带上的物料卸下，有端部卸料和中途卸料两种形式。

　　采用端部滚筒卸料不会产生附加阻力，适合于卸料点固定的场合。在卸料滚筒处装卸料罩和卸料漏斗来收拢物料。

　　中途卸料常用犁式卸料器和卸料车两种。犁式卸料器如图 7-44a 和 b 所示，为一与输送带运行方向安装成一定角度的卸料挡板。当运行的物料碰到挡板时，就被挡板推向输送带的边侧卸下。犁式卸料器有电磁气动和手动两种形式。按卸料方式又分为右侧卸料、左侧卸料和双侧卸料三种。因此这种卸料装置的优点是：高度小、结构简单、质量小、成本低。缺点是对输送带摩擦较严重。因此，对于较长的输送机，输送块度大、磨蚀性大的物料不宜采用。电磁气动犁式卸料器适用于卸料点多和有压缩空气供应的地方。选用犁式卸料器时，输送带应采用硫化接头，带速不宜超过 2m/s。犁式卸料器仅适用于平形输送带处卸料，若为槽形输送带，在卸料处应装设平形托辊或卸料板。犁式卸料器可用来卸成件物品和散粒物料。

　　卸料车如图 7-44c 所示，为一装在四轮框架上的双滚筒卸料器。输送带以 S 形绕在两滚筒上，当物料经上部滚筒时，在惯性作用下抛离滚筒，经护罩和引送槽卸出。电动卸料车能带负荷往返行走，以适应沿输送机长度的任意地点卸出物料。其带速一般不宜超过 2.5m/s；输送细碎后的细粒或小块状物料时，允许带速达 3.15m/s。

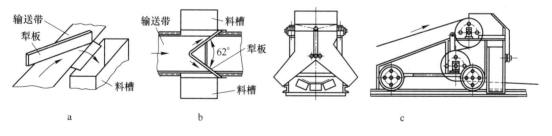

图 7-44　卸料装置

a—单侧犁式卸料器；b—双侧犁式卸料器；c—卸料车

H　清扫装置

　　清扫装置的作用是清除输送机在卸载后仍黏在带面上的物料以及掉在非工作面上的物料。若物料附在带面上，当带面通过改向滚筒和无载区段的托辊时将受到剧烈的磨损，同时也增加输送机的运送阻力，降低输送能力。

　　清扫装置的形式很多。在头部滚筒处装的转刷清扫器或刮板清扫器，用以清扫卸料后黏附在输送带工作面上的物料；尾部滚筒装的空段清扫器，用于清扫输送带非工作面的物料。

转刷清扫器如图 7-45a 所示，由胶带轮和尼龙转刷组成。尼龙丝沿圆周方向栽成 6 排，其间隙用以排除清扫下来的物料。转刷清扫器装在卸料滚筒下部，转刷中心与卸料滚筒中心以及输送带下分支与卸料滚筒切点应在同一直线上。转刷尼龙丝与输送带表面应压紧，压紧程度通过调节板调节，转刷旋转方向与输送带下分支运行方向相反。在高倾角花纹带式输送机上采用这种清扫器。

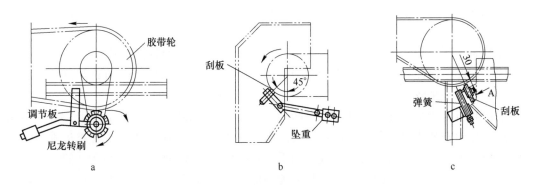

图 7-45　清扫装置

a—转刷清扫器；b—坠重式刮板清扫器；c—弹簧式刮板清扫器

刮板清扫器如图 7-45b 和 c 所示，利用坠重或弹簧的力将刮板紧贴在输送带表面上，把黏结在上面的物料刮下来。在回程边上为了不让残留在输送带内表面的物料卷入改向滚筒上，常在它的下端装设空段清扫器，如图 7-46 所示，它由固定式双向刮板构成，装在靠近改向滚筒处。

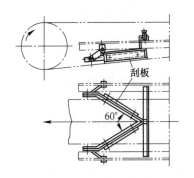

图 7-46　空段清扫器

I　制动装置

倾角大于 4° 的倾斜式输送机，应设置制动装置，以防止由于偶然事故停车而输送带反向滑行，引起输送机装料端物料堵塞，甚至损坏输送带。制动装置与电动机连锁，以便当电动机断路时能自动操作。

制动装置有带式逆止器、滚柱逆止器和电磁闸瓦式制动器三种。带式逆止器如图 7-47a 所示，它由一条制动带 1，一端固定在机架上，另一端自由地放在靠近驱动滚筒的回程边的里面。输送带做正向运行时，制动带 1 被卷缩，不起作用。如果输送带逆行时，则制动带的自由端被卷夹在驱动滚筒与输送带之间，即起阻止输送带反向运动的作用。这种装置的缺点是，当它起制动作用时，制动带由松到紧，输送带必须先倒行一段才能被制住，这会引起尾部装料处堵塞和溢料。

目前，带式输送机很多采用滚柱逆止器，如图 7-47b 所示，它由星轮 1、滚柱 2 和底座 3 组成。星轮装在减速器输出轴与驱动滚筒相反的一端，底座固定在机架上。当星轮顺时针转运时，滚柱处于较大的间隙内不起作用。当星轮逆时针旋转（即输送机反向运动）时，滚柱被楔入星轮与底座的狭小间隙内，阻止星轮反转。这种制动装置工作平稳，灵敏度高，具有较大的制动力矩。

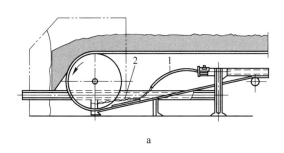 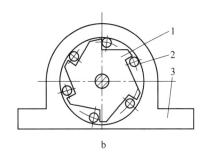

1—制动带；2—系住制动带的小链条   1—星轮；2—滚柱；3—底座

图 7-47　制动装置

a—带式逆止器；b—滚柱逆止器

以上两种逆止器不能用于需要做正反方向运转的输送机中。在这种场合，应选用电磁式制动器，它安装在减速器和电动机之间的联轴器上。

7.2.1.4　选型计算

A　输送能力

带式输送机的输送能力（t/h）取决于输送带单位长度的物料载荷量和带的速度，即

$$Q = \frac{3600}{1000} \times q \times v = 3.6qv \tag{7-49}$$

式中　q——物料线载荷，kg/m；

　　　v——带速，m/s。

a　线载荷计算

（1）输送成件物品。线载荷（kg/m）按下式计算：

$$q = \frac{G}{s} \tag{7-50}$$

式中　G——单件物品质量，kg；

　　　s——物料在输送带上的间距，m。

（2）输送散粒物料。线载荷（kg/m）按下式计算：

$$q = 1000A\rho \tag{7-51}$$

式中　A——物料在输送带上的横截面积，m^2；

　　　ρ——物料的堆积密度，t/m^3，不同散状耐火材料的堆积密度可通过实际测定获得。

物料在带面上的横截面积 A，静止时可认为是三角形的，但在运行时，由于带的振动或偶然冲击，实际上呈弓形的横截面（图 7-48），则物料在槽形带上的横截面可看成弓形面积 A_1 和梯形面积 A_2 之和。

设带宽为 B，槽形托辊的中间滚柱长度为 $0.4B$，物料横截面积的宽度为 $0.8B$，物料在带上的休止角为 φ，槽角为 30°，则：

$$A_1 = \frac{1}{2}r^2(2\varphi - \sin2\varphi) = \frac{1}{2}\left(\frac{0.4B}{\sin\varphi}\right)^2(2\varphi - \sin2\varphi) = \frac{008B^2}{\sin^2\varphi}(2\varphi - \sin2\varphi) \tag{7-52}$$

如果取 $\varphi = 20°$，则 $A_1 = 0.0376B^2$，而

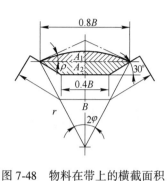

$$A_2 = \frac{(0.4B + 0.8B) \times 0.2B\tan 30°}{2} = 0.0693B^2$$

(7-53)

则物料在槽形带上的横截面积为：

$$A = A_1 + A_2 = 0.1069B^2$$

根据式 7-51：

$$q = 1000A\rho = 106.9B^2\rho$$

代入式 7-49 得：

$$Q = 385B^2v\rho$$

图 7-48　物料在带上的横截面积

对于平形托辊，物料的横截面积 $A = A_1$。对于不同物料，根据其休止角可同理推导出相应的输送能力计算公式。这些公式仅系数不同，为了计算简便可写成以下通式：

$$Q = KB^2v\rho C_1 C_2$$

式中　B——带宽，m；

K——断面系数，与物料休止角 φ 有关，见表 7-16；

C_1——倾角系数，见表 7-17；

C_2——速度系数，见表 7-18；

其他符号意义同前。

表 7-16　断面系数

带宽/mm	休止角 φ/(°)									
	15		20		25		30		35	
	槽形	平形	槽形	平形	槽形	平形	槽形	平形	槽形	平形
500~650	300	105	320	130	355	170	390	210	420	250
800~1000	335	115	360	145	400	190	435	230	470	270
1200~1400	355	125	380	150	420	200	455	240	500	285

表 7-17　倾角系数

倾角 β/(°)	≤6	8	10	12	14	16	18	20	22	24	25
C_1 值	1.0	0.96	0.94	0.92	0.90	0.88	0.85	0.81	0.76	0.74	0.72

表 7-18　速度系数

v/m·s^{-1}	≤1.6	≤2.5	≤3.15	≤4.0
C_2	1.0	0.98~0.95	0.94~0.90	0.84~0.80

b　带速选择

输送带的速度不宜过小，因带速低，输送能力就小。带速又不能过高，因带速快，输送带运行不平稳，会引起较大的振动，物料易从带上掉落。带速应根据物料的性质、生产能力、带宽、输送机的倾角和装卸方式等来选取。较长的水平输送机，应选较高的带速。输送机倾角越大，输送距离越短，则应选较低的带速。输送同一物料时，由于宽带运行平

稳易于对中，可采用较高的带速，而窄带须取较小的带速。对于密度、磨琢性强的大块物料，不宜用高速输送。当输送成件物品时，为装卸的需要，常采用较小的带速。

带式输送机的带速范围可按表 7-19 选取，同时还需考虑输送机的工作条件来综合选取带速。用于给料机或输送易扬尘的物料时，带速选用 0.8~1.0m/s；采用犁式卸料器时，带速不宜超过 2.0m/s；采用电动卸料车时，带速不宜超过 3.15m/s；输送成件物品时，带速一般取 1.25m/s 以下。

表 7-19　输送带速度推荐值

物料性质	带宽/mm		
	500~650	800~1000	1200~1600
无磨琢性或磨琢性小的物料	0.8~2.5	1.0~3.15	1.25~4.0
有磨琢性的中、小块物料（如破碎后的耐火骨料）	0.8~2.0	1.0~2.5	1.25~3.15
有磨琢性的大块物料（破碎前的耐火原料）	0.8~1.6	1.0~2.0	1.25~2.5

B　张力与功率计算

a　张力计算

要确定带式输送机各构件的强度、尺寸和它的驱动功率，需首先确定输送带在运行时各点的张力。

输送带的张力一般是利用逐点计算法来确定的。计算时先将输送机的轮廓线路划分成几个连续的直线区段和曲线区段，各区段连接点标以一定序号（图 7-49），依次绕线路一周。在一般情况下，输送带在驱动滚筒上的奔离点的张力常为最小值。从奔离点开始，沿输送带运行方向进行计算，任一点的张力等于前一点的张力和该两点间阻力之和，即

$$S_i = S_{i-1} + W_{(i-1),i} \tag{7-54}$$

式中　S_{i-1}，S_i——分别为点 $(i-1)$ 和点 (i) 的张力；

　　　$W_{(i-1),i}$——点 $(i-1)$ 至点 (i) 间区段的阻力。

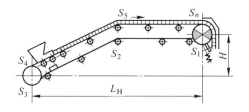

图 7-49　带式输送机张力计算机

带式输送机的阻力主要包括：上、下分支的运行阻力，改向滚筒的阻力，装料器、卸料器、清扫器、导料槽阻力和物料加速时的惯性阻力等。

（1）直线段或凹弧段的阻力。直线段或凹弧段的阻力根据支承托辊轴承的阻力及带在托辊的滚动阻力进行估算。在承载区段上的运行阻力（N）为：

$$W = 10(q_0 + q + q')L_H \zeta' \pm 10(q_0 + q)H \tag{7-55}$$

空载区段的运行阻力（N）为：

$$W' = 10(q_0 + q'')L_H \zeta'' \mp 10q_0 H \tag{7-56}$$

式中　q_0——输送带的线载荷，kg/m；

　　　　q——物料的线载荷，kg/m，$q = \dfrac{Q}{3.6v}$，Q 为输送能力（kg/h），v 为带速（m/s）；

　　q'，q''——每 1m 长度上、下托辊转运部分的质量，$q' = \dfrac{m'}{l_0}$（kg/m），而 $q'' = \dfrac{m''}{l'_0}$（kg/m），

　　　　　　m' 和 m'' 分别为上、下托辊转运部分的质量（kg），l_0、l'_0 分别为上、下托辊间距（m）；

　　　L_H——直线区段或凹弧段的水平投影长度，m；

　　　H——直线段或水平段的提升高度，m；

　　ζ'，ζ''——分别为槽形托辊及平形托辊的阻力系数，其值取决于托辊的类型、结构及工作条件等，见表 7-20。

以上两式右端第一项为摩擦阻力，第二项为重力阻力。式中正负号（$\pm$，$\mp$），当输送机倾斜向上输送物料时，取居上的符号；向下输送时取居下的符号。

表 7-20　托辊的阻力系数

工作条件	槽形托辊阻力系数 ζ'		平形托辊阻力系数 ζ''	
	滚动轴承	含油轴承	滚动轴承	含油轴承
清洁干燥	0.020	0.040	0.018	0.034
少量尘埃，正常温度	0.030	0.050	0.025	0.040
大量尘埃，温度高	0.040	0.060	0.035	0.050

（2）凸弧段的运行阻力。凸弧段的运行阻力也是根据该段支承托辊轴承的摩擦阻力和带经过凸弧段受到的阻力进行计算的。承载段的运行阻力（N）为：

$$W = [S_i + 10(q_0 + q + q')R_1]\alpha\zeta' \pm 10(q_0 + q)H \tag{7-57}$$

空载段的运行阻力（N）为：

$$W' = [S_i + 10(q_0 + q'')R_1]\alpha\zeta'' \mp 10q_0 H \tag{7-58}$$

式中　S_i——凸弧段奔离点张力，N；

　　　R_1——凸弧段曲率半径，m；

　　　α——凸弧段圆心角，rad。

其他符号意义同前。式中正负号（$\pm$，$\mp$）表示，当向上输送时取居上的符号；向下输送时取居下的符号。

（3）改向滚筒阻力。改向滚筒上的阻力主要由输送带绕入时的折曲僵性阻力和绕出时的伸直僵性阻力以及滚筒轴承中的摩擦阻力引起的。因此，带在改向滚筒上奔离点的张力（N）为：

$$S_i = K'S_{i-1} \tag{7-59}$$

式中　S_{i-1}——改向滚筒趋入点的张力，N；

　　　K'——改向滚筒阻力系数，见表 7-21。

表 7-21　改向滚筒阻力系数

输送带在改向滚筒上的包角 $\alpha/(°)$	45	90	180
改向滚筒阻力系数 K'	1.02	1.03	1.04

（4）进料口物料加速阻力。进料口物料加速阻力（N）按下式计算：

$$W = \frac{4.9qv^2}{g} \tag{7-60}$$

式中　q ——每 1m 输送带上的物料质量，kg/m；

$\quad\quad$ v ——带速，m/s；

$\quad\quad$ g ——重力加速度，m/s^2。

（5）导料槽阻力。导料槽阻力（N）按下式计算：

$$W_d = (16B^2\rho_s + 70)l \tag{7-61}$$

式中　B ——带宽，m；

$\quad\quad$ ρ_s ——物料的堆积密度，t/m^3；

$\quad\quad$ l ——导料槽长度，m。

（6）卸料装置阻力。电动卸料车的阻力按图 7-50
计算，卸料车前轮输送带的张力（N）为：

$$S_1 = 1.1S_2 + 10qH' \tag{7-62}$$

式中　S_2 ——卸料车后轮输送带的张力，N；

$\quad\quad$ q ——每 1m 输送带上的物料质量，kg/m；

$\quad\quad$ H' ——卸料车提升高度，m，见表 7-22。

犁形卸料器阻力（N）：

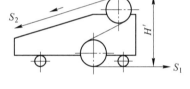

图 7-50　卸料车示意图

$$W_l = 1.25Bq + C \tag{7-63}$$

式中，系数 C 见表 7-22，其余符号意义同前。

表 7-22　H' 及 C 值

宽度 B/mm	500	650	800	1000	1200	1400
H'/m	1.70	1.80	1.96	2.12	2.37	2.62
C/N	250	300	350	600	700	840

（7）清扫装置阻力。

弹簧清扫器的阻力（N）为：

$$W_q = (700 \sim 1000)B \tag{7-64}$$

空段清扫器的阻力（N）为：

$$W_q = 200B \tag{7-65}$$

式中　B ——带宽，m。

通过以上各项阻力计算，并利用式 7-54 逐点计算，最后可得到驱动滚筒趋入点输送
带张力 S_n 与奔离点张力 S_i 之间的函数关系式：

$$S_n = f(S_i) \tag{7-66}$$

如前所述，为了避免输送带在驱动滚筒上打滑，带的趋入点张力和奔离点张力还必须

满足尤拉公式。通过式 7-43 和式 7-66 联立求解，就可求得张力 S_1 和 S_n 值。

计算求得的驱动滚筒输送带奔离点张力 S_1 值，应保证带在托辊间的垂度不超过允许的数值。一般按承载段输送带允许垂度进行验算，即承载段的最小张力应符合下列要求：

$$S_1 \geq 50(q_0 + q)l_0\cos\beta \tag{7-67}$$

式中　l_0——上托辊间距，m；

　　　q_0——每 1m 输送带的质量，kg/m；

　　　q——每 1m 输送带上物料的质量，kg/m；

　　　β——输送机的倾角，(°)。

若计算所得的 S_1 值不能满足承载段最小张力的要求时，则必须加大 S_1 值，使它满足承载段输送带垂度不超过允许值的要求。

　b　功率计算

驱动功率可以用张力逐点计算法算出各点张力后再来确定，也可以用概算法来计算。前者用于技术设计，而后者常在方案比较时作初步设计用，方法简捷但较粗略。

驱动滚筒的牵引力（即圆周力，N）等于驱动滚筒上输送带趋入点张力 S_n 与奔离点张力 S_1 之差再加上驱动滚筒阻力 W_{n-1}，即：

$$P = S_n - S_1 + W_{n-1} \tag{7-68}$$

由张力逐点计算法求出的驱动滚筒圆周力以及所选定的带速就可得出驱动滚筒和轴功率（kW）：

$$N_0 = \frac{P_v}{1000} = \frac{[(S_n - S_1) + W_{n-1}]v}{1000} \tag{7-69}$$

若采用概算法时，驱动滚筒轴功率（kW）可用下式计算：

$$N_0 = (K_1 L_H v + K_2 Q L_H \pm 0.00273 Q H)K_3 \tag{7-70}$$

式中　L_H——输送机水平投影长度，m；

　　　v——输送机带速，m/s；

　　　Q——输送机输送能力，t/h；

　　　H——输送机垂直提升高度，m，当采用电动卸料车时，应加电动卸料车提升高度 H'（表 7-22）；

　　　K_1——空载运行功率系数，见表 7-23；

　　　K_2——物料水平运行功率系数，见表 7-23；

　　　K_3——考虑清扫器、导料槽和物料加速阻力等因素的附加功率系数，见表 7-24。

表 7-23　K_1 及 K_2 系数

工作条件		清洁、干燥		少量尘埃、正常温度		大量尘埃、温度高	
		平形	槽形	平形	槽形	平形	槽形
K_1　带宽 B/mm	500	0.0061	0.0067	0.0084	0.0100	0.0117	0.0134
	650	0.0074	0.0082	0.0103	0.0124	0.0144	0.0165
	800	0.0100	0.0110	0.0137	0.0165	0.0192	0.0220
	1000	0.0138	0.0153	0.0191	0.0229	0.0268	0.0306
$K_2 \times 10^{-5}$		4.91	5.45	6.82	8.17	9.55	10.89

表 7-24 附加功率系数 K_3 值

带长 L_H		15	30	45	60	100	150	200	300	>300
倾角 β/(°)	0	2.80	2.10	1.80	1.60	1.55	1.50	1.40	1.30	1.20
	6	1.70	1.40	1.30	1.25	1.25	1.20	1.20	1.15	1.15
	12	1.45	1.25	1.25	1.20	1.20	1.15	1.15	1.14	1.14
	20	1.30	1.20	1.15	1.15	1.15	1.13	1.13	1.10	1.10

式中第一项表示克服输送带和托辊运动阻力所消耗的功率；第二项表示完成物料水平运输所消耗的功率；第三项表示物料垂直提升所需的功率。式中正负号，若向上输送取正号，向下输送取负号。

电动机的功率（kW）为：

$$N = K \frac{N_0}{\eta} \tag{7-71}$$

式中　N_0——驱动滚筒轴功率，kW；

　　　K——功率备用和启动系数，一般取 $K = 1.1 \sim 1.2$；

　　　η——传动效率，光面驱动滚筒取 $\eta = 0.88$，胶面驱动滚筒取 $\eta = 0.90$。

c　输送带计算

（1）输送带宽度。输送机输送散状物料时，其带宽（m）可由式 7-72 求出：

$$B = \sqrt{\frac{Q}{Kv\rho C_1 C_2}} \tag{7-72}$$

按上式求得带宽后，还需按物料块度校核带宽值。

对于未筛分物料：

$$B \geqslant 2d_{max} + 200 \tag{7-73}$$

对于已筛分的物料：

$$B \geqslant 3.3d + 200 \tag{7-74}$$

式中　B——带宽，mm；

　　　d_{max}——物料的最大块度，mm；

　　　d——物料的平均块度，mm。

不同带宽推荐输送的物料最大块度见表 7-25。

表 7-25 不同带宽的最大输送块度

带宽 B/mm		300	400	500	650	800	1000	1200	1400	1600
块度/mm	已筛分	30	70	100	130	180	250	300	350	500
	未筛分	50	100	150	200	300	400	500	600	700

输送成件物品时，带宽应比物料的横向尺寸大 50~100mm，物件在输送带上的压强应小于 5kPa。

（2）输送带层数。织物芯胶带所需织物层数，可根据最大张力计算：

$$i = \frac{S_{max}n}{B[\sigma]} \tag{7-75}$$

式中 S_{max} ——输送带的最大张力，N；

n ——安全系数，硫化接头取 8~10，机械接头取 10~12；

B ——带宽，cm；

$[\sigma]$ ——输送带径向拉断强度，普通型胶带 $[\sigma]$ = 560N/（cm·层）；强力型胶带
$[\sigma]$ = 960N/（cm·层）。

常用橡胶带的帆布层数见表 7-26。

表 7-26   常用橡胶带的帆布层数

带宽/mm	300	400	500	650	800	1000	1200	1400	1500
层数 i	3~4	3~5	3~6	3~7	4~8	5~10	6~12	7~12	8~13

（3）输送带长度。输送带需要的长度（m）可按下式计算：

$$L_0 = 2L + \frac{\pi}{2}(D_1 + D_2) + A_n \tag{7-76}$$

式中 L ——输送机头、尾滚筒中心的展开长度，m；

D_1，D_2 ——头、尾滚筒直径，m；

n ——输送带接缝数；

A ——每个接头的长度，m；机械接头，$A = 0$；硫化接头（图 7-51），$A = (i-1)b + B\tan 30°$，i 为输送带衬垫层数，b 为硫化接头阶梯长度，一般取 $b = 0.15$m；

B ——带宽，m。

若使用卸料车、双滚筒传动或垂直拉紧装置时，需要增加的输送带长度应根据具体结构来决定。

（4）输送带允许垂度。在输送带的自重和物料的作用下，输送带在支承托辊之间将出现下垂现象。输送带的张力越小、托辊间距越大时，输送带在支承托辊间的垂度就越大。当垂度过大时，将使输送带通过托辊时产生较大的弯曲变形和冲击力，导致输送物料不平稳，减少带的使用年限。对向上倾斜的输送带，还会因输送带垂度过大而造成物料下滑。要使输送带正常工作，应保证输送带在托辊间的垂度不超过所允许的值。规定输送带在承载段的最大垂度不能超过托辊间距 l_0 的 2.5%。

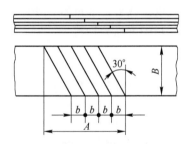

图 7-51   输送带接头示意图

输送成件物品时，当物品处在托辊跨度中间时输送带的垂度（m）为：

$$f = \frac{10q_0 l_0^2}{8S} + \frac{10G l_0}{4S} = \frac{1.25}{S}(q_0 l_0^2 + 2G l_0) \tag{7-77}$$

式中 q_0 ——输送带每 1m 长的质量，kg/m；

G ——单件物品的质量，kg/m；

l_0 ——托辊间距，m；

S ——校核点上的输送带张力，N。

输送散粒状物料时，假设物料在带上均匀分布，两托辊间的输送带垂度（m）为：

$$f = 1.25 \frac{(q + q_0) l_0^2}{S} \cos\beta \tag{7-78}$$

式中　q——每 1m 输送带上物料的质量，kg/m；

　　　β——输送机倾角，（°）；

其他符号意义同前。

在托辊间距相同条件下，通常最大的垂度 f_{max} 总是发生在承载区段最小张力 S_{min} 处。计算出的最大垂度必须小于允许垂度，即

$$f_{max} = 1.25 \frac{(q + q_0) l_0^2}{S_{min}} \cos\beta \leq 0.025 l_0 \tag{7-79}$$

计算出的最小张力如不满足上式的垂度条件，则应加大张紧力，并以所必须的最小张力值作为该点张力，重新计算输送带的最大张力值并验算强度确定输送带衬垫层数。

d　拉紧装置计算

拉紧装置的拉紧力（N）为：

$$P_0 = S_i + S_{i-1} \tag{7-80}$$

式中　S_i——输送带在拉紧滚筒上奔离点的张力，N；

　　　S_{i-1}——输送带在拉紧滚筒上趋入点的张力，N。

若选用车式拉紧装置时，其重锤质量（kg）可按下式来确定：

$$W_h = \frac{0.1 P_0 + 0.04 W_L \cos\beta - W_L \sin\beta}{\eta^n} \tag{7-81}$$

式中　W_L——车式拉紧装置（包括改向滚筒）的质量，kg；

　　　β——输送机的倾角，（°）；

　　　η——拉紧绳轮效率，一般取 $\eta = 0.9$；

　　　n——绳轮数目。

对于垂直拉紧装置的重锤质量（kg）可按下式计算：

$$W_v = 0.1 P_0 - W_L \tag{7-82}$$

式中　W_v——垂直拉紧装置（包括改向滚筒）的质量，kg；

其他符号意义同前。

张紧行程是根据所适用的输送带的弹性伸长率来确定的。普通型橡胶带张紧行程取输送机长度的 1%，维尼龙芯输送带取 1%~1.5%，钢绳芯输送带取 0.2%~0.3%。

e　制动力矩计算

为了选择逆止器或制动器，应计算制动力矩。驱动滚筒轴上的制动力矩（N·m）可按下列公式计算：

向上输送时：

$$M_0 = \frac{660 D}{v} (0.00546 GH - N_0) \tag{7-83}$$

向下输送时：

$$M_0 = \frac{1000D}{v}N_0 \tag{7-84}$$

式中 D——驱动滚筒的直径，m；

　　　　v ——带速，m/s；

　　　　G——输送能力，t/h；

　　　　H——输送机的提升高度，m；

　　　　N_0 ——驱动滚筒的轴功率，kW。

电动机轴上的制动力矩（N·m）则为：

$$M = \frac{M_0 \eta}{i_0} \tag{7-85}$$

式中 M_0——驱动滚筒轴上的制动力矩，N·m；

　　　　η ——电动机到驱动滚筒轴的传动效率，可取 $\eta = 0.95$；

　　　　i_0 ——电动机到驱动滚筒的减速比。

7.2.2 螺旋输送机

7.2.2.1　工作原理

　　螺旋输送机是一种无挠性牵引构件的连续输送设备，其结构如图 7-52 所示。主要由螺旋轴、料槽和驱动装置所组成。螺旋叶片固装在轴上，螺旋轴纵向装在料槽内。每节轴有一定长度，节与节之间连接处装有悬挂轴承。一般头节的螺旋轴与驱动装置连接，出料口设在头节的槽底，进料口设在尾节的盖上。物料由进料口装入，当电动机驱动螺旋轴转动时，物料由于自重及与槽壁间摩擦力的作用，不随同螺旋一起旋转，这样由螺旋轴旋转产生的轴向推动力就直接作用到物料上，使物料沿轴向滑动。输送物料时如同被持住而不能旋转的螺母沿着螺杆作平移一样，朝着一个方向推进到卸料口处卸出。

　　螺旋输送机是冶金、建材、化工、粮食及机械加工等部门广泛应用的一种连续输送设备，适用输送松散的粉状或小颗粒状需要密封运送的干湿物料。

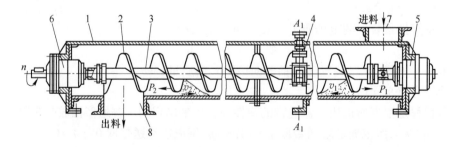

图 7-52   螺旋输送机的结构

1—料槽；2—叶片；3—转轴；4—悬挂轴承；5，6—端部轴承；7—进料口；8—出料口

7.2.2.2　螺旋输送机的分类

　　螺旋叶片有左旋和右旋之分，确定旋向的方法如图 7-53 所示。物料被推送方向由叶片的方向和螺旋的转向所决定。图 7-52 所示的为右旋螺旋，当螺旋按 n 转向旋转时，物

料沿 v_1 方向被推送到卸料口处；当螺旋按反方向旋转时，物料则沿 v_2 被推送。若采用左向螺旋，物料被推送的方向则相反。

左旋　　　　　右旋

图 7-53　确定螺旋旋向的方法

螺旋输送机主要有四种输送物料方向，可以布置成四种不同进出料部位的形式，如图 7-54 所示。

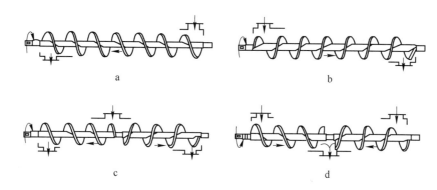

图 7-54　螺旋输送机的布置形式

a—左向输送；b—右向输送；c—左右分离输送；d—左右集中输送

螺旋输送机的主要分类依据是输送物料位移方向，总体上螺旋输送机分为水平式螺旋输送机和垂直式螺旋输送机两大类型，主要用于对各种粉状、颗粒状和小块状等松散物料的水平输送和垂直提升。螺旋输送机具有结构简单、制作成本低、密封性强、操作安全方便等优点，中间可多点装、卸料。

7.2.2.3　螺旋输送机的主要零部件

A　螺旋

螺旋由转轴和装在其上的叶片组成。转轴有实心轴和空心管轴两种，在强度相同情况下，管轴较实心轴质量轻，连接方便，更普遍采用。管轴用厚的无缝钢管制造。轴径一般在 50~100mm 之间，每根轴的长度一般在 3m 以下，以便逐段安装。

根据被输送物料性质的不同，螺旋有各种形式（图 7-55）。当输送无随动性的干燥小颗粒物料或粉状物料时，宜采用全叶式螺旋；当输送块状或黏滞物料时，宜采用带式螺旋；当输送随动性和可压缩的物料时，宜采用浆式或型叶式螺旋。采用浆式或型叶式螺旋除了输送物料外，还兼有搅拌、混练及松散物料的作用。

叶片一般采用 3~8mm 厚的钢板冲压制成，焊接在转轴上。对于输送磨蚀性大和黏性大的物料，叶片用扁钢轧成或铸铁铸成。

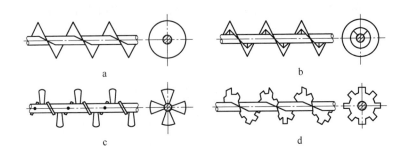

图 7-55　螺旋形式

a—全叶式；b—带式；c—浆式；d—型叶式

B　料槽

料槽由头节、中间节和尾节料槽用螺栓连接而成。每节料槽的标准长度为 1~3m，常用 3~6mm 的钢板制成。料槽上部用可拆盖板封闭，进料口开设在盖板上，出料口则开设在料槽的底部，有时沿长度方向开数个孔，以便在中间卸料。在进出口处均配有闸板。料槽的上盖还设有观察孔，以观察物料输送情况。料槽安装在用铸铁制成或用钢板焊接成的支架上，然后坚固在地面上。

螺旋与料槽之间的间隙一般为 5~15mm。间隙太大会降低输送效率，太小则增加运行阻力，甚至会使螺旋叶片及轴等机件扭坏或折断。

C　轴承装置

螺旋是通过头、尾端轴承和中间轴承安装在料槽上的。螺旋轴的头、尾分别由止推轴承和径向轴承支承，止推轴承一般采用圆锥滚子轴承，如图 7-56 所示，用以承受螺旋轴输送物料时的轴向力；设于头节端部可使螺旋仅受拉力，这种受力状态比较有利。螺旋轴通过联轴器与止推轴承连接，止推轴承安装在槽端板上，它又是螺旋轴的支承架。

当螺旋输送机的长度超过 4m 时，除在槽端设轴承外，还要安装中间轴承，以承受螺旋轴的一部分质量和运转时所产生的力。中间轴承悬置在上部横向板条上，板条则固定在料槽的凸缘或它的加固角钢上，因此称为悬挂轴承，如图 7-57 所示。由于悬挂轴承处于螺旋叶片中断，易使物料堆积，阻力增大，因此悬挂轴承的尺寸应尽量紧凑，而且不能装得太密，一般每隔 2~3m 安装一个悬挂轴承。

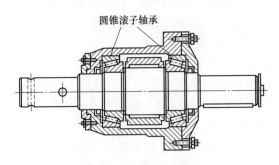

图 7-56　止推轴承装置

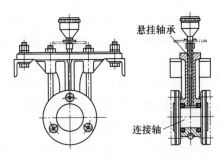

图 7-57　连接轴和悬挂轴承装置

一段螺旋的标准长度一般为1~3m，因此需要将数段标准螺旋连接成一定长度。各段螺旋是用图7-57所示的连接轴连接起来的。连接轴装在悬挂轴承上，以保证螺旋具有一定的同心度，并承受螺旋运行时产生的力。

连接轴和轴瓦是易磨损的零件，设计时应尽量使其结构简单，装卸方便。轴瓦多用耐磨铸铁制造，并应装设密封和润滑装置。

D　驱动装置

驱动装置包括电动机及减速机，两者间用弹性联轴器连接，而减速器与螺旋轴之间常用浮动联轴器连接。在布置螺旋输送机时，最好将驱动装置及出料口同时装在头节，这样较为合理。

7.2.2.4　选型计算

A　输送能力

螺旋输送机的输送能力取决于螺旋的直径、螺距、转速和物料的填充系数。对于全叶式螺旋输送机，输送能力（t/h）为：

$$Q = 60 \frac{\pi D^2}{4} Sn\varphi\rho_\mathrm{s} C \tag{7-86}$$

式中　D——螺旋直径，m；

　　S——螺距，m，全叶式螺距$S=0.8D$，带式螺距$S=D$；

　　n——螺旋转速，r/min；

　　φ——物料填充系数，见表7-27；

　　ρ_s——物料堆积密度，t/m³；

　　C——输送机倾斜修正系数，见表7-28。

表7-27　螺旋输送机的物料系数

物料粒度	物料磨琢性	典型盒子	填充系数 φ	叶片形式	K	K_L
粉状	无	石墨	0.35~0.40	全叶式	0.0415	75
粒状	磨琢性	矿渣、矾土骨料、镁矿及镁砂、石灰石	0.25~0.30	全叶式	0.0565	35
小块料<60mm	半磨琢性	各种矿物原料、破碎后的耐火原料	0.25~0.30	全叶式	0.0573	35
大、中块料>60mm	磨琢性	各种耐火矿物原料、耐火原料	0.125~0.20	全叶式可带式	0.0795	15

表7-28　螺旋输送机倾斜修正系数 C 值

输送倾角/(°)	0	≤5	≤10	≤15	≤20
倾斜度系数 C	1.00	0.90	0.80	0.70	0.65

B　螺旋转速

螺旋转速太低，则输送量不大；若转速过高，物料受过大的切向力而被抛起，输送能力降低，而且磨损增加。因此，螺旋轴转速不能超过某一极限。螺旋轴的极限转速（r/min）可按式7-87计算：

$$n_j = \frac{K_L}{\sqrt{D}} \tag{7-87}$$

式中　K_L ——物料综合特性系数，见表 7-27；

其余符号意义同前。

按式 7-87 计算的转速，应圆整为下列标准转速：20r/min、30r/min、35r/min、40r/min、60r/min、75r/min、90r/min、120r/min、150r/min、190r/min。

C　螺旋直径

已知输送量及物料特性，则螺旋直径（m）可由式 7-86 和式 7-87 求得：

$$D = K \sqrt[2.5]{\frac{Q}{\varphi \rho_s C}} \tag{7-88}$$

式中　K——物料综合特性经验系数，见表 7-27；

其他符号意义同前。

如果输送物料的块度较大，螺旋直径还应根据下式进行校核：

对于筛分过的物料　　　　　　$D \geqslant (4 \sim 6)d_{max}$

对于未筛分的物料　　　　　　$D \geqslant (8 \sim 12)d_{max}$

式中　d_{max} ——被输送物料的最大直径。

如果根据输送物料的块度需要选择较大的螺旋直径，则在维持输送量不变的情况下，选取较低的螺旋转数，以延长使用寿命。

按上述求得的螺旋直径应圆整为下列标准螺旋直径：150mm、200mm、250mm、300mm、400mm、500mm、600mm。

无论是螺旋直径还是螺旋转数，经圆整后，其填充系数 φ 值可能不同于原来从表 7-27 中所选取的值，故还应按下式进行验算：

$$\varphi = \frac{Q}{47D^2 n \rho_s S C} \tag{7-89}$$

式中，符号意义同前。如验算出的 φ 值在表 7-27 所推荐的范围内，则表示圆整得合适；若 φ 值高于表 7-27 数值上限，则应加大螺旋直径；若 φ 值低于表 7-27 数值下限，则应降低螺旋转速。

D　功率

螺旋输送机所需功率用于克服以下阻力：物料对料槽及螺旋的摩擦力，倾斜输送时提升物料的阻力，物料的搅拌及部分被破碎的阻力，传动阻力等。上述各项阻力中，除了输送和提升物料的阻力可以精确计算外，其他阻力要逐项精确计算是困难的。一般诊断，螺旋输送机的功率消耗与输送量及机长成正比，而把所有损失归入一个总系数内，即阻力系数 ζ。因此，如图 7-58 所示，螺旋轴所需功率（kW）可按下式计算：

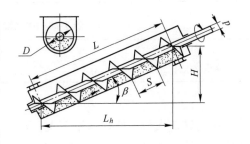

图 7-58　螺旋输送机功率计算简图

$$N_0 = \frac{QL(\zeta\cos\beta \pm \sin\beta)}{367} = \frac{Q}{367}(\zeta L_h \pm H) \tag{7-90}$$

式中　Q——输送机的输送能力，t/h；

　　　ζ——物料阻力系数，见表7-29；

　　　L——输送机长度，m；

　　　L_h——输送机的水平投影长度，m；

　　　H——输送机的垂直投影高度，m；

　　　β——输送机的倾斜角，(°)。

式中当向上输送时取"+"号，向下输送时取"-"号。

表7-29　输送物料的阻力系数 ζ 值

物料特性	物料举例	ζ
无磨琢性干料	煤粉、石墨、面粉	1.2
无磨琢性湿料	生料	1.5
磨琢性较小物料	块煤、碎石膏	2.5
磨琢性较大物料	各种耐火熟料、水泥、砂	3.2
强烈磨琢性或黏性物料	熟石灰、焦炭、矿（炉）砂（渣）	4.0

电动机所需功率（kW）则为：

$$N = K\frac{N_0}{\eta} \tag{7-91}$$

式中　K——功率储备系数，一般为 1.2~1.4；

　　　η——总传动功率，一般取 0.90~0.94。

螺旋输送机端轴所承受的扭矩是有一定范围的。端轴的许用扭矩通常以许用千瓦转速比 $\left[\dfrac{N}{n}\right]$ 表示，n 为螺旋转速。当输送机采用减速器和联轴器做传动装置时，端轴要受扭矩作用，为了保证螺旋的扭矩小于许用扭矩，需进行验算，应使 $\dfrac{N_0}{n} \leqslant \left[\dfrac{N}{n}\right]$。如 $\dfrac{N_0}{n}$ 值超过表 7-30 中所列数值，需要选用大一级直径的螺旋输送机。

表7-30　不同螺旋直径的 $\left[\dfrac{N}{n}\right]$ 值

螺旋直径/mm	150	200	250	300	400	500	600
$\left[\dfrac{N}{n}\right]$/kW·min·r^{-1}	0.013	0.030	0.060	0.100	0.250	0.480	0.850

7.2.3　斗式提升机

7.2.3.1　工作原理

斗式提升机是在垂直或接近垂直（>70°）方向上连续提升物料的输送设备。如图 7-59（参考图 7-63）所示，在牵引构件（链条或胶带等）3 上，每隔一定间距安装若干个钢质料斗 4，闭合的牵引构件绕过上部和下部的滚轮（链轮或滚筒），由底座 5 上的拉紧装置 6 通过改向轮 2 进行拉紧，由上部驱动轮 1 驱动。物料从下部供入，由料斗把物料提升到上部，当料斗绕过上部滚轮时，物料就在重力和离心力的作用下向外抛出，经过卸料斜槽送到料仓或其他设备中。提升机形成具有上升的有载分支和下降的无载回程分支的无端闭合环路。

斗式提升机在下部装料，上部的另一侧卸料。装料的方式有掏取式和喂入式两种（图 7-60）。掏取式物料由加料口喂入，物料积集在底座中，由料斗舀起。掏取式主要用于高速输送磨蚀性小、容易掏取的粉粒状的物料。料斗的运动速度可达 0.8~2m/s。喂入式装料方式是物料迎着上升的料斗直接注入。采用喂入式时，加料口要高于下滚轮（改向轮）轴线，料斗应密接布置，且运动速度较小（<1m/s），以便料斗充分装填。喂入式主要用于磨蚀性大和块大的物料装载。实际装载中往往是两种方式同时兼有，而且其中一种方式为主。此外，料斗不宜过度地充满物料，物料过满时容易在提升过程中撒向机座中。因此料斗的填充率 φ 应小于 1。

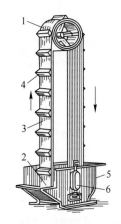

图 7-59　斗式提升机工作原理图
1—驱动轮；2—改向轮；3—挠性牵引构件；
4—料斗；5—底座；6—拉紧装置

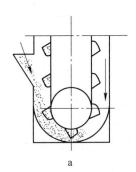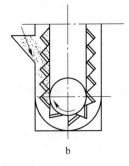

图 7-60　装料方式
a—掏取式；b—喂入式

物料从料斗中卸出有离心式、重力式和混合式三种方式，如图 7-61 所示。

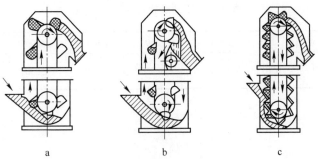

图 7-61　料斗中物料的三种卸出方式
a—离心式；b—重力式；c—混合式

物料的卸料情况分析如图 7-62 所示，当料斗在直线区段作等速上升时，物料只受到重力 G 的作用。当料斗绕上滚轮（驱动轮）一起旋转时，料斗内物料除了受到重力作用外，还受到惯性离心力 F_c 的作用。

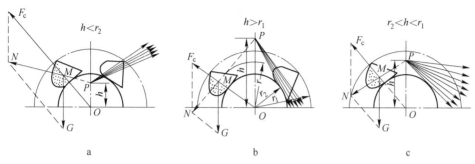

图 7-62　卸料方式受力分析图
a—离心式；b—重力式；c—混合式

$$G = mg$$
$$F_c = m\omega^2 r$$

式中　　m——料斗内物料的质量，kg；

$\quad\quad\omega$——料斗内物料重心的角速度，rad/s；

$\quad\quad r$——回转半径，即料斗内物料的重心 M 到驱动轮中心 O 的距离，m；

$\quad\quad g$——重力加速度，m/s^2。

重力和惯性离心力的合力 N 的大小和方向随着料斗的位置改变，但其作用线与驱动轮中心垂直线始终交于同一点 P。点 P 称为极点，极点到回转中心的距离 $OP=h$ 称为极距。连接点 M 及 O 得相似三角形 $\triangle MPO$ 和 $\triangle MF_cN$。从相似关系得：

$$\frac{h}{r} = \frac{G}{F_c} = \frac{mg}{m\omega^2 r} \tag{7-92}$$

以 $\omega = \dfrac{\pi n}{30}$ 代入，得：

$$h = \frac{g}{\omega} = \frac{30^2 g}{\pi^2 n^2} = \frac{895}{n^2} \tag{7-93}$$

式中，n 为驱动轮的转速，r/min。从式 7-93 可知，极距 h 只与驱动轮的转速有关，而与料斗在驱动轮上的位置及物料在料斗内的位置无关。随着转速 n 的增大，极距 h 减小，惯性离心力增大；反之，当转速 n 减小，则极距 h 增大，惯性离心力减小。当驱动轮转速一定时，极距 h 为定值，极点也就固定了。

根据极点位置的不同，可得到不同的卸料方式。设驱动轮半径为 r_2，料斗外缘半径为 r_1。当 $h<r_2$，即极点 P 位于驱动轮的圆周内时（图 7-62a），惯性离心力大于重力，料斗内的物料将沿着斗的外壁曲线抛出。这种卸料方式称为离心式卸料，常采用胶带作为牵引构件，料斗运动速度较高（1～5m/s），适用于干燥和流动性好的粉粒状物料的卸料。为了使各个料斗抛出的物料不致互相干扰，料斗间应保持一定的距离。

当 $h>r_1$，即极点 P 位于料斗外边缘的圆周之外时（图 7-62b），重力将大于惯性离心力，物料将沿料斗的内壁向下卸出。这种卸料方式称为重力式卸料，常采用链条作为牵引构件，适用于作连续密集布置并有导向槽的料斗，在低速下（0.4~0.8m/s）输送比较沉重、磨蚀性大及脆性的物料。

当 $r_2<h<r_1$，即极点位于两圆周之间时（图7-62c），料斗内的物料同时按离心式和重力式进行卸料，部分物料从料斗的外缘卸出，部分物料从料斗的内缘卸出，也即从料斗的整个物料表面卸出来。这种卸料方式称为混合式卸料，常用链条作为牵引构件，适用于中速下（0.6~1.5m/s）输送潮湿的、流动性较差的粉粒状物料。上部回程分支须向内偏斜（图7-61b），以避免自由落下的物料打在前一料斗的底部，以保证正常运转。

7.2.3.2　斗式提升机的分类

斗式提升机的分类方法很多，主要有：

（1）按输送物料的方式分为垂直式和倾斜式。

（2）按卸料方式分为离心式、重力式和混合式。

（3）按装料方式分为掏取式和喂入式。

（4）按料斗的形式分为深斗式（S制法）、浅斗式（Q制法）和尖斗式。

（5）按牵引构件形式分为带式（D型）和链式。链式又有环链式（HL型）、板链式（PL型）等。

（6）按工作特性分为重型、中型和轻型。

（7）按料斗运动速度分为快速提升机和慢速提升机。前者以离心式卸料，而后者以重力式或混合式卸料。

斗式提升机的规格以料斗宽度（mm）表示。目前国产D型斗式提升机规格有D160、D250、D350和D450四种；HL型有HL300和HL400两种；PL型有PL250、PL350和PL450三种。国外有的带式提升机斗宽已达1250mm，提升高度达80m，输送量达1000t/h。

各种型号斗式提升机的性能参数列于表7-31。

表7-31　斗式提升机的性能参数

类型	牵引构件	卸载特征	型号	料斗制法	输送能力 $Q/m^3 \cdot h^{-1}$	容积 i/L	料斗间距 a /m	线容积 i/a （L/m）	斗速 $v/m \cdot s^{-1}$	填充系数 φ	牵引件和斗线载荷 q_0 /kg·m^{-1}
D型	胶带	间距布置、料斗快速、离心卸料	D160	S	8.0	1.1	0.3	3.67	1.0	0.6	4.72
				Q	3.1	0.65		2.16		0.4	3.80
			D250	S	21.6	3.2	0.4	8.00	1.25	0.6	10.2
				Q	11.8	2.6		6.67		0.4	9.4
			D350	S	42	7.8	0.5	15.6	1.25	0.6	13.9
				Q	25	7.0		14.0		0.4	12.1
			D450	S	69.5	14.5	0.64	22.65	1.25	0.6	21.3
				Q	48	15		23.44		0.4	
HL型	环链	间隔布置、料斗快速、离心卸料	HL300	S	28	5.2	05	10.40	1.25	0.6	24.8
				Q	16	4.4		8.80		0.4	24
			HL400	S	47.2	10.5	0.6	17.5	12.5	0.6	29.2
				Q	30	10		16.67		0.4	28.3

续表 7-31

类型	牵引构件	卸载特征	型号	料斗制法	输送能力 $Q/m^3 \cdot h^{-1}$	容积 i/L	料斗间距 a /m	线容积 i/a （L/m）	斗速 $v/m \cdot s^{-1}$	填充系数 φ	牵引件和斗线载荷 q_0 /kg·m⁻¹
PL 型	板链	连续布置、料斗慢速、重力卸料	PL250	尖斗	22.3	3.3	0.20	16.50	0.5	0.75	36
			PL350	尖斗	50	10.2	0.25	40.80	0.4	0.85	64
			PL450	尖斗	85	22.4	0.32	70.00	0.4	0.85	92.5

7.2.3.3　斗式提升机的构造

斗式提升机的构造如图 7-63 所示。它主要由牵引构件 1、固装在牵引构件上的料斗 2、驱动轮 3、改向链轮 4、机壳 5、驱动装置 6、拉紧装置 7、中部导向装置 8、加料口 9 和卸料口 10 等组成。

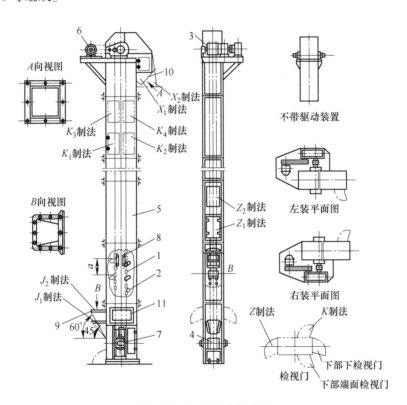

图 7-63　HL 型斗式提升机

1—牵引构件；2—料斗；3—驱动轮；4—改向链轮；5—机壳；6—驱动装置；
7—拉紧装置；8—中部导向装置；9—加料口；10—卸料口；11—检视口

A　牵引构件

斗式提升机常用的牵引件有带式和链式两种。带式提升机以胶带为牵引件，与带式输送机的胶带相同，选择的带宽要比料斗宽度大 30~40mm。胶带中织物的层数可按照带式输送机的计算方法来确定，但考虑到带上连接料斗时所穿孔会降低胶带的强度，因此应将按带式输送机验算胶带强度的安全系数增大 10%。带式提升机构造简单、自重轻、成本低、工作平稳无噪声，可采用较高的运动速度，因此具有较大的输送能力。其缺点是料斗在带上的固定强度较低。因为是摩擦传递牵引力，需要具有较大的初张力，因此它主要用于中小输送量（60~80m³/h 以内）和中等提升高度（25~40m 以内）、输送密度较小或中等的粉粒状物料，这些物料用掏取法装载时阻力较小。普通胶带输送物料温度不能超过60℃，采用耐热胶带允许达 150℃。

链式提升机以链条为牵引件。链条通常是锻造环链和板链。锻造环链如图 7-64 所示。由 A3 圆钢锻造而成，并经渗碳淬火处理。我国定型的环链节距为 50mm。环链与料斗的连接采用链环钩，由钢 45 锻制并经渗碳淬火处理。

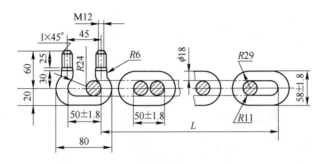

图 7-64　锻造环链

板链如图 7-65 所示。由内外链板、套筒、滚筒及销轴等组成。板链有注油式及非注油式两种结构，图示为注油式。内外链板由钢 A5 制成，销轴为铬钢 15，套筒为钢 15，后两者以渗碳淬火处理。常用的节距 t 为 200mm、250mm、320mm。环链制造简单，但运行不够平稳，板链结构坚固，但结构复杂。料斗宽度为 160~250mm 时，采用单链牵引；当料斗宽度为 320~630mm 时，则用双链牵引。

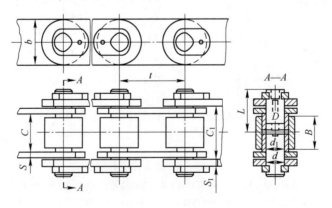

图 7-65　板链

链式提升机由于链的强度较高，主要用在高的提升高度下对物料进行输送（高达40~45m），且不受被输送物料种类的限制，可用来输送密度大、磨蚀性强和大粒块的物料，也可用来提升潮湿物料或较热物料，物料温度可达 250℃。其缺点是链节之间由于进入灰尘而磨损严重，影响使用寿命，增加检修次数。

B 料斗

料斗是提升机的承载构件，按其形状可分为圆斗和尖斗两种。尖斗又称三角斗，圆斗有深斗（S 制法）和浅斗（Q 制法）两种，如图 7-66 所示。

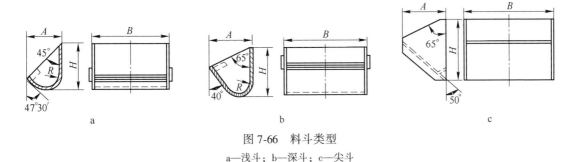

图 7-66 料斗类型

a—浅斗；b—深斗；c—尖斗

（1）浅斗。称 Q 制法，几何形状如图 7-66a 所示，它的前壁斜度大而深度小，因此适用于输送潮湿的、易结块和流散性差的物料，如湿砂、型砂和黏土粉等。

（2）深斗。称 S 制法，几何形状如图 7-66b 所示。它的前壁斜度小而深度大，因此适用于输送干燥的、流散性好的散粒物料，如水泥、干砂、石灰和碎石等。

（3）尖斗。几何形状如图 7-66c 所示。它的前壁外面带有两侧边，料斗在牵引构件上连续布置，以便卸料时后面料斗的物料在重力作用下倾倒于前面料斗的导槽中，沿斗背溜下卸料。这种料斗适用于低速运行的提升机，用于输送较重的、磨蚀性较大的块状物料。

料斗通常用厚度 2~6mm 的钢板焊接或冲压而成。为了减小料斗边唇的磨损，常在边唇外焊上一块钢板。浅斗和深斗的底部都制成圆角，便于物料卸尽。为了不阻碍抛卸，料斗在牵引构件上按一定间隔布置。圆斗和尖斗的安装间距（mm）分别按式 7-94 和式 7-95 计算：

$$a = (2 \sim 3.5)H \tag{7-94}$$

$$a = H + (5 \sim 10) \tag{7-95}$$

式中 H——料斗的高度，mm。

D 型和 HL 型提升机多数采用圆斗，而 PL 型提升机则采用尖斗。由于牵引构件不一样，料斗的连接部分构件有所区别，如图 7-67 所示。

C 驱动装置

提升机的驱动轮都装设在上部卸料处，传动部分除减速器外，还配有齿轮或胶带轮等。

HL 型斗式提升机的驱动装置如图 7-63 所示。电动机通过三角胶带轮和减速器减速后，带动驱动链条回转。驱动链条和环形链条之间是通过摩擦传动的，因此链轮只有槽而无齿（如图 7-68）。PL 型提升机的驱动链轮与板链之间为啮合传动，因此链轮有齿。D 型提升机的驱动轮为滚筒，一般采用钢板卷制，为了增加传动摩擦力，有时在滚筒外面覆上胶层。

为了防止提升机突然停车时的逆转，在驱动装置上装设逆止联轴器。在重型提升机中，还采用电磁式制动器。

D 拉紧装置

拉紧装置（图 7-63 中 7）装设在机罩下部，结构与带式输送机相同，有螺旋式、弹

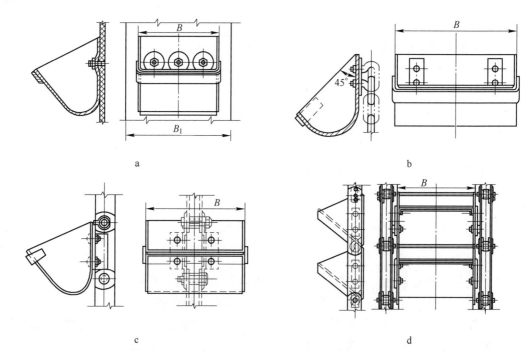

图 7-67   料斗与牵引构件的连接

a—料斗与胶带的连接；b—料斗与环链的连接；c—料斗与单链的连接；d—料斗与双链的连接

簧式和重锤式三种，其中以螺旋式最常用。

改向链轮（图 7-63 中 4）与驱动链轮基本相同，改向滚筒则通常制成围栅形周边，以防夹黏物料。拉紧装置安装在改向轮轴的轴承上，并连接在罩壳下部两侧的导槽内，可以上下移动。拉紧装置的行程一般在 200～500mm 范围。

E   机壳

提升机的运行部分和滚轮封闭在机壳内。机壳（图 7-63 中 5）由上部、中间段节和下部构成。中间段节可以是两个分支共用的或是每个分支各设一个罩壳制成分道机壳。

机壳一般用厚 2～4mm 的钢板焊接而成，并以角钢为骨架制成一定高度的标准段节，选型时必须符合标准段节的公称长度。底座罩壳形式应与底部物料装载情况相适应。上部罩壳的形状应与物料卸载曲线相适应，以使物料能完全卸入导出槽内。机壳的适当位置上设有检视门（图 7-63 中 11），机壳内设有中部导向装置（图 7-63 中 8），以防牵引料斗时产生过大的横向摆动。机壳必须密封，以防操作时扬尘。

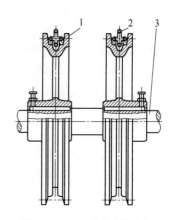

图 7-68   HL 型斗式提升机
驱动链轮装置

1—驱动链轮；2—环链；3—轴

7.2.3.4   工作参数确定

A   驱动轮的直径

驱动轮的直径一般是根据相关资料进行初步选择，然后再按料斗的装卸要求加以校验。带式提升机驱动滚筒的直径（mm）需要与选定的胶带织物层数相适合，以免胶带绕过滚筒时产生过大的内应力，一般取：

$$D \geqslant (125 \sim 150)i \qquad (7\text{-}96)$$

式中，i 为织物层数。为了防止跑偏，滚筒一般制成鼓形轮，鼓形度为：

$$\frac{D' - D}{L} = \frac{1}{50} \sim \frac{1}{30} \qquad (7\text{-}97)$$

式中　D'——滚筒中部直径，m；

　　　D——滚筒两端直径，m；

　　　L——滚筒长度，m。

环链式提升机的链轮直径（mm）可按下式求出：

$$D = r - c - l - \frac{d}{2} \qquad (7\text{-}98)$$

式中　r——回转半径，即料斗内物料重心到驱动轮中心的距离，mm；

　　　c——料斗内物料重心与斗背间的距离，mm，约为斗幅 A（图 7-66）的 1/3，即

$$c \approx \frac{1}{3}A\,;$$

　　　l——链钩的长度，对于链节距 $t = 50\text{mm}$ 的链钩，一般为 30mm；

　　　d——链环圆钢的直径，mm。

板链提升机链轮直径（mm）可用下式计算：

$$D = \frac{l}{\sin\dfrac{\pi}{Z}} \qquad (7\text{-}99)$$

式中　l——链条的节距，mm；

　　　Z——链轮的齿数，一般 $Z = 16 \sim 20$，以取偶数为宜。

B　驱动轮的转速

驱动轮的转速（r/min）对物料的卸出方式影响很大，可根据式 7-93 算出：

$$n = \frac{30}{\sqrt{h}} \qquad (7\text{-}100)$$

式中，h 为极距，m。根据不同的极距值可得到不同的卸料方式（图 7-62）。D 型提升机常取极距小于驱动轮半径，即 $h < r_2$，料斗运动速度较高，物料作离心式卸料。驱动轮运动速度可达 5m/s，通常取 1~2m/s。

PL 型提升机常取极距大于料斗外接圆半径，即 $h > r_1$，料斗运动速度低，物料作重力式卸料。驱动轮运动速度为 0.4~0.8m/s。

HL 型提升机常取 $r_2 < h < r_1$，物料作混合式卸料，驱动轮速度在 0.6~1.25m/s 范围。

驱动轮的实际转速需根据输送物料的性质、粒度大小和装卸方式来确定。

C　输送能力

斗式提升机的输送能力取决于线载荷和提升速度。线载荷 $q(\text{kg/m})$ 可按下式计算：

$$q = \frac{i}{a}\rho_s\varphi \qquad (7\text{-}101)$$

式中　i——料斗容积，L；

　　　a——料斗间距，m；

　　　ρ_s——物料堆积密度，t/m³；

　　　φ——料斗填充系数，与物料性质、粒度、装卸方式、料斗和提升机的类型等有关，可参考表7-31选取。

斗式提升机的输送能力（t/h）为：

$$Q = 3.6qv = 3.6\frac{i}{a}\rho_s\varphi v \qquad (7\text{-}102)$$

式中　v——料斗运行速度，m/s；

其他符号意义同前。

D　料斗形式及其尺寸

料斗的形式需要根据被输送物料的性质和装卸方式来确定，而料斗的规格则由料斗形式及料斗线容积确定，由式7-103可得料斗线容积（L/m）为：

$$\frac{i}{a} = \frac{Q}{3.6v\rho_s\varphi} \qquad (7\text{-}103)$$

根据计算所得的$\frac{i}{a}$值，由表7-32可查得料斗的容积i值和间距a值，然后确定料斗的规格尺寸。

当输送块状物料时，尚须根据被输送物料的最大块度d_{max}对料斗口的尺寸A（图7-69）进行验算：

$$A \geqslant md_{max}$$

式中，m为系数，根据物料中最大块的质量分数由表7-32选定。若不能满足上述条件，则须将料斗口的尺寸进行适当增大或更换型号。

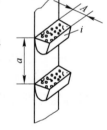

图7-69　料斗尺寸示意图

表7-32　m值

最大料块的质量分数/%	<10	20~25	26~50	51~80	81~100
m 值	2.0	2.5	3.25	4.5	4.75

E　驱动功率

斗式提升机所需功率取决于料斗运动时所克服的各种阻力，主要是掏取和提升物料阻力及运动部分的阻力。

与带式输送机计算功率的原理相似，先用逐点法确定牵引构件的张力。如图7-70所示，各点张力分别用S_1、S_2、S_3和S_4表示。对于垂直提升机，空载分支的运行阻力为负值，故下部改向轮绕入点的张力S_1为最小，驱动轮绕入点的张力S_3为最大。为了保证提升机的正常工作，最小张力S_1取1000~2000N，对于提升高度大、输送能力高及物料线载荷大的提升机，S_1应提高到3000~4000N。

根据逐点计算法，可得：

$$S_2 = S_1 + W_{1-2} + W_0 \qquad (7\text{-}104)$$

式中　S_1——最小张力，N；

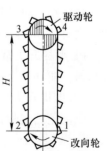

图7-70　斗式提升机张力计算原理图

W_{1-2}——改向轮阻力，N，$W_{1-2} = (0.05 \sim 0.07)S_1$；

W_0——掏取物料阻力，N。

$$W_0 = 10kq$$

式中　k——阻力系数，$k = \dfrac{v^2}{2g}$；

　　　v——提升速度，m/s；

　　　g——重力加速度，m/s^2；

　　　q——物料的线载荷，kg/m。

$$S_3 = S_2 + W_{2-3} \qquad (7\text{-}105)$$

式中　W_{2-3}——提升段阻力，N，$W_{2-3} = 10(q + q_0)H$，q_0 为每 1m 长度内牵引构件和料斗的质量（kg/m），H 为提升高度（m）。

$$S_4 = S_1 + W_{4-1} \qquad (7\text{-}106)$$

式中　W_{4-1}——下降段阻力，N，$W_{4-1} = 10q_0H$。

对于带式牵引构件，还应满足尤拉公式：

$$S_3 = S_4 e^{f\alpha} \qquad (7\text{-}107)$$

式中　e——自然对数底数，取 e = 2.718；

　　　f——摩擦因素；

　　　α——牵引构件在滚筒的包角。

$e^{f\alpha}$ 值见表 7-14。

对于链式提升机，稳定运动状态下的牵引构件的最大静张力 S_{max}（N）可用下式计算：

$$S_{max} = 11.5H(q + K_1 q_0) \qquad (7\text{-}108)$$

式中　K_1——考虑到装有料斗的牵引构件的运动阻力、下部和上部滚轮上的弯曲阻力以及掏取物料的阻力系数，各种形式提升机的 K_1 近似值见表 7-33；

　　　q_0——每 1m 长度牵引构件质量，kg/m，$q_0 = K_2 Q$，其中 K_2 为系数，见表 7-33，Q 为输送能力（t/h）；

　　　q——每 1m 长度内物料的质量，kg/m，$q = \dfrac{Q}{3.6v}$，其中 v 为提升速度（m/s）；

　　　H——提升高度，m。

表 7-33　系数 K_1、K_2 及 K_3 值

输送能力 $Q/\text{t} \cdot \text{h}^{-1}$	带式		单链式		双链式	
	圆斗	尖斗	圆斗	尖斗	圆斗	尖斗
	K_2 值					
<10	0.60	—	1.1	—	—	—
10~25	0.50	—	0.8	1.10	1.2	—
25~50	0.45	0.60	0.6	0.83	1.0	—
50~100	0.40	0.55	0.5	0.70	0.8	1.10
>100	0.35	0.50	—	—	0.6	0.90
K_1 值	2.50	2.00	1.5	1.25	1.5	1.25
K_3 值	1.60	1.10	1.3	0.80	1.3	0.80

驱动轴上的牵引力（N）：

$$P_0 = S_3 - S_4 + W_{3-4} \tag{7-109}$$

式中　W_{3-4}——绕过驱动轮的阻力，N，$W_{3-4} = (0.03 \sim 0.05)(S_3 + S_4)$。

驱动轮轴所需功率（kW）：

$$N_0 = \frac{P_0 v}{1000} \tag{7-110}$$

式中　v——提升速度，m/s。

对于垂直提升机驱动轴所需功率（kW），当忽略驱动机构中的损耗时，也可用下式近似计算：

$$N_0 = \frac{1.15QH}{367} + \frac{K_3 q_0 Hv}{367} = \frac{QH}{367}(1.15 + K_2 K_3 v) \tag{7-111}$$

式中，第一项为提升物料所消耗的能量并计及安全系数 1.15，第二项为运行部分的运动阻力。系数 K_2 及 K_3 可从表 7-33 中查出。

电动机功率（kW）为：

$$N = K \frac{N_0}{\eta} \tag{7-112}$$

式中　K——功率储备系数，当 $H < 10\text{m}$ 时，$K = 1.45$；当 $10\text{m} < H < 20\text{m}$ 时，$K = 1.25$；当 $H > 20\text{m}$ 时，$K = 1.15$。

　　N_0——驱动轮轴功率，kW；

　　η——总传动效率，对于减速器及三角胶带传动时，$\eta = 0.90$。

7.2.4　气流输送设备

7.2.4.1　概述

利用气体的流动来输送颗粒物料的设备，称为气流（也称气力）输送设备。气流输送的设备简单，占地面积小，费用少，输送能力（可达 800t/h）和输送距离（高度 400m 以内，长度 2000m 以内）的可调性大，管理简便，易于实现自动化。主要适用于粉体材料等松散物料的输送，其主要缺点在于动力消耗比较大，不适于输送潮湿的及黏滞的物料，也不适合用于输送粒径大于 30mm 的物料，且物料对输送管道的磨损较强。

气流输送设备在耐火材料等无机非金属工业领域应用十分广泛，根据输送颗粒密集程度的不同，可将气流输送分为稀相输送和密相输送两大类。

常用单位输送容积的颗粒质量，即颗粒的堆积密度 ρ_s'（kg/m³）来衡量输送颗粒的密集程度。颗粒在静置堆放时的松密度即为颗粒的堆积密度。颗粒的堆积密度与颗粒的密度 ρ_p 的关系为：

$$\rho_s' = \rho_p(1 - \varepsilon) \tag{7-113}$$

式中　ε——孔隙率。

单位质量气体输送的固体量称为固气比（或称质量浓度）m_a，它是气流输送设备常用的一个经济指标。

$$m_a = \frac{G}{G_t} \tag{7-114}$$

式中　G——单位输送截面上加入的固体质量流量，$kg/(s \cdot m^2)$；

　　　G_t——气体质量流量，$kg/(s \cdot m^2)$。

气固比 m_a 的大小，同样也反映了颗粒在管内的密集程度，通常区分稀相输送和密相输送的界限是：

稀相输送：$\rho' < 100kg/m^3$；

密相输送：$m_a = 0.1 \sim 25kg$（料）$/kg$（气）（一般取 $m_a = 0.1 \sim 5$），$\rho' > 100kg/m^3$，$m_a = 25 \sim$ 数百。

常见的气流输送系统形式有管道式气流输送设备和斜槽式气流输送设备（简称空气输送斜槽）两种。

7.2.4.2　管道式气流输送设备

A　气流输送及其原理

管道式气流输送设备是利用气流对固体颗粒的作用，在连续流态化的状态下，在管道内输送物料的设备。

根据设备组合不同，气流输送设备可分为真空输送（抽吸式）、压力（压送）输送和压力真空输送（混合式）。

在耐火材料等无机非金属领域，除了从车或船上卸载颗粒状物料采用抽吸式外，其他大都采用压送式。

压送式又可分为高压输送和低压输送两类。高压输送的空气压强（表压）为 $0.2 \sim 0.7MPa$，用空气压缩机供气；低压输送的空气压强一般为 $0.05MPa$ 以下，用罗茨鼓风机或透平式鼓风机供气。低压输送适用于输送距离小于 300m 的场合。

输送管道的压强高于大气压的称为压送式气流输送设备，工作原理如图 7-71a 所示。空气压缩机安装在系统的最前面，用它将压缩空气输送进供料装置后，将内部的物料吹起，经管道及换向阀门送到料仓中。在料仓内因气流速度降低，物料沉下储存在仓内；气流则经料仓顶部收尘处理后排放到大气中。在此系统中，输送起点的压强最大，终点附近的压强最小（接近大气压）。由于在输料管道的高压处将颗粒物料输进管道，为防止空气倒流需加特殊装置。但在空气和物料分离处的压强接近大气压，而且又是向压强较低的管外排出，所以容易排料。

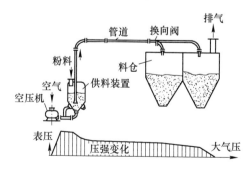 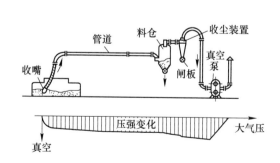

图 7-71　压力输送工作原理

a—压送式气流输送；b—抽吸式气流输送

输料管道的压强低于大气压的称为抽吸式气流输送设备，工作原理如图 7-71b 所示，真空泵安装于系统的尾部，用以抽吸空气，使输送系统内产生真空。物料经收嘴随同空气一起吸入管道中。当气流经过料仓及收尘装置时，所挟带的物料沉降下来，经闸板卸出；脱尘后的空气经真空泵排放到大气中。系统中，越接近真空泵处，输送压强越低，由于输送管道起点附近接近大气压，故容易使颗粒物料吸进管内，供料装置结构简单。输料管道尾部的物料和空气的分离处，在整个输送系统中是压强最低处，当颗粒物料在这里向管外排出时，极易从外部漏进空气，为了防止发生这种现象，也必须采用特殊装置。

抽吸式气流输送设备大多用于将各地点卸下的物料送到一个收集点，但抽吸式输送压差最大也不超过 0.1MPa，所以输送距离不能太长。压送式气流输送设备大多数用来将某一固定地点卸下的物料送到好几个收集点。由于压送式气流输送使用压缩机，它可以产生较高的压强，管道中的压差可以高达实际所需值，故可用于长距离输送物料到较高处。

B 气流输送设备类型及构造

气流输送设备的主要装置有供料装置、输送管道、换向阀门、收尘装置、空气压缩机或真空泵以及自动控制仪表等。供料装置是其中的主要部分，在压送气流输送设备中使用的供料装置，属于高压输送的有螺旋式气流输送泵、仓式气流输送泵等，属于低压输送的有气流提升泵、栓流气流输送泵等；在抽吸式气流输送设备中使用的供料装置是收嘴。

a 螺旋式气流输送泵

螺旋式气流输送泵如图 7-72 所示，工作机构是带有螺旋 8 的悬臂轴 3。螺旋安装在带有可拆换衬套 10 的筒体 9 内，用电动机通过弹性联轴器带动旋转，转速约 980r/min。

喂料接管 5 用来支承料斗，为了调节喂料量，装有平闸板 7，粉料从料仓送入喂料接管 5 加入受料箱 6 后，受到旋转螺旋 8 的作用向前推进，顶开闸板 12 进入混合室 4 内。混合室底部沿全宽配置上下两行喷嘴 2，由管道 1 引入的压缩空气经喷嘴进入混合室，与粉料充分混合，使粉料呈连续流态化状态。流态化的物料由管道口 15 输出，经管道输送到指定地点。

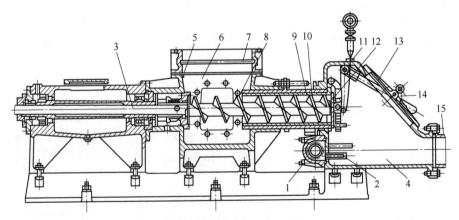

图 7-72 螺旋式气流输送泵

1—管道；2—喷嘴；3—悬臂轴；4—混合室；5—喂料接管；6—受料箱；7—平闸板；8—螺旋；
9—筒体；10—衬套；11—杠杆；12—闸板；13—检修门；14—重锤；15—管道口

螺旋制成变螺距的，螺距沿着物料的前进方向逐渐缩小，使物料在推进过程中堆积密实，形成料封，以阻止混合室的压缩空气倒吹入螺旋泵内腔和料仓内。另外，在螺旋出口处设置有自动封闭作用的重锤闸板 12，闸板与带有重锤 14 的杠杆 11 相连，当螺旋送料不够均匀时，闸板能起自动调节作用；当螺旋停止供料时，闸板即将出口封闭，以防止压缩空气倒流。

在压缩空气主管上引出支管，压缩空气可由支管通至轴承的填料箱内，形成"气封"，避免物料渗入轴承里。在混合室设有检修门 13，以便检查或更换螺旋和衬套等。

螺旋和衬套是极易磨损的零件。螺旋多用铸铁制成。螺旋叶片一般用钢板焊接成，再在表面镀一层钨铬钴合金，磨损后可用碳化钨硬质合金焊条进行堆焊，堆焊部位通常为出料端四个螺距的叶片和末端部分。

螺旋式气流输送泵的优点是可以连续将物料供送到管道，结构紧凑，机身高度小，设备质量较轻，可以装成移动式使用。其缺点是设备内有运动部件，机械磨损快，检修频繁，动力消耗较大，并由于泵内气体密封困难，不宜作高压长距离输送。

在耐火材料等无机非金属材料领域，螺旋式气流输送泵主要用于输送各种细粉、生料等粒度比较均匀的粉状物料，压缩空气的压强为 0.3~0.4MPa，输送距离一般可达 200m。

b　仓式气流输送泵

仓式气流输送泵有单仓式和双仓式两种。图 7-73 所示为单仓式气流输送泵。图 7-73a 为从底部供送物料到管道的单仓式气流输送泵工作示意图。输送泵是一个钢制的圆柱形容器，底部收缩成圆锥形。物料由小仓 6 经容器顶部的加料阀 2 装入仓内，待物料装满后，压缩空气自底部的风管 3 送入，将仓内的物料经仓底的渐缩管吹入管道中。待仓内的物料送完后，压缩空气即停止送入；加料阀再次找开，容器重新装料，开始进入下一工作循环。

图 7-73b 是从顶部供送物料到管道的单仓式气流输送泵。输送管道 5 深入容器 1 底部。压缩空气自容器的锥底上的风管 3 经喷嘴高速喷入输送管道，由于喷嘴与输送管道间形成局部负压，喷嘴周围的物料便在泵内料柱压力作用下附气流进入输送管道向上送出。在泵体锥体周壁上装有多孔板 4，送料时，压缩空气通过多孔板送入物料中，使物料充分流态化，以使物料均匀顺畅地进入输送管道。

有的仓式气流输送泵的缸体底部装设有多孔板装置的充气室（图 7-74），压缩空气由播风管 2 进入充气室 1，经多孔板 4 进入容器内，使物料处于良好的流态化状态，以便以较高固气比进行输送。

单仓式气流输送泵在泵体上部设有存料小仓，在泵体进行送料的同时，输送机向小仓内喂料。在泵体内物料卸完后，小仓内物料自动放入泵体内，然后开始第二个吹送过程。进料和送料过程是交替进行的，因此单仓泵是间歇式的供料设备。为了提高输送能力，并使输送连续进行，可在每一输送管道上配用两个单仓泵交替加料和送料，使整个输送系统基本上连续送料，这就是双仓气流输送泵。输送泵的装料、送风及送料等操作，均通过气阀门、电磁控制阀等装置自动控制。

仓式气流输送泵的优点是电耗比螺旋式气流输送泵低，设有机械运动部件，故不易损坏，维修工作量小，可以输送磨蚀性物料。其缺点是体型比螺旋气流输送泵高大得多，使厂房建造费用增加。通常仓式气流输送泵都是在输送距离较大（2km），需要较高的工作压强的压缩空气的情况下使用。

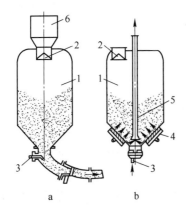

图 7-73   仓式气流输送泵

a—底部送料；b—顶部送料

1—容器；2—加料阀；3—风管；

4—多孔板；5—输送管道；6—小仓

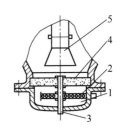

图 7-74   底部充气结构图

1—充气室；2—播风管；3—压缩空气管；

4—多孔板；5—输送管

c   气流提升泵

气流提升泵是一种利用低压空气把粉状物料垂直提升到所需高度的气流输送供料设备，它实际上是连续进料和送料的仓式气流输送泵的另一种形式。

采用气流提升泵的气流输送系统（图 7-75），主要是由提升泵、输送管、膨胀仓及空气压缩机等组成。粉料连续加入泵体 1 中，并随气流经输送管道 2 进入膨胀仓 3。在膨胀仓中，空气与粉料分离，粉料由下部锥体部分卸出，空气则由顶部排出。气流提升泵一般用罗茨鼓风机 4 供气，风机的风压一般在 0.035MPa 左右。

气流提升泵按结构可分为立式和卧式两种。两者的主要区别在于喷嘴的布置方向不同。喷嘴垂直布置的为立式，喷嘴水平布置的为卧式。

图 7-76 为立式气流提升泵。物料由泵体顶部进料口 1 喂入，压缩空气则由泵体下部经出风管 10 冲开止逆阀 15 进入气室 14，喷嘴 13 与输送管 3 间保持一定距离（h）并可调节。当气室的气体由喷嘴 13 高速喷入输送管 3 时，在输送管口处便形成了负压，另一部分辅助空气（3%~10%）由充气

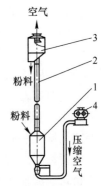

图 7-75   气流提升泵的

气流输送系统

1—提升泵；2—管道；

3—膨胀仓；4—罗茨鼓风机

管 8 经充气板 6 充入物料中，使物料流态化。流态化物料在泵内料柱的压力和喷嘴处形成的低压下流向喷射区进入输送管内，并沿输送管被提升到一定高度，送到终点的膨胀仓内分离而落下。

为防止物料从喷嘴处窜入主风管道，在气室内装有球形止逆阀 15，在正常情况下，气体先冲开止逆阀，再通过气室从喷嘴喷出；当进气停止时，止逆阀因自重而紧压在阀座上，封闭住气室和风管的通道。为了清洗可能进入气室的物料，在气室的侧面装设有清洗风管 9，以防堵塞气室而影响工作。

沿泵筒体的高度方向装有观察镜 11 和料面标尺 12，泵体内的物料须具有足够的高度，在正常进行中，泵内料柱高度应能自动平衡在足以克服输送管道流体阻力的位置上。输送量主要由喂料量来调节。对于一定的气流提升泵，输送同一物料时，输送量的大小取决于泵内料柱的高度，料柱越高，输送量越大。当改变喂料量时，经一段时间后，泵内料柱高度便自动稳定在一个新的位置上。

卧式气流提升泵如图 7-77 所示，其出料口为水平方向，需经过一段水平距离然后通过弯管转向垂直方向。其结构较立式简单，外形高度较矮，一般装在地面上。

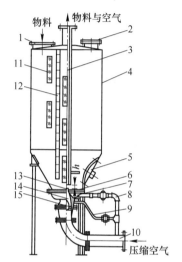

图 7-76　立式气流提升泵

1—进料口；2—安全阀；3—输送管；
4—提升泵体；5—人孔；6—充气板；
7—充气室；8—充气管；9—清洗风管；
10—出风管；11—观察镜；12—料面标尺；
13—喷嘴；14—气室；15—止逆阀

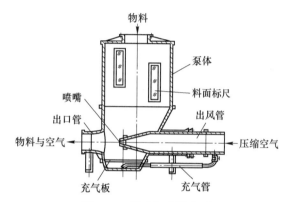

图 7-77　卧式气流提升泵

膨胀仓的构造如图 7-78 所示。在垂直提升管 3 的末端连接一个膨胀仓，它的作用是将物料从气流中分离出来。当物料与气体混合流沿垂直提升管 3 进入膨胀仓体 1 时，由于体积突然扩大引起气流速度突然降低，并受到冲击板 2 的阻挡，物料便在重力和惯性力作用下分离出来，经闪动阀 4 卸出；分离出物料后的气体经排气管进入收尘系统，进一步将物料收集下来。

气流提升泵的提升高度可达 80m，输送能力可达 200t/h。气流提升泵的输送风速根据物料细度、密度、流动性及输送高度而定。由于采用低风压风量，实际上输送管中风速一般偏高，达 22~25m/s 或更高。

当输送压强为 0.02~0.05MPa、输送高度为 20~60m 时，输送的质量浓度可达 12~20kg/m³。目前国内实际使用为 3~18kg/m³。

输送风压可按选定的质量浓度算出，一般用 0.04~0.1MPa 风压输送耐火材料粉料。压头损失包括喷嘴（70% 左右）和输送管道

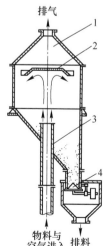

图 7-78　膨胀仓的构造

（30%左右），所以压头损失主要取决于喷嘴的口径和设计形式。

气力提升泵的优点主要是结构简单、质量轻、无运动部件、磨损小，密封性好，输送物料均匀稳定，操作维修方便，特别是超过 30m 高度、输送量大时较为经济适用。其缺点是输送量调节不灵敏、电耗和体型大。

在耐火材料等无机非金属材料工业中，气流提升泵一般用于垂直输送粉料，送料高度可达 40m 以上。

d　输料管道

输料管道的配置对气流输送系统影响较大。气流输送用的管子、弯管及阀件一般都有耐压耐磨等特殊要求，除了管子可用通用产品外，弯管和阀件都是专用配件。

气流输送管道一般采用水煤气管和热轧无缝钢管等。采用钢管时，钢管的连接应尽量采用焊接。为了便于安装维修，一般每 20~30m 应安装一对连接法兰。管道的弯管部位，磨损较大，黏性细粉易在弯管处黏附。为此弯管宜用较大的曲率半径。

当输送距离较长时，可考虑安装辅助吹气管道，用以消除可能产生的堵塞，其位置一般安装在弯管之前，助吹风嘴间距为 15~30m。

输送粉状物料管道的阀门是专门的换向阀门，只做形状或切换管路流向，不能调节流量。按其结构与用途可分为单路、双路和三路三种；按操作方式分手动和气动两种。专用换向阀门通常安装在输送管道的分叉部位，要求其气封性好、耐磨、不卡料、切换方便可靠。对于气动阀门必须配备电磁阀才能使用。

7.2.4.3　气流输送工作参数确定

设计气流输送系统时，首先需确定管道的线路，然后根据要求的输送能力 $W(t/h)$ 计算空气消耗量 $Q(m^3/s)$、空气压强 $p(Pa)$ 及管道直径 $D(m)$。为此又必须事先算出管道的当量输送长度 $L_z(m)$，料、气混合的固气比 m_a，对于输送今后的悬浮速度 $v_0(m/s)$，以及气流速度 $v(m/s)$ 等。目前已有的气、固两相流理论分析，大多是关于稀相的均匀流，而对复杂的密相的脉动流的研究还不够完全。下面着重介绍稀相气流输送系统的参数设计计算方法。

A　当量输送长度

为简化计算，可将输送管道的垂直段、倾斜段、管件及阀件折算为水平垂直的当量长度。设水平直管的总长度为 $\sum L$，斜管总长度为 $\sum L_s$，垂直管的总长度为 $\sum L_v$，管件和阀件的总长度为 $\sum L_e$，则当量输送长度（m）为：

$$L_z = \sum L + K_s \sum L_s + K_v \sum L_v + \sum L_e \qquad (7-115)$$

式中，K_s、K_v 为换算系数，由实际确定，一般取 $K_s = 1.6$，$K_v = 1.3~2.0$。部分管件和阀件的当量值见表 7-34。

B　气流速度

合适的气流速度应能保证物料在管道内全部被输送，又尽可能地降低其动力消耗。

要使颗粒能被气流带走，在输送管道任何截面上的气流速度 v 均应大于悬浮速度 v_0。悬浮速度（m/s）可由下式计算：

$$v_0 = K \sqrt{d_p \frac{\rho_p}{\rho}} \qquad (7-116)$$

式中　d_p——固体颗粒的直径，m；

　　　ρ_p——固体颗粒的密度，kg/m^3；

　　　ρ——空气密度，kg/m^3；

　　　K——系数，其值与颗粒形状、尺寸大小和表面情况等因素有关。

表 7-34　管件及阀件的当量长度

管件及阀件种类			当量长度
90°弯管	弯管的曲率半径与管道直径之比 R_0/D	6	7~10
		8	9~13
		10	12~16
		12	14~17
双向换向阀门	带盘形阀		8~10
	带旋塞阀		3~4
	带双路 V 形螺旋		2~3
换向接管	双路		3~4
	三路		3~5

在输送过程中，因空气压强沿管道从进料端到出料端逐渐降低，使气体的体积随之增大，气流速度沿管道也相应增大。为了使颗粒能被气流带走，应使进料端的气流速度不小于悬浮速度。

由于空气压缩机的风量是按自由空气状态计算的，故需计算相应于大气压下的气流速度。对于压送式气流输送系统，相应于大气压下在出料端管道截面处的气流速度（m/s）应为：

$$v = \alpha \sqrt{\rho_p} + BL_z^2 \tag{7-117}$$

式中　α——考虑颗粒尺寸的系数，见表 7-35；

　　　ρ_p——固体颗粒的密度，t/m^3；

　　　B——系数，取 $B = (2 \sim 5) \times 10^{-5}$；

　　　L_z——管道的当量长度，m。

表 7-35　考虑颗粒尺寸的系数 α 值

物料种类	颗粒最大尺寸	α 值
粉尘	1~1000μm	10~16
均匀颗粒	1~10mm	17~20
不均匀小颗粒物料	1~20mm	17~22
不均匀大颗粒物料	40~80mm	22~25

对于抽吸式气流输送系统，相应于大气压下在进料端管道截面处的气流速度（m/s）为：

$$v = \alpha \sqrt{\rho_p} \tag{7-118}$$

式中，符号意义同前。

C 固气比

输送管道中料、气混合物的质量浓度为单位时间内通过输送管道截面的物料量和空气量的比值，即固气比（kg（料）/kg（气 ））：

$$m_{a} = \frac{G}{G_{t}} = \frac{G}{3.6\rho Q} \tag{7-119}$$

式中　G——输送设备的输送能力，t/h；

G_t——空气的质量流量，t/h；

ρ——空气密度，kg/m³；

Q——空气流量，m³/s。

固气比 m_a 值的大小对气流输送装置的设备投资、生产费用和料气混合物在管道内的流动状态有很大的影响。m_a 值越大，则输送装置效率越高，空气的耗量越少，输送管径越小，投资和生产费用可降低。因此，应尽可能提高 m_a 值。但 m_a 值过大，物料在气流中的分布就趋于不均匀，相当一部分物料会形成团聚体在管道底部滑动，这不仅增大了输送阻力，而且在长距离输送时会出现脉动现象，严重时会造成物料沉积和堵塞。为了操作安全，固气比 m_a 应该有一恰当的数值。

m_a 值的确定取决于物料性质、输送方式及输送条件等。当输送装置已选定、输送条件一定时，m_a 值一般也会相应稳定。对于相对密度小的物料或输送距离短、输送压强高时取较大的 m_a 值；反之，就应取较小的 m_a 值。在计算时，可以参考表 7-36 及图 7-79 所示的实验数据。

表 7-36　输送方式与固气比的关系

输送方式	抽吸式				压送式		
	低真空			高真空	低压	高压	流态化压送
	≤12	12~25	25~50				
固气比 m_a	0.35~1.2	1.2~1.8	1.8~8	8~20	1~10	10~50	40~80

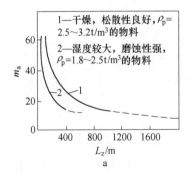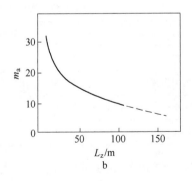

图 7-79　固气比 m_a 与当量输送长度 L_z 的关系

a—压送式气流输送设备；b—抽吸式气流输送设备

D 空气消耗量

当固气比已经确定，空气消耗量（m³/s）便可用下式算出：

$$Q = \frac{G}{3.6\rho m_a} \tag{7-120}$$

式中，ρ 按当地自由空气的密度计算；其他符号意义同前。

实际上，考虑到管道的漏风，需附加一定的漏风量。同时，为了在物料性质和输送条件与设计值有出入时也能进行输送，要求空气量留有一定的裕量。因此，实际选用的空气消耗量（m³/s）为：

$$Q_0 = KQ \tag{7-121}$$

式中 K——根据输送方式和设备类型选取的系数。

对于抽吸式气流输送系统，$K = 1.25 \sim 1.35$；对于压送式气流输送系统，$K = 1.1 \sim 1.2$；对于螺旋式气流输送泵，$K = 1$；对于带充气式中间仓单仓泵和双仓泵，$K = 1.2$。

E 输送管道直径

输送管道的内径（m）可根据式 7-122 算出：

$$D = \sqrt{\frac{4Q}{\pi v}} \tag{7-122}$$

式中，符号意义同前。由计算出的输料管径选取标准管直径。

F 空气压强

输送管道起点与终点间的压差可以根据输送压缩空气的管道计算导出。因压送式气流输送管道终点处的压强 p_2 及抽吸式气流输送管道起点处的压强 p_1 均为 0.101MPa，因此，对于压送式管道，起点的压强（MPa）：

$$p_1 = 0.101\sqrt{1 + \frac{\lambda_0 L_z v^2}{D}} \pm \Delta p_n \tag{7-123}$$

对于抽吸式管道，终点的压强（MPa）：

$$p_2 = 0.101\sqrt{1 - \frac{\lambda_0 L_z v^2}{D}} \pm \Delta p_n \tag{7-124}$$

式中 L_z——管道的当量长度，m；

D——管道直径，m；

v——气流速度，m/s；

λ_0——阻力系数；

Δp_n——料气混合物料柱高度造成的压差，MPa，Δp_n 前面的符号，在式 7-123 中，当物料向上输送时为正，向下输送时为负，在式 7-124 中反之。

$$\Delta p_n = \frac{\sum H \rho' m_a g}{10^6}$$

式中 $\sum H$——输送管道起点与终点间的高度差，m；

ρ'——在管道的垂直段空气的平均密度，对于压送式管道 $\rho' = 1.6 \sim 2.0 \text{kg/m}^3$，对于抽吸式管道 $\rho' = 0.8 \sim 0.99 \text{kg/m}^3$；

g ——重力加速度，m/s^2；

m_a ——料气混合物固气比，$kg(料)/kg(气)$。

对于含有固体颗粒的气体，系数 λ_0 值与固气比 m_a 有关，即

$$\lambda_0 = \beta m_a \qquad (7\text{-}125)$$

式中 β ——实验系数。

对于抽吸式管道，$\beta = 1.5 \times 10^{-7}$；对于压送式管道，$\beta$ 是 $S = m_a L_z v^2 / D$ 的函数，其值大小可从图 7-80 中的曲线查出。

空气压缩机的工作压强或真空泵的真空度 (kPa) 按下式计算：

$$p_M = kp + p_P \qquad (7\text{-}126)$$

式中 p ——压送式管道的工作压强或抽吸式管道的真空度，kPa，对于前者，p 等于管道起点处的压强 p_1，对于后者，$p = 1 - p_2$；

k ——供料设备的压强损失系数，可取 $k = 1.15 \sim 1.25$；

p_P ——引管的压强损失，对于压送式管道，

$p_P = 20 \sim 30.3\text{kPa}$，对于抽吸式管道，$p_P = 1 \sim 2\text{kPa}$。

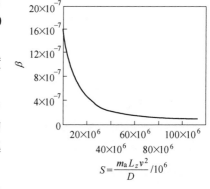

图 7-80   系数 β 与 S 的关系

G   空气压缩机或真空泵的计算功率

气流输送设备的空气压缩机或真空泵的功率 (kW) 为：

$$N = \frac{L_0 Q_0}{1000 \eta_{iso}} \qquad (7\text{-}127)$$

式中 L_0 ——压缩每 $1m^3$ 气体的理论等温功，J/m^3；

Q_0 ——需用风量，m^3/s；

η_{iso} ——等温全效率，$\eta_{iso} = 0.55 \sim 0.75$。

复习思考题

7-1   什么叫筛分？筛分有何意义？影响筛分效率的因素有哪些？

7-2   请说明筛面开孔率、筛面宽度、筛机长度与筛分设备的筛分效率和生产能力的关系。

7-3   筛分设备的筛孔形状如何确定？筛分作业是小于筛孔的物料全部通过筛孔？

7-4   对于振动筛分设备，如何调节其筛分效率？耐火材料厂常用什么设备对物料进行筛分？

7-5   请分析说明图 7-81 的意义。

7-6   已知进筛物料的颗粒尺寸为 $10 \sim 0\text{mm}$，其中 $10 \sim 5\text{mm}$ 的物料占 40%，$5 \sim 3\text{mm}$ 的物料占 30%，$3 \sim 1\text{mm}$ 的颗粒占 20%。选用筛孔尺寸为 5mm 的振动筛筛分后，经分析，筛上料中 >5mm 的颗粒占 80%，筛下料中 >5mm 的颗粒占 25%，求振动筛的筛分效率。

7-7   颚式破碎机破碎出来的物料需要筛分吗？用哪类输送设备最好？

7-8   在所有筛分设备中，哪种筛分设备的筛分效率最高？

7-9   从生产工艺要紧凑的角度考虑，圆锥破碎机的破碎产品宜用什么输送设备输送到筛分设备前的料仓？

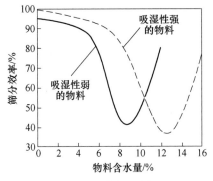

图 7-81 题 7-5 图

8 称量与配料设备

本章要点

    （1）掌握配料的含义及其意义与作用；

    （2）了解配料的主要方法及其特点，常用的配料设备；

    （3）熟悉主要配料设备的工作原理。

    配料是根据不同种类耐火材料制品的理化性能、尺寸及外形，并考虑工艺因素，来确定制品的物料的化学组成与矿物组成。合理的配料工艺流程，正确地选定配料计量装置的规格、数量，并与合适的配料给料设备配合，才能提高配料的准确度和配料效率。

    从工艺过程来讲，配料是将大、中、小颗粒状和粉状物料按一定的比例，用称量装置（设备）进行给料的工序。当配料的组成确定后，剩下的问题就是采用哪种配料方法。常用的配料方法有容积配料法和重量配料法两种。

    容积配料法是按体积比来实现配料的。容积配料法可以是连续的，但配料精确度差，耐火材料工业目前很少用此法。

    重量配料法比容积配料法精确度高，前者误差一般不超过2%，现得到广泛应用。

    常采用自动称量秤、称量车（又称配料车）进行称量，有时也采用手动称量秤（杠杆秤）。目前多数耐火材料厂采用光电秤和电子秤等。电子秤具有称量精度高、速度快、稳定性好、使用维修方便、质量轻、体积小等显著优点，得到了普遍使用。

    配料车应根据生产规模与品种数来选定。称量车适合于中等规模、品种多的配料，其灵活性较大，便于互换。如果品种较少且相对稳定，生产规模较大，宜采用自动配料秤。

8.1 称量概述

8.1.1 称量的意义

    在耐火材料生产中，原料称量是一个重要的工序。它不仅确定各种原料的用量和粒度，同时也确定了它们的配比。如果称量发生错误或称量不够准确，结果将获得不正确的配方，这将影响生坯乃至制品的性质，同时也浪费人力和物力。所以原料的称量虽简单，但却是耐火材料制品生产中一项十分重要的环节。

8.1.2 称量误差分析

    任何一个物理量真正的实际值是测不到的，因为无论哪个测量系统都不能完全消除误差。然而对一个物理量作无限多次的正确测定而获得的平均值，是极接近真值的，也称近似真值。所谓测量误差是指测量值与近似真值之差。

一般将误差分成如下几种：

（1）系统误差。系统误差由几方面因素产生：1）测量仪器不够精密，如刻度不准、砝码未作校正等；2）测量环境的变化，如温度、压力等变化而引起称量值改变；3）测定人员的技术水准不一，如读数偏高或偏低。一般说，这些因素所产生的误差总是偏向一边，其值大小也不变，故也称为恒定误差。系统误差通过校正是可以排除的。

（2）偶然误差。在消除系统误差之后，往往称量读数的尾数仍出现差别，这就是偶然误差。这种误差的大小和方向均不一定，且不易控制。但经统计分析，偶然误差符合数理统计规律。

（3）过失误差。过失误差是由操作不当或仪器故障所致。这类误差变化无常，没有一定规律。

通过分析误差产生的原因，从而避免误差的产生是减小误差的主要措施。称量中误差越小，称量准确度就越好。但提高准确度不仅取决于称量设备的性能，还决定于使用称量设备的方法。例如每种原料单独称量要比几种原料累积称量时误差小，因为后一方法有可能造成误差积累。同时还要合理选择秤的称量范围，一般称量值越是接近秤的全量程，它的相对误差越小。相反，称量值越小则相对误差越大。此外，还需要注意设备维护与校验，严格操作规程等都能减小称量误差。

8.1.3 误差的表示方法——标准误（离）差

误差的表示方法，通常有以下几种：范围误差、算术平均误差、标准误差和或然误差，一般采用标准误差。

（1）范围误差是指一组计量值中的最高值与最低值之差，但未能表示出偶然误差与计量次数有关，即两次计量与多次计量所得的范围误差可能相同。

（2）算术平均误差的定义为：

$$\delta = \frac{\sum |d_i|}{n} \quad (i = 1, 2, 3, \cdots, n) \tag{8-1}$$

式中　n——计量次数；

　　d_i——计量值与平均值的偏差。

设 x_1、x_2、x_3、$\cdots$、x_n 为各次计量值，则算术平均值为：

$$\overline{X} = \frac{x_1 + x_2 + \cdots + x_n}{n} = \frac{\sum x_i}{n} \tag{8-2}$$

于是 $d_1 = x_1 - \overline{X}$，$d_2 = x_2 - \overline{X}$，$\cdots$，$d_n = x_n - \overline{X}$ 相加之，并根据上式，则：

$$\sum d_i = 0 \tag{8-3}$$

式 8-3 表示计量值与平均值之差 d_i 的代数和为零，而无法表示出各次计量间彼此符合的程度，因为在偏差彼此接近与偏差较大的情况下（即范围误差不同），所得平均值可能相同。

（3）标准误（离）差，也称为均方根误差。当计量次数无限多时，标准误差的定义为：

$$S = \sqrt{\frac{\sum y_i^2}{n}} \tag{8-4}$$

式中 y_i ——真值与计量值之差。

在有限计量次数中，标准离差不能用式 8-4 计算。因为真值是计量次数为无限多时所得的平均值，而计量次数为有限时，所得平均值只近似于真值。故真值与计量值之差，同有限次计量平均值与计量值之差是不相等的。令真值为 μ，计量次数无限多时所得计量值与真值之差为 $y = x - \mu$，则得：

$$\sum y_i = \sum x_i - n\mu \tag{8-5}$$

将式 8-2、式 8-5 代入 $d_1 = x_1 - \overline{X}$ 式内，得：

$$d_i = (x_i - \mu) - \frac{\sum y_i}{n} = y_i - \frac{\sum y_i}{n} \tag{8-6}$$

则：

$$\sum d_i^2 = \sum y_i^2 - 2 \frac{(\sum y_i)^2}{n} + \frac{\sum y_i^2}{n^2} \tag{8-7}$$

因在计量中正负误差的机会相等，故将 $(\sum y_i)^2$ 展开后，y_1、y_2、y_1、y_3、$\cdots$ 为正负的数目相等，彼此相互抵消，故得：

$$\sum d_i^2 = \sum y_i^2 - 2 \frac{\sum y_i^2}{n} + n \frac{\sum y_i^2}{n^2}$$

$$\sum d_i^2 = \frac{n-1}{n} \sum y_i^2 \tag{8-8}$$

式 8-8 表示，在有限计量次数中，从算术平均值计算的偏差平方和永远小于从真值计算的误差平方和。将式 8-8 代入式 8-4，则得在有限计量次数下的标准离差为：

$$S = \sqrt{\frac{\sum d_i^2}{n-1}} \tag{8-9}$$

或

$$S = \sqrt{\frac{1}{n-1} \sum_{i=1}^{n} (x_i - \overline{X})^2} \tag{8-9'}$$

标准误（离）差对一组计量中较大误（离）差或较小误（离）差的反应比较敏感，所以标准误（离）差是表示精确度的较好方法。

（4）或然误差。用 r 表示，其定义乃按误差的正态分布规律，误差落在 0 与 $+r$ 之间的数目将占所有正误差的计量数目的一半，而负误差的情况亦然。从或然积分可以导出：

$$r = 0.6475\sigma \tag{8-10}$$

8.1.4 称量方法和配料的种类

目前的称量方法，大多数是间歇分批计量，另外还有连续称量，它与连续混捏（合）密切有关。

（1）间歇称量设备：

1）台秤，又称磅秤。是一种机械式的杠杆秤，它的最大允许误差为全量程的1/1000，以台秤、料斗、小车构成的配料车，在小型耐火材料厂仍在使用。

2）机电自动秤是在台秤的基础上加设电子装置，能够实现自动称量，应用较广。

3）电子自动秤是用传感器作测量元件，以电子装置自动完成称量、显示和控制，是一种新型的称量设备。

（2）连续称量设备。连续称量设备有皮带秤和核称量装置，均可自动控制进行称量。

（3）黏结剂的自动称量。目前黏结剂的自动称量也已应用，但较干料的自动称量，在控制和操作上还存在一些困难。除配料车外，其他称量设备都可采用微机智能控制，实现自动配料称量。

（4）秤量程的选择。要合理选用秤的称量范围，不宜以大秤来称量小料，这样称量误差较大，称量值应接近秤的全量程，这样称量误差较小。

（5）并列称量和累计称量。

并列称量是指配方料的各种原料及各种粒度由并列着的秤单独进行称量。耐火材料厂的料仓（S_1、S_2、…、S_n）呈直线（或并列的双直线）状排列，各料仓的料由各自的配料秤 W 进行称量，再用带式输送机 C 将料送入混碾机 M（图 8-1）。这种方式大多使用于生产品种单一、产量较大的耐火材料厂，特别是近年新建的不定形耐火材料车间的配料称量。

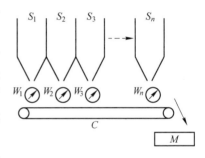

图 8-1　并列称量配料

累计称量是指所有各粒级料都由一台秤（即配料车）累计称量，目前除少数有一定历史的耐火材料厂仍用此法外，大多新建耐火材料厂已采用微机控制的自动称量配料系统。

就称量本身来讲，并列称量优于累计称量，这是因为：（1）按称量值要求各自选用量程相称的单独秤，有利于提高称量精确度，减小误差；（2）单独秤的结构较简单，有利于实现智能化；（3）各秤间同时进行称量，缩短了总称量时间；（4）称料斗载料较少，不易黏料和起拱，便于卸料。

并列称量的缺点是投资大，控制与操作较麻烦。

采用累计称量存在的问题有：（1）小料用大秤，量程相差较大，称量误差较大；（2）累计误差不易消除；（3）自动化的累计秤，在技术实现上尚有困难。

累计称量的优点是设备简单，操作容易，投资少。

8.2　电动配料车与机电自动秤

8.2.1　台秤

台秤是一种使用最为广泛的衡量，它的形状及其使用性能都为大家所熟悉。台秤的称量原理取自杠杆的平衡，利用一个或几个平衡杠杆便可实现称量。台秤的结构如图 8-2 所示。台板通过刀口 D 与 G 将载荷作用在传力杠杆 CE 和 FH 上，小杠杆 FH 又以刀口 K 将以一定比例缩小的力作用到大杠杆 CE 上，杠杆 CE 与标尺 AB 之间由连杆 BC 连接，于是作用力由刀口 B 传递给标尺杠杆 AB，利用改变标尺杆上的砝码 P 的质量和游码 W 的位置，便能达到杠杆系统的平衡。读取此时的相应标尺读数和砝码读数，即为被称重物的质量。

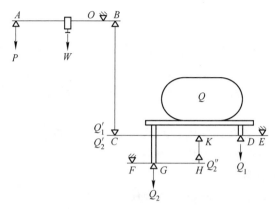

图 8-2   台秤的结构与原理

在实际称量中，台秤还应具有这样一种特性：即秤的示值仅仅取决于被称物体的质量，而不随物体在台板上的位置而变化。为此，两传力杠杆的尺寸应满足一定的关系。假如仍以图 8-2 为例，设台板上放置的重物，质量为 Q，它按平行力系分解成两个分力，作用于杠杆 CE 的刀口 D 上的分力为 Q_1，作用在刀口 G 上的分力为 Q_2。根据杠杆原理，可以求出 Q 在刀口 C 处的作用力 Q_1' 为：

$$Q_1' = \frac{ED}{EC} \times Q_1 \tag{8-11}$$

而分力 Q_2 在刀口 H 处的作用力 Q_2'' 为：

$$Q_2'' = \frac{FG}{FH} \times Q_2 \tag{8-12}$$

Q_2'' 通过连杆 KH 也作用到 CE 上，此时它在 C 点引起的作用力 Q_2' 应为：

$$Q_2' = \frac{EK}{EC} \times Q_2'' = \frac{EK}{EC} \times \frac{FG}{FH} \times Q_2 \tag{8-13}$$

由此可知，无论 Q_1 或 Q_2，都是将力变换到 C 点，通过连杆 BC 作用到标尺上，而标尺上的砝码和游码平衡的力应是 Q_1' 与 Q_2'' 之和。假如力 Q_1 至 Q_1'、Q_2 至 Q_2'，这两力在传递过程中均以相同的比例进行缩小，且比例尺为 K，则可有下式：

$$Q_1' + Q_2' = KQ_1 + KQ_2 = K(Q_1 + Q_2) = KQ \tag{8-14}$$

也即，不论 Q_1 与 Q_2 如何分配，只要都有相同的缩尺 K，那么 $Q_1'+ Q_2'$ 的值总是不变，也就是秤的示值不变。于是位置问题就转化为缩尺比例问题，为使其比例相同，则：

$$\frac{Q_1'}{Q_2} = \frac{Q_2'}{Q_2} \tag{8-15}$$

由此，从式 8-11 和式 8-13 可得出：

$$\frac{FG}{FH} = \frac{ED}{EK} \tag{8-16}$$

因此，当小杠杆的两臂之比等于大杠杆上短臂部分的两臂之比，称重物位置就不受限。

表 8-1 列出常用台秤的规格和主要参数。

表 8-1 台秤的规格和主要参数

型号	最大秤量/kg	计量杠杆/kg		最大秤量允差/g	外形尺寸
		最大秤量	最小分度值		/mm×mm×mm
GT-50	50	5	0.05	50	615×546×600
GT-100	100	5	0.05	100	615×760×600
GT-500	500	25	0.2	500	953×5454×1104
GT-1000	1000	50	0.5	1000	1223×855×1150

8.2.2 电动配料车

电动配料车构造如图 8-3 所示。操作人员可以灵活地将不同料仓的各种物料（或颗粒），按照规定的配方配合后，送入混碾设备进行混捏。配料车构造简单，操作与维修均很方便，工艺选择性较强，配料操作灵活，但一般需要在控制室进行手动操作，生产效率低，料仓口不易密封，配料时现场粉尘较大，劳动条件差。

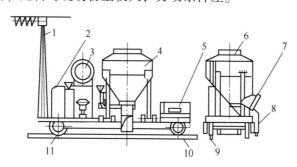

图 8-3 电动配料车构造示意图

1—滑线及支架；2—控制箱；3—称量装置；4—料斗；5—驱动装置；6—料斗口；
7—阀门；8—下料口；9—轨道；10—主动轮；11—从动轮

在各种粒度料和粉料的贮料仓下面，铺设有轻型轨道，供电动配料车在其上运行，驱动装置 5（由电动机、减速机和传动齿轮组成）使主动轮转动，也使从动轮随着在轨道上转动，电动配料车的前进与后退是通过控制箱 2 改变电动机的转向来实现的。常用的称量车有 600 公斤和 1000 公斤两种规格。配料车技术性能见表 8-2。

表 8-2 配料车技术性能

性能	600 公斤	1000 公斤
最大称量/kg	600	1000
最小称量/kg	30	50
精度/%	0.5	0.5
料斗积/m³	0.4	0.8

性能	600 公斤	1000 公斤
轨距/mm	950	950
行走速度/m·min⁻¹	40	40
电动机功率/kW	2.2	2.2
质量/kg	2400	3000

配料过程是操作人员控制电动配料车，将其运行到应放料的贮料仓下，将料斗口对准贮料仓的下料口，搬动贮料仓的闸板，使物料在自重作用下自由流入料斗口内，当称量装置的秤杆抬起，达到了规定的质量后，即关闭贮料仓的闸板，停止放料，控制电动配料车依次运动到各贮料仓下，重复前述动作。

将所需的各种物料配好后，即可控制电动配料车到应供料的混碾机的进料口位置，将下料口对准混碾机的进料口，打开电动配料车底部的下料闸板，使料斗中的物料下到混碾机中。下完物料关闭下料闸板，配料车开始进入下一个工作循环。

称量下料时，最好分 2~3 次下料，先开大料仓闸板，先下应称质量的 90% 左右的料，然后调小闸板口，再下应称质量的 8% 左右，最后一开（闸板开小缝）一关闸板，使物料质量至应称质量。称量误差控制在 1% 以内，称量在 1000kg 以上时，最大误差也应小于 1.5%。

8.2.3　机电配料秤

机电自动秤现有多种型号，但按其结构特点可以分成两种类型：一种是标尺式，另外一种是圆盘指示数字显示式。

8.2.3.1　标尺式

标尺式机电自动秤以 BCD 型标尺配料秤为例。该秤主要用于工业生产中粉粒状物配料的计量，它的结构见图 8-4。由电磁振动给料机和卸料器、称量装置及电气控制箱等组成。图中 20 为电磁振动给料器，16 为电磁振动卸料器，称量装置主要由料斗 17、承力杠杆 18、19，传力杠杆 10、12，读数尺 5，拉杆 14，可调连杆 13、15，平衡重锤 11，附加重锤 9，砝码托盘 7，接触棒 3、4、6，游码 2 及调整游码 1 和电气控制箱（图中未标出）构成，它有自动、半自动及手动三部分控制线路。

称量前必须进行零位调整，使读数尺处于平衡位置。调整游码 1 供细调零位之用，平衡重锤一般在设备出厂时已调整好，作为粗调整。

称量开始，先在托盘 7 上加砝码及拨动游码 2，使之符合称量给定值。再合上开关接通电路，电磁振动加料器开始加料，此时由于托盘 7 处于下位，读数标尺也位于最低位置，标尺的下触点与接触棒 6 接通，电磁振动给料器将串接在阻值较低的电路中，因而进行快速加料。当即将到达给定值，读数尺开始向上抬起而脱离下接触棒，并且挂上附加重锤，这时电路也作相应切换，使加料机进行慢速加料，直至读数尺上接触棒 4 连接停止加料。采用快速加料和终点慢速加料相结合的方法，使称量工作既快又易准确。附加重锤的位置调节到如图 8-5 所示。当读数尺还处于最低位置时，附加重锤应平放在橡胶垫上，小钩与环形螺杆间保持 5mm 左右的间隙。因此在加料结束之前的大部分时间里附加重锤并

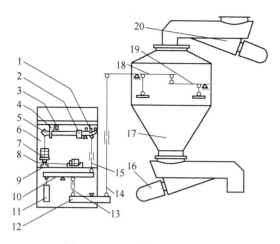

图 8-4　BCD 型标尺式配料秤

1—调整游码；2—游码；3，4，6—接触棒；5—读数尺；7—砝码托盘；8—重锤挂钩；9—附加重锤；
10，12—传力杠杆；11—平衡重锤；13，15—可调连杆；14—拉杆；16—电磁振动卸料器；
17—料斗；18，19—承力杠杆；20—电磁振动给料器

不参与称量，只是当加料接近给定值时，读数尺上升使环形螺杆与小钩接触，附加重锤才参与称量。利用这种结构，便可将加料过程分为读数尺由最低位置到接触小钩作快速加料和提起附加重锤至最高位置作慢速加料这样两个阶段。慢速加料一般调节在 1kg/s 的流量，当改变慢速加料区间的这段间距，使之加料时间有 0.1s 的变化，就可改善 0.1kg 左右的误差。实践证明，通过这种调整可以改善 1kg 左右的误差。

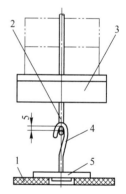

图 8-5　附加重锤

1—橡胶垫；2—环形螺杆；
3—重锤托盘；4—小钩；
5—附加重锤

读数尺与接触棒 4 接触，表示物料质量已达到定值。此时控制电路将自动停止加料机运转，并使电磁振动卸料器开始工作，进行卸料。料斗中的物料由于不断卸料而减轻，读数尺则下降，并使触点连接接触棒 6，此时由于延时继电器的作用，不会马上接通加料器，而仍继续完成卸料工作，直到延迟到卸料完毕才开始下一周期的加料。

称量中若发生过载现象，读数尺在与接触棒 4 连接后还会继续抬起，并同时与接触棒 4 和 3 相连，此刻即发出过载讯号。

BCP 型标尺自动秤的规格和性能列于表 8-3 中，其允许误差为最大称量的 1/400。工作电源为 220V、50Hz。

表 8-3　BCP 型自动秤部分规格及主要参数

型号	计量范围 /kg	最小分度值 /kg	秤斗容积 /m³	工作能力 /t·h⁻¹	外形尺寸 /mm×mm×mm	自重 /kg
BCP01	10～100	0.1	0.1	2	1988×1710×1722	600
BCP02	20～200	0.2	0.1	3	1977×1710×2042	650
BCP03	50～500	0.5	0.5	6	2237×1831×2360	750

8.2.3.2 圆盘指示数字显示式

这类机电自动秤以 XSP 型配料自动秤为代表，它是工业自动化生产中正确配置各种粉状或粒状物料的自动化衡器。生产中可以由几台秤组合成配料秤组来完成多种物料的配料，也可由一台秤进行自动配置四种以下不同配合比的物料。该秤的称量准确性较高，操作方便，能作远距离控制。

XSP 型配料秤主要由电磁振动给料机和卸料器、称量系统、圆盘指示机构、数字显示系统及自动控制系统等组成。前两部分的结构和工作原理与标尺式秤大致相似，称量系统也是采用多级杠杆组，为了提高称量速度，还增设一个油阻尼器。下面着重介绍圆盘指示机构等的工作原理。

圆盘指示机构的简图见图 8-6。当电磁振动给料器通电后，被称物料进入料斗，物料的重量通过杠杆系统传递，然后作用在图示的挂钩 9 上，这个作用力通过挂钩上方的十字接架 8 和两根柔性钢带（即传力钢带）7 作用到凸轮 2 上，每个凸轮与前后两个扇形轮以其固定在轮廓上的支承钢带 1 与支架相连，于是这个作用力经过凸轮、扇形轮、钢带轮最后由支架承受。重锤杆 5 与凸轮是固定联结（一般在出厂前调节完毕后不再作更动），平衡锤即安装在重锤杆上，当凸轮回转时重锤杆也作等角度摆动，由此改变平衡锤的力臂长度。

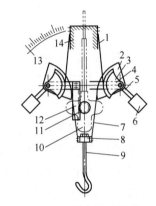

图 8-6 圆盘指示机构

1—支撑钢带；2—凸轮；3—扇形轮；
4—拉板；5—重锤杆；6—平衡锤；
7—传力钢带；8—十字接架；9—挂钩；
10—指针；11—齿轮；12—齿条；
13—刻度盘；14—支架

由凸轮 2、平衡锤 6、拉板 4、齿条 12 和齿轮 11 组成的回转机构是用四根钢带 1 悬挂着的，受力后钢带 7 将带动凸轮向下转动。这时同轴的扇形轮 3 则沿着支承钢带向上滚动。为了不使扇形轮在沿钢带滚动时偏斜摆，故须用拉板 4 支撑着。与此同时，由于凸轮在向下运动时，改变了钢带对它的作用臂长度，也改变着平衡锤的作用臂长，即改变平衡力矩，促使回转机构停止滚动，在新的位置上取得平衡。所以作用力只要不超过平衡锤的平衡范围，回转机构总可以凭借平衡力矩变化在一个相应的位置上静止下来。作用力越大，静止位置就越高，这就是重量向线位移转化的过程。利用装在拉板上的齿条 12 与齿轮 11 啮合，实现了线位移改变为齿轮轴的角位移。

齿轮轴的前端安装着指针 10，指针的转角对应于物料的质量，以便在刻度盘 13 的分度值上读得被测质量。为了便于绘制刻度盘，凸轮的轮廓曲线应满足这样的要求：指针的转角应按线性变化。数字显示和数字控制的原理如图 8-7 所示。

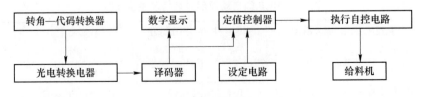

图 8-7 数字显示和控制示意图

数字显示是将秤的角位移用光敏元件转换成电讯号而实现的。秤的指针旋转角正比于被称物的质量，不同的旋转角用不同的代码通过光短讯号输出，经电子逻辑系统将响应的讯号译成十进制数字，通过数码管显示。秤用玻璃码盘作为转角—代码转换器，码盘固定在秤的指针轴上，与指针同轴旋转，码盘上印有一定数量同心的码道，每一位十进制数字占用四个码道，每个码道上有透光部分和不透光部分，码道上不透光部分称之为"0"，透光部分称之为"1"。在码盘的一侧有固定的光束，透过码盘射在光敏元件上，各光敏元件由于码盘的透光或不透光而有受光与不受光之别，由此输出相应的光电讯号，因码盘的编制是与刻度盘的分度值相对应的，因此输出讯号代表了物料的质量。

光敏转换电路是利用光敏元件的特性，光敏元件在无光照射时，它的内阻值很大，相当于电路断开，在有光照射时，反向电阻值显著降低，相当于电路接通。由此，在电路的输出端上就有两种电压，即 10V 和 0V 两种状态，它们分别表示"1"和"0"。

译码器是把光电转换电路输出的"0"和"1"状态，根据编码制度，译成人们所熟悉的十进制数字，用数码管将译出的数字显示出来，并用其进行称量控制。它是由四个二极管组成逻辑与门，其输入端接到光电转换电路，输出端与译码三极管相连。数码管即按译码三极管的电压讯号而起辉，以显示出称量结果。

自动控制系统中设计了程序控制电路，根据需要控制相应的电钮，配料秤即能自动工作，即快速加料、停止加料及自动卸料等。当超过给定值时，系统还会发出报警信号。

XSP 配料秤的规格和性能列于表 8-4 中。

表 8-4 XSP 配料秤的规格和性能

项　　目	型　　号		
	XSP006	XSP010	XSP100
最大称量/kg	60	100	1000
最小分度值/kg	0.15	0.25	2.5
允差/kg	0.15	0.25	2.5
秤斗容积/m³	0.4	0.4	0.7
单机外形/mm×mm×mm	850×400×1400	850×400×1500	850×400×1400
电源/V	220	220	220
气源/Pa	$(5\sim6)\times10^5$	$(5\sim6)\times10^5$	$(5\sim6)\times10^5$
计量周期/min	2	3	8
质量/kg	400	400	800

8.3　电子自动秤

电子自动秤是新发展起来的一种自动秤。它的结构简单、体积小、质量轻，适用远距离控制，因此正在为需自动化配料的工厂所采用。由于它的性能和设计已得到发展和完善，目前已得到推广使用。

电子自动秤完全脱离了机械杠杆的称量原理，它是由多种不同规格的电阻式测力传感器作为称量参数变化器，用以代替机械秤中的杠杆系统，利用电位有效期计及二次仪表实现自动称量物料质量。已被应用的 DCZ 型电子自动秤的工作原理图见图 8-8。

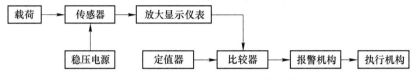

图 8-8　DCZ 型电子自动秤的工作原理图

电子自动秤由传感器和稳压电源组成一次仪表，当载荷作用于传感器后，机械量随即由一次仪表转换成电量，输出一个微弱的讯号电压，经滤波后馈送到下一级晶体管放大器放大后，输出一个足以推动可逆电机转动的功率。可逆电机转轴带动测量桥路中滑线电阻的滑臂，改变滑线电阻的接触点位置，从而产生一个相位相反的电压来补偿一次仪表的电压差值，由此使测量系统重新获得平衡。由于一次仪表输出的电压正比于载荷大小，测量桥路又是一个线性桥，标尺刻度又同滑线电阻触头在同一位置上，因此标尺将线性地指示出载荷的量。

为实现自动称量，还设置程序控制装置。系统中的比较器对上述放大后的信号和定值器送来的给定信号进行比较，在物料量到达给定值时立即停止加料。当被测质量超出给定值时，比较器将输出脉冲记号给报警机构，并通过执行机构动作。在这类电子自动秤中采用的传感器为电阻式的，它可装配成筒式或梁式两种。传感器的结构如图 8-9 所示。

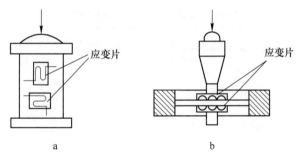

图 8-9　传感器的结构
a—应变筒式；b—应变梁式

应变筒或应变梁是由金属弹性材料制作的元件，电阻丝应变片将仔细地粘贴在应变元件上，当应变筒或应变梁因受力而变形时，应变片能随同一起作相应的变化。电阻丝应变片有丝式和箔式两种，一般是用康铜丝绕成，或用康铜腐蚀成栅形结构，它们往往分组粘贴在应变元件上，相互连接成电桥形式。应变筒传感器上电阻应变片的布置方式及相应的电路如图8-10 所示。

当应变筒受力作用而产生压缩变形时，贴在筒上的一组横向应变片的电阻丝受到拉伸使

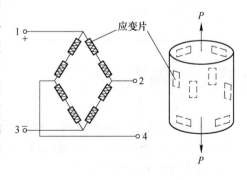

图 8-10　应变筒传感器原理图
1~4—接头

其直径变细而长度伸长，故电阻值增大，另一组轴向粘贴的应变片受到压缩，故其直径将变粗，长度则缩短，电阻值减小。因而由这些电阻应变片组成的电桥在受力后失去了平衡，在对角输出端上有一不平衡电压输出，该电压值正比于作用在传感器上的载荷，因此可以利用这种不平衡电压的大小来度量被测载荷数值。传感器可以串联使用，每个秤斗上设置三个，但每个传感器需一套稳压电源。

称量的显示部分又称二次仪表，它包括额定电压单元、三级阻容滤波晶体管放大器和可逆电机、刻度盘等。其工作原理与通常的电子电位差计一样。

DCZ—1系列电子自动秤的主要品种见表8-5，仪表的测量范围为10kg~70t，其分度范围为10kg、20kg、30kg、50kg、70kg等五种（或100~700kg、1000~7000kg、10~70t）。

表8-5 DCZ—1系列电子秤类别

型号	传感器数	桥压	附加装置	电源
DCZ—1/01	1	20V	两点给定或电阻比例	380V或220V
DCZ—1/02	3	6V×3	两点、四点给定或电阻比例	220V
DCZ—1/04	4	6V×3	两点、四点给定或电阻比例	220V

8.4 微机自动控制配料系统

8.4.1 微机自动配料系统的构成

自动配料是利用安装于每个贮料仓下的特制磅秤称量机构，再增设一些控制机构系统来实现的，该系统按作用可分七部分。

（1）控制部分：由1台主微机、若干台子微机组成，如某厂有子微机为32台；另有1个操作台，4个弱电控制柜，4个强电控制柜，完成对系统的管理，控制实现自动配料。

（2）称重部分：某厂由32台电子秤（子微机）、32只接线盒、96只负荷传感器，以及传输线组成，完成对物料的高精度称量。

（3）执行机构：某厂由18台电磁振动给料机、3台螺旋给料机、21台卸料装置完成干料系统的配料、排料工作。

（4）显示部分：由主微机显示器，子微机显示板、模拟显示板组成。完成自动配料的动态显示及生产过程的显示。

（5）声光报警部分：对系统工作的不正常状态，例如超上限、无流量、排料口未关到位、电源断电等进行声光报警。

（6）运输部分：由3条运输线（振动输送机）组成。完成对10台混碾机3个生产系统的干料运输工作。

（7）电源部分：由3台UPS不间断电源和2台直流稳压电源向机房设备提供高质量电源，工业电网电源为执行机构供电。

干料系统工艺流程如图8-11所示。

8.4.2 自动配料

自动配料系统主要由微机构成主从式集散控制方式。其中由直接控制机（DDC）和

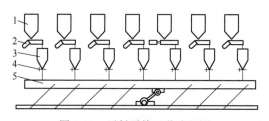

图 8-11 干料系统工艺流程图

1—料仓；2—给料机；3—料斗；4—排料插板；5—振动输送机

中央控制机（SCC）组成。系统的框图如图 8-12 所示。该系统的工作过程是由操作台设定工作方式——全自动/单称自动。由主微机监视配料过程，系统异常自动报警。由子微机直接发出指令控制执行机构，子微机自动检测过冲量，自动修正下次配料冲量保证精度。子微机按设定的高精度配料曲线自动完成配料过程。主微机采集子微机配料的数据，打印配料报表。模拟盘显示系统工作状态。单称自动配料时，在子微机面盘上直接操作。

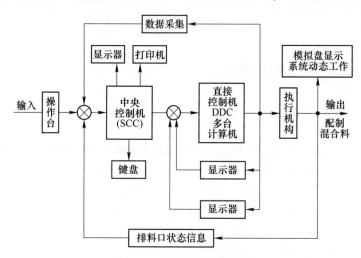

图 8-12 微机配料系统框图

复习思考题

8-1 请简述物料称量的意义与误差分析方法。

8-2 目前常用称量方法有哪些？并说明其优缺点。

8-3 物料称量与配料密不可分，请列举一种常用的配料系统并说明其适用条件和特点。

8-4 某耐火材料企业计划扩增建设一条 MgO-C 砖生产线，其配料生产线可选用哪种形式？并说明原因。

9 混合设备

本章要点

(1) 了解物料混合的意义，熟悉混合度的概念；
(2) 掌握混合设备的主要工作参数及其计算；
(3) 熟悉耐火材料生产时常用的混合设备。

9.1 概述

所谓混合是将不同粒度按一定比例配好的物料及其结合剂等进行混拌使物料达到均匀分散，为耐火材料制品提供颗粒密实且具有一定可塑性泥料的操作。搅拌是把少量固体和液体均匀的操作。捏和是把少量液体和固体均匀的操作，也有把捏和称为混练。但两者又有些区别，混练比捏和的粉体粒度粗，液体成分少，粉体的充填状态也有些区别，然而两者没有严格的界限。捏和或混练处于混合和搅拌之间。一般广义上把上述的各种操作统称为混合。

实际上，混合是一种操作，是一个过程，是一种趋向于减少混合物非均匀性的操作，是在整个系统的全部体积内各组分在其基本单元没有发生本质变化的情况下的均化分布过程。

耐火制品在材料结构上是非均质的，且其原料有多种，各种原料的性质差别很大。所以要提高耐火材料工业产品的质量，混合均匀是一项不容忽视的重要条件。产品的不少缺陷或影响生产的某些因素，大多与混合过程及其设备的优劣密切有关。

泥料混合的均匀程度又与混合方式及混合设备有关，混合设备分连续作业和间歇作业两种。间歇作业的混合设备的缺点是，泥料的单位能耗大，加料、出料费时，混合周期较长。连续式混合设备的缺点是混合周期调节困难，同时，由于物料在机内停留的时间较短，而且因设备本身构造所致，对物料缺乏碾揉与挤压作用，很难使结合剂渗入物料所有缝隙内，达到混拌高度均匀的目的；因此，连续式混合设备制备的泥料仅用于对耐火制品质量要求较低的品种。

混合设备的构造、工作原理与操作方法的不同，直接影响到混合泥料的质量。为了避免泥料的混杂，不同性质的物料一般不使用同一台湿碾机，如若共用一台时，更换物料前必须清扫干净。

混合时的加料顺序对于泥料的混合质量有直接影响。混合作业常分两个阶段进行，一般先进行干料的混拌，使各种不同成分、不同粒度的物料混合均匀，然后加入结合剂，促使颗粒间相互紧密接触，成为一种具有可塑性的泥料。在加结合剂的过程中，也有部分物料是随结合剂一起加入的。如泥浆或石灰乳等是随亚硫酸纸浆废液一起加入混合设备的。也有例外，如制备焦油白云石泥料的细粉是最后加入搅拌的。

9.2 混合设备分类

混合设备按不同的标准可有如下分类：

（1）按操作方式划分。混合设备按操作方式不同可分为间歇式和连续式两类。耐火材料工业常用的是间歇式混合机。间歇混合设备有湿碾机、单轴或双轴搅拌机及混砂机等。湿碾机除搅拌混合作用外，还有碾揉挤压作用，可获得均匀致密的泥料，所以目前使用较为普遍。对于含炭耐火材料，因石墨与耐火氧化物密度相差较大，若用一般的混合设备容易造成分层混合不均的情况，因此一般采用高速混合机或行星式混碾机。

连续式操作则对生产的自动化有意义，连续混合时，选取合适的喂料设备，它既能给料又能连续称量。出口物料的均匀度应作连续检测，并及时反馈信号调节喂入量，以便获得最佳的均匀度。连续混合的优点是：可放置在紧靠下一工序的前面，因而大大降低混合料在输送和中间储存中出现的分料现象；设备紧凑，且易于获得较高的均匀度；可使整个生产过程实现连续化、自动化，减少环境污染并提高处理水平。其缺点是：参与混合的物料组分不宜过多，微量组分物料的加料不易计量精确，对工艺过程的变化适应性较差；设备价格过高，维修费用高。

（2）按设备运动形式划分。混合机按运动形式来分，有回转容器式和固定容器式两类。

回转容器式混合机的特点是：全部为间歇式；装料量相对较小；当粉料流动性较好且其他物理性质差异不大时，可得到较好的均匀度，其中尤以 V 型混合机的均匀度较高；容器内部容易清扫，可用于磨蚀性强的物料混合，多用于品种多而批量较小的生产中。其缺点是：混合机的加料和卸料，都要求容器停止在固定的位置上，故需要加装定位机构，加料和卸料时易产生粉尘，需要采取防尘措施。

固定容器式混合机的特点是：在搅拌桨叶强制作用下使物料循环对流和剪切位移而达到均匀混合，混合速度较高，可得到较为满意的混合均匀度；由于混合时可适当加水，因而防止粉尘飞扬和分料。缺点是：容器内部较难清理，搅拌部件磨损较大。

（3）按工作原理划分。混合机按其工作原理可分为重力式和强制式两类。

重力式混合机是物料在绕水平轴（也有倾斜轴）转动的容器内，主要受重力作用产生复杂运动而相互混合。这类混合机按容器外形又可分为圆筒式、鼓式、立方体式、双锥式和 V 式等。这类混合机易使粒度差较大的物料趋向分料。为减少物料结团，有些重力混合机（如 V 式）内还设有高速旋转桨叶。

强制式混合机是物料在旋转桨叶的强制推动下，或在气流作用下产生运动而强行混合。这类混合机按其轴的转动形式来分有水平轴的（即叶桨式、带式等）、垂直轴的（即盘式：定盘式和动盘式）、斜轴的（即叶桨旋转式）等。强制式混合机的混合强度较重力式为大，且可大大地减少物料特性对混合的影响。

（4）按混合方式来划分。混合机按混合方式分为机械混合机和气动混合两类。

机械混合机在工作原理上大致又可分为重力式（回转容器式）和强制式（固定容器式）两类。气动混合设备用脉冲高速气流使物料受到强烈翻动或由于高压气流在容器中形成对流流动而使物料混合，主要有重力式（包括外管式、内管式和螺旋式等）、流化式和脉冲旋转式等。

机械混合多数由机械部件直接与物料接触，尤其是强制式混合机，机械磨损较大。

机械混合设备容量一般不超过 $60m^3$，而气流混合设备却可高达 $100m^3$，这是因为它没有运动部件，限制性较小。此外，气流混合还有以下优点：结构简单，混合速度快，混合均匀度较高，动力消耗低，易密闭防尘，维修方便。对于黏结性物料的混合则不宜使用。

（5）按混合与分料机理划分。混合机按混合与分料机理可分为分料型混合机和非分料型混合机两类。前者以扩散混合为主，属重力式混合机；后者以对流混合为主，属强制式混合机。强制式混合机也存在一定程度的分料，但远比重力式混合机小。

物料也可分为分料型物料与非分料型物料两类。前者是指作自由流动（干燥的、自然休止角较小的）而存在密度差或粒度差的物料；后者则为较难流动的（可能由于水分或极细颗粒等影响）物料。属于非分料型物料，则任何混合机都能适用。对于分料型物料，则只有采用非分料型混合机才能得到较好的混合。

（6）按混合物料划分。混合机按混合物料可分为混合机和搅拌机两类。通常将干粉混合或增湿混合的机械称为混合机；将软质原料（如黏土、高岭等）分散在水中制成料浆，或使料浆保持均匀悬浮状态防止沉淀的机械设备称为搅拌机。图 9-1 为常用混合机的示意图。

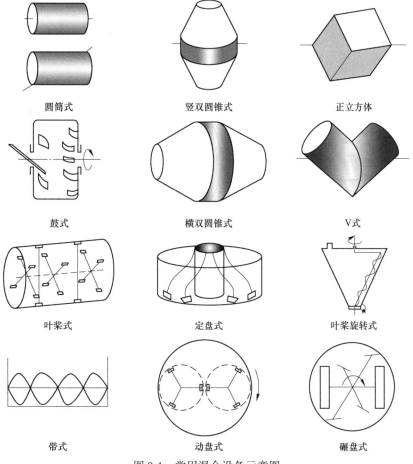

圆筒式　　　　　　　竖双圆锥式　　　　　　正立方体

鼓式　　　　　　　横双圆锥式　　　　　　V式

叶桨式　　　　　　　定盘式　　　　　　叶桨旋转式

带式　　　　　　　动盘式　　　　　　碾盘式

图 9-1　常用混合设备示意图

耐火材料生产企业对混合设备的一般要求是：

（1）混合物的混合均匀度要高；

（2）物料在容器内的残留物要少；

（3）设备结构简单，坚固耐用，便于操作、检视、取样和清理，维修方便。

选用混合机时，必须充分比较其混合性能，既要考虑对混合物的质量要求，又要考虑过程要求。如混合均匀度的好坏、混合时间的长短，粉料物理性质对混合机性能的影响，混合机所需动力及生产能力，加卸料是否简便，对粉尘的预防等，这些问题需要统筹考虑。

9.3 混合程度

衡量混合质量的尺度就是混合程度（或称均匀度）。它只与混合过程有关，而与混合前的过程如称量的精确度、原料成分、分析误差以及运输中损失误差等无关。

9.3.1 混合的随机性

现在以粒度相同的两种等量固体 A 与 B 为例来说明，如果 A 与 B 的密度相同，则达到完全混合的状态，似应十分简单，只要能使 A 与 B 交互排列即可。但若 A 按 B 的一倍量配合，则必须由两个 A 粒与一个 B 粒排列在一起，若 A 与 B 的密度不同，A 为 B 的两倍，就必须一粒 A 与两粒 B 并列。以上是假想的简单例子，实际问题中的粒度是不均匀的，密度也不是简单的倍数，而且影响固体粒子混合的固体粉料特性远远不止粒度与密度这两项。

混合机内的混合作用，就是给予物料以外力（包括重力与机械力等），使其各部分的粒子发生运动，或是加速，或是减速，当然还包括运动方向的改变。显然这种使各部分物料都发生相互变换位置的运动越是复杂，也就越是有利于混合。上述这些外力的性质、大小与数量取决于混合机械的工作部件结构，混合时间、混合速度以及混合机械内物料的装载量等。

物料在混合机中从最初的整体未混合达到局部混匀状态，在某个时刻达到动态平衡。这之后，混合均匀度不会再提高，而分离和混合则反复地交替进行着。

综上所述，要详尽而准确地描绘出混合状态是很困难的。关于混合状态的模型如图9-2 所示。图中黑白粒子各为 50 个，图 9-2a 是混合前的原始状态。经过充分混合后，在理论上讲，能够达到相异粒子在四方面都相互间隔的完全理想混合，如图 9-2b 所示。但是这种绝对均匀化的完全理想混合状态在工业生产中是不大可能出现的。一般工业上的混合最佳态总是无序的不规则排列；应该认为，混合过程是一种"随机事件"，所以工业混合也可称为概率混合，它所能达到的最佳程度称为随机完全混合，如图 9-2c 所示。

9.3.2 混合度

混合物的均匀程度称为混合度，它是表示分散程度的指标。

混合是一个随机过程。设有 A、B 两种成分的粉体，A 种成分粉体在混合物的比例为 $\bar{x}$。

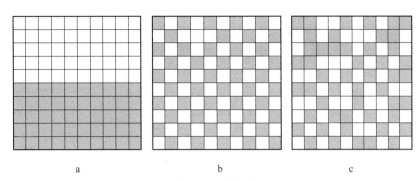

图 9-2 混合状态

a—原始状态；b—完全理想状态；c—随机完全态

混合后在混合物中任取几个试样，则 A 种成分混合后的方差（即平均平方偏差）σ^2 为：

$$\sigma^2 = \frac{1}{n} \sum_{i=1}^{n} (x_i - \bar{x})^2 \tag{9-1}$$

式中　x_i——任一试样中 A 种成分的比例或称浓度。

在混合前，即处于完全分离状态时的方差 σ_0^2 为：

$$\sigma_0^2 = \bar{x}(1 - \bar{x}) \tag{9-2}$$

当达到理想的完全混合时，由概率理论的二项式分布定理可知，此时 A 种成分混合的方差 σ_r^2 为：

$$\sigma_r^2 = \frac{1}{n}\bar{x}(1 - \bar{x}) \tag{9-3}$$

在混合过程中的混合状态其方差 σ^2 的值，由于随试样的大小、试料的粒度以及混合料的比值不同而变化。不仅对不同的混合系其值不同，而且对同一混合系的值也不同。因此用 σ^2 表示混合度的方法是不够妥当的。

Lacey 为了避开这一困难，把混合度 M 定义为：

$$M = \frac{\sigma_0^2 - \sigma^2}{\sigma_0^2 - \sigma_r^2} \tag{9-4}$$

未混合即完全分离状态时 $M=0$；完全混合时，$M=1$；混合过程中的 M 值在 0~1。

式 9-4 的缺点是当稍微作些混合时，M 值十分接近于 1，无法表示出混合的微量程度，故可将该式改写为：

$$M = \frac{\ln\sigma_0^2 - \ln\sigma^2}{\ln\sigma_0^2 - \ln\sigma_r^2} \tag{9-5}$$

混合程度还可用未混合度即分离状态 $(1-M)$ 来表示。

各个学者对混合度和未混合度 M 的定义公式如表 9-1 所示。

对于多组分的混合度，由于计算很烦琐，在实用时常取组成中最重要的两种成分来处理。

表 9-1　混合度的表示方法

类别			混合度	分离状态 M_0	完全混合 M_τ
混合度的 表示方法	I	1	$(\sigma_0^2 - \sigma)/(\sigma_0^2 - \sigma_\tau^2)$	0	1
		2	$1 - \sigma/\sigma_0$	0	1
	II		$(\sigma_0^2 - \sigma_\tau^2)/(\sigma^2 - \sigma_\tau^2)$	1	∞
	III		σ_τ/σ	σ_τ/σ_0	1
未混合度的 表示方法	IV	1	σ/σ_0	1	σ_τ/σ_0
		2	$(\sigma^2 - \sigma_\tau^2)/(\sigma_0^2 - \sigma_\tau^2)$	1	0
	V		$\sigma^2 - \sigma_\tau^2$	$\sigma_0^2 - \sigma_\tau^2$	0
	VI	1	σ^2	σ_0^2	σ_τ^2
		2	σ	σ_0	σ_τ

9.4　混合原理

9.4.1　过程机理

混合过程的基本机理，一般可以认为有下列三种：

（1）对流混合（或移动混合）。粒子团块从物料中的一处散批地移动到另一处，类似于流体中的骚动。

（2）扩散混合。分离的粒子散布在不断展现的新生料面上，如同一般的扩散作用。

（3）剪切混合。在物料团块内部，粒子之间相对缓慢移动，在物料中形成若干滑移面，就像油层状流体运动。

上述三种作用是不能绝对分开的，各种混合机都以上述三种作用的某一种作用起主导作用。各类混合机的混合作用见表 9-2。

表 9-2　各类混合机的混合作用

混合机类型	对流混合	扩散混合	剪切混合
重力式（容器旋转）	大	中	小
强制式（容器旋转）	大	中	中
气流式	大	小	小

9.4.2　影响因素

影响混合过程的因素有下列三个方面：

（1）固体粒子性质。固体粒子性质包括粒子粒度与粒度分布、粒子形状、粒子密度、松散体积密度、表面性质、静电荷、水分含量、脆碎性、休止角、流动能力、抗结团性。

（2）混合机性质。混合机性质包括机身尺寸与几何形状，所用搅拌部件的尺寸、几何形状及清洗性能，进料口的大小与部位，结构材料与及其表面加工质量，进料与卸料的装置性能。

（3）运转条件。运转条件包括：混合料内各组成的多少及其占据混合机体积的比率，各组成进入混合机的方法、次序和速率，搅拌部件或混合机容器的旋转速率。

粒子的形状影响粒子的流动性能，类似球状的球粒要比不规则状粒子容易流动得多，而后者暴露有较多的表面积。片状粒子的流动阻力最大。

粒度是个很重要的因素。粒度分布影响固体粒子的行动，大小粒子会在其几何位置上相互错动，大粒向下，小粒向上，微小的粒子甚至会扬尘而离开物料本体，这种现象即为分料，它是反混合的。

粒子密度必须予以考虑，指的是各种原料之间的粒子密度差。当粒子密度差显著时，就会在混合料中出现类似于上述由于粒度差而发生的那种分料作用。只有当粒子很小的时候这种有害的分料才会减轻。

水分含量也是个影响因素，含水而黏性的粒子将会使其流动迟缓，遂而阻碍了混合的进行。特别是它们黏着在混合机内壁上或是本身结成团块，更不利于混合程度的改善。

脆碎性也是个有害的因素，因为它能增加粒度分布的范围，细小粒子的增加是有利于分料的。

在液体混合中，液体的黏度是个重要参数。固体粒子虽无黏度可言，但有一项相类似的性质——休止角。粒子的位置必须大于其休止角时才会有可能移动。休止角小的粒子具有较好的流动性。这种流动性在各组成之间若有差别，也会引起分料。

设备的几何形状与尺寸影响粒子流动的式样和速度。向混合机加料的落料点位置和机件表面的加工情况影响粒子在混合机内的运动。在混合机加料或卸料期间，物料流动提供了一些混合的作用。混合机的转速影响着粒子的运动和混合速度。各组成料进入混合机的次序也是影响的因素，例如，加料时采用同时加入的方式是有利于混合的。另外，假使混合机中的物料是装满的，显然会迟缓粒子的运动和混合速度。

9.4.3　表征混合效果的指标

通常采用下列几种评价指标来描述物料的混合效果。

9.4.3.1　合格率

国内多数耐火材料企业，对原料、半成品或成品的质量控制，用计算合格率的方法来表示样品质量状态及均匀性。合格率的实际意义是：物料中若干个样品在规定质量标准上下限之内的百分率，即在一定范围内的合格率。这种计算方法虽在一定范围内反映样品的波动情况，但并不能反映出全部样品的波动幅度，更没有提供全部样品中各种波动幅度的分布情况，譬如有两组样品，要求某一成分的含量（质量分数）在92%±2%范围内为合格，现每组取10个样品化验，其某一成分的含量结果见表9-3。

表9-3　样品化验结果　　　　　　　　　　　　　　　　（%）

样品序号	1	2	3	4	5	6	7	8	9	10
第一组	99.5	93.8	94.0	90.2	93.5	86.2	94.0	90.3	98.9	85.4
第二组	94.1	93.9	92.5	93.5	90.5	94.8	90.5	89.5	91.5	89.9

第一组样品平均值为92.58%，第二组样品平均值为92.04%，两组样品的某一成分含量在92%±2%时合格率都是60%。这两组样品的合格率都一样，平均值也相近，但仔

细比较这两组样品，其波动幅度相差很大，第一组中有两个样品的波动幅度都在平均值±7%左右，即使是合格的样品，不是偏近上限，就是接近下限。第二组的样品波动则要小得多，即使是不合格的样品也接近目标值的上下限。这说明两组样品的质量状态相差较大，但用合格率去衡量它们，却得到相同的结果。

这种计算方法的优点是能够快速、概念性地估计物料的质量状态，故常用日常生产过程中的跟班控制。但使用合格率的方法衡量物料的均匀性有一定局限性，故须用其他更为有效的计算方法。

9.4.3.2　标准偏差

标准偏差是指一组测量数据偏离平均值的大小。从混合机中取 n 个大小符合检验尺度的试样，测定每个试样中某组分浓度分别为 C_1，C_2，…，C_i，…，C_n，由各测量值 C_i 算出某组分浓度的算术平均值：

$$\overline{C} = \frac{1}{n} \sum_{i=1}^{n} C_i \tag{9-6}$$

若测试次数趋于无穷大时，$\overline{C}$ 的极限为 C_m，可视为某组分浓度的测定真值：

$$C_m = \lim_{n \to \infty} \left(\frac{1}{n} \sum_{i=1}^{n} C_i \right) \tag{9-7}$$

对于有限次测定，$\overline{C}$ 是接近真值的，各次测定值 C_i 对 $\overline{C}$ 的标准偏差为：

$$S = \sqrt{\frac{1}{n-1} \sum_{i=1}^{n} (C_i - \overline{C})^2} \tag{9-8}$$

表 9-3 中的两组数据，用式 9-6 计算其平均值，分别为 $\overline{C}_1 = 92.58$ 和 $\overline{C}_2 = 92.04$，用式 9-8 计算其标准偏差分别为 $S_1 = 4.68$ 和 $S_2 = 1.97$。用标准偏差表示混合物的分离强度。由此可见，两组数据平均值接近，合格率相同，但第一组的标准偏差大得多。标准偏差小，则表明测量数据大多数集中在平均值附近，波动小；如果标准偏差较大，则表明测量数据偏离平均值较大，比较分散。

图 9-3 所示为其混合机（或混合过程）中混合质量的离差曲线，混合过程以机长 L（或混合时间 t）表示。图 9-4 表示测量值 C 的概率密度函数曲线。从图中可知，S 值越大曲线就越平坦，这意味着某组分浓度测量值 C_i 的离散程度大，偏离算术平均值 $\overline{C}$ 的距离越大，也即在混合机中各处的混合程度不均匀；S 越小，测定值数据的集中程度就越高，各次测定值也越接近算术平均值 $\overline{C}$，混合的均匀度就越好。

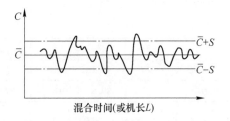

图 9-3　混合质量的离差曲线

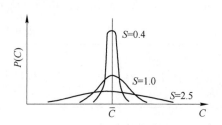

图 9-4　浓度的概率密度函数曲线

有时以混合前后物料的标准偏差之比表示均化效果:

$$H = \frac{S_1}{S_2} \tag{9-9}$$

式中,S_1、S_2 分别表示混合前后物料的标准偏差。H 值越大,表示均化效果越好。

但是采用标准偏差值只反映出某组分浓度绝对值的波动情况,还不能充分说明混合的程度如何。因此用标准偏差来表示混合程度仍有误差。例如,某组分在混合料中的含量为 50%,经测定其标准偏差为 0.02;而在另一种混合料中的含量仅为 5%,若测得某标准偏差也为 0.02 的话,则不易区别出各组分在混合料中的混合均匀程度。实际上,上述两种场合下的标准偏差虽然相同,但混合料的混合质量是不同的。前一种组分在混合料中是均匀分布的,而后一种组分还未混合均匀。由此可知,标准偏差只与各测定值相对 $\overline{C}$ 值的离差有关,而与各测定值本身的大小无关。

9.4.3.3 离散度和均匀度

单独使用 S 和 $\overline{C}$ 特征数还不足以全面客观地反映混合质量,而需要这两种特征数联合使用来表征。为此,引入离散度作为衡量一组测量值相对离散程度的特征量。离散度即不均匀度(又称变异系数或波动范围),定义为一组测量数据偏离平均值的大小:

$$C_v = \frac{S}{\overline{C}} \times 100\% \tag{9-10}$$

例如,表 9-3 所示的两种组分中,第一种组分的相对离散度只有 4%,而第二种组分的相对离散度则高达 40%。这样,将组分的算术平均含量也包含进去,就可以比较确切地反映出某种组分在混合料内部的离散程度。与此相对应,均匀度定义为一组测量数据靠近平均值的程度:

$$H_\delta = 1 - C_v \tag{9-11}$$

根据式 9-11 计算,得到第一种组分的均匀度为 96%,而第二种组分的均匀度仅为 60%。

9.4.3.4 混合指标和混合度

上述表示混合质量尺度的量均未涉及试样大小的影响。然而,实际的随机完全混合状态只反映了总的均匀性,而局部并不是均匀的。当取样相当大时,有可能掩盖了局部的不均匀性;而取样较少,又可能用局部的不均匀性抹杀了整体的均匀性。由于标准偏差的测定值随着组成与试样大小的不同而异,为了便于不同场合下的均匀度比较,提出混合指数 I 这一特征量,用来表征混合质量从混合前的完全离散状态到最佳的随机完全混合状态的进程。

若混合物为两组分体系,混合开始前物料分为两层,一层为需要控制的"关键"组分,往往是痕量组分;另一层不含痕量组分。对痕量物质的含量而言,从一层取样,其浓度为 1,另一层为零。在这种条件下,标准偏差 σ_0 可表示为:

$$\sigma_0 = \sqrt{C_m(1 - C_m)} \tag{9-12}$$

当混合进行到一定时间后,混合指数可用下式定义:

$$I = \frac{\sigma}{\sigma_0} = \sqrt{\frac{\sum (C - C_m)^2}{nC_m(1 - C_m)}} \tag{9-13}$$

计算上述公式时的样品都是同一尺度。若混合物组分浓度的真值未知时，上式中可用 S 代替 σ 。因此，混合指数也有定义为 $I = S/S_0$ 。

为了描述混合过程以及表示混合从 S_0 的起始状态向随机完全混合 S_τ 推进了多长的路程，将 S_0 、S_τ 、S 三者组合，给出混合度的概述。这就是用某个瞬间的 S 值与混合之前及随机完全混合下的标准偏差 S_0 及 S_τ 同时进行比较，用于描述混合进行的程度。混合度一般用下式表示：

$$M = \frac{S_0^2 - S^2}{S_0^2 - S_\tau^2}$$
(9-14)

M 值为无因次量，未混合时，$S = S_0$，$M = 0$；达到随机完全混合状态时，$S = S_\tau$，$M = 1$。实际的随机混合为 $0 < M < 1$。

上式的缺点在于当稍作些混合时，M 值十分接近于 1，无法表示出混合的微量程度，故可将上式改为：

$$M = \frac{\ln S_0 - \ln S}{\ln S_0 - \ln S_\tau}$$
(9-15)

9.4.3.5　混合速度

混合速度是混合过程中物料实际状态与最后其中组分达到随机完全混合状态之间差异消失的速率。因此，混合过程的速率，完全可以用前述几种混合质量指标（σ，S，I，M）中的任一种对时间的变化率来表示。常见的为 $\partial S^2/\partial t$。实际上，其他指标的变化率是相似的，只要乘以常数即可。

图 9-5 为混合过程曲线，由图可知，混合初期（Ⅰ）为标准偏差 $\ln S$ 值沿曲线下降部分，然后进入 S 值沿直线减少的阶段（Ⅱ），在某一有效时间 t_s 处 S 值达到最小值。在此以后（Ⅲ），尽管再增加混合时间，S 值也只是以 S_τ 为中心作微弱的增加或减少，这时达到动态平衡，也即达到随机完全混合。在整个混合过程中，初期是以对流混合为主，混合速度较大；在第Ⅱ阶段，以扩散混合为主；在全部混合过程中剪切混合都起着作用。

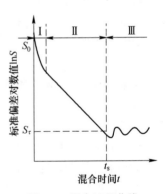

图 9-5　混合过程曲线

随着混合过程的进行，标准偏差逐渐减小，标准偏差 S 是时间 t 的函数。要使混合过程能够有效地进行，混合时间 t 时的方差 S^2 值要比混合前的 S_0^2 为小，而且越小越好。用某瞬间 t 的方差 S^2 与达到随机完全混合状态的方差 S_τ^2 的接近程度来表示混合速度。混合过程的推动力可表示为（$S^2 - S_\tau^2$），混合速率 $\partial S^2/\partial t$ 正比于此推动力，即

$$\frac{\partial S^2}{\partial t} = -\phi(S^2 - S_\tau^2)$$
(9-16)

将上式从混合开始时的 S_0^2 值积分至 t 时刻的 S^2 值，即得：

$$\ln \frac{S^2 - S_\tau^2}{S_0^2 - S_\tau^2} = \ln(1 - M) = -\phi t$$
(9-17)

或

$$(1 - M) = e^{-\phi t} \tag{9-18}$$

由于 S_0 及 S_τ 为已知数，则 $S_0^2 - S_\tau^2 = K$ 为常数，故上式又可写为：

$$S^2 - S_\tau^2 = Ke^{-\phi t} \tag{9-19}$$

式中，ϕ 为混合速度系数，min^{-1}，与混合机大小、形状、物料性质及混合机操作条件等有关。

此式特别适用于粉体的混合，它与试验结果非常一致。

【例】 某种物料拟用混合法外掺添加剂以改善性能。要求混合制品中外加剂分布十分均匀，达到 1kg 物料含 2mg 外加剂。混合制品在混合机内停留 2min 后，取出 10 个试样进行分析，其外加剂含量如表 9-4 所示。

表 9-4　各试样中外加剂含量 （μg/g）

样品号	1	2	3	4	5	6	7	8	9	10
外加剂含量/mg	2.30	1.72	1.63	1.73	2.10	1.82	2.32	2.20	2.10	2.13

混合时间达 10min 后，均方差数值达到 0.03。若要方差降至 0.01，试计算混合时间需要多长？

解： 设随机混合最终的均方差小至可以忽略，则 $S_\tau^2 = 0$，$K = S_0^2$，式 9-19 可简化为：

$$S^2 = S_0^2 e^{-\phi t}$$

如果混合操作开始时物料中也含有外加剂成分，则 S_0^2 不能按式 9-12 计算，因此算式中有 S_0^2 和 ϕ 两个未知的常数。

先求混合 2min 后的 S^2 值：已知平均浓度为 $C_m = 2.00\mu\mathrm{g/g}$，则：

$$S^2 = \frac{1}{n}\sum_{i-1}^{10}(C - C_m)^2 = \frac{1}{10}\big[(2.30 - 2.00)^2 + (1.72 - 2.00)^2 + \cdots + (2.13 - 2.00)^2\big] = 0.059$$

求解未知数 S_0 和 ϕ：将混合 2min 的数据代入算式，得：

$$0.059 = S_0^2 e^{-2\phi}$$

将混合 10min 的数据代入算式，又得：

$$0.03 = S_0^2 e^{-10\phi}$$

两式联解，得：$\phi = 0.0848$，$S^2 = 0.0699$。

计算 $S^2 = 0.01$ 的混合时间：由所得的 $\phi = 0.0848$，$S^2 = 0.0699$ 值，定出本例情况下的混合速度方程：

$$S^2 = 0.0699 e^{-0.0848t}$$

将 $S^2 = 0.01$ 代入，解得：$t = 22.9\mathrm{min}$。

9.4.3.6　混合的动力消耗

物料混合的基本问题是要保证物料在流动状态下进行，一般靠机械设备来实现，因此要消耗能量。混合操作的能耗，除与机械设备和容器的设计有关外，主要取决于物料的物理性质。通常，物料性质变化范围很广，从粉体、塑固体、高黏度浆体直至低黏度液体。

关于混合的动力消耗，由于各种具体混合操作有很大的差异，很难做出概括性的说明。在制取均相混合物时（即分离尺度达到分子间距离的数量级），混合作用属于自发扩散。粉体或颗粒体混合时，被混合的物料必须保持运动状态而达到混合，同时要消耗能量。混合机的能量消耗只能由实验决定。对于大规模生产，要从小型试验取得数据，然后根据因次分析法的放大法则加以推广。通常大规模生产不完全与小型生产相似，要根据影响混合过程的主要因素来确立什么无因次数群是最主要的。一般在大型混合机内，存在着运动与重力之间的相互制约，所以弗鲁德准数（Froude number）起着主要的作用。弗鲁德准数可用下式表示：

$$F_\tau = \frac{n^2 L}{g}$$

式中，n 为特性频数；L 为特性尺寸；g 为重力加速度。

9.5　强制式混合机

强制式混合机是指强制原料在机内产生涡流运动达到物料混合的设备，主要包括桨叶式混合和盘式混合。桨叶式混合机是利用桨叶刮板作回转运动时所产生的搅拌作用进行混合。盘式混合机是利用底盘和耙间相反旋转使原料沿着复杂的螺线运动，促进原料间的强烈混合，混合效率高，在耐火材料行业常用的有湿碾机、行星式混合机、高速混合机和倾斜式强力混合机等。

9.5.1　湿碾机

湿碾机全称湿式碾磨机，其利用碾轮的自身重量及碾轮公转自转时与碾盘产生的巨大摩擦力对物料进行搅拌—碾压—滚压，使物料与结合剂间得到充分的混合，并使混后的泥料满足成型的指标要求。

虽然湿碾机的机体较重，且动力消耗较大，但它对物料具有碾压兼混拌作用，可获得均匀、密实和具有一定可塑性的泥料，所以目前仍然是耐火材料厂主要的混合设备。

湿碾机的规格以碾轮的直径和它的宽度（直径×宽度）来表示。常用的有 $\phi1600\text{mm}\times450\text{mm}$ 与 $\phi1600\text{mm}\times400\text{mm}$ 两种规格，还有一种较小的为 $\phi1000\text{mm}\times350\text{mm}$。

9.5.1.1　湿碾机的结构

图 9-6 为一种新型湿碾机，其结构包括轴承体 1、与轴承体 1 外圈固定连接的碾盘 2，与轴承体 1 内圈固定的底架 3，固定于碾盘 2 上方的支撑架 4，设置于碾盘 2 中部的出料机构 5、设置于出料机构 5 两侧的碾轮机构以及驱动碾盘 2 转动的驱动机构、碾轮机构一侧的搅拌机构和设置于碾轮机构另一侧的调向刮板机构，搅拌机构竖向设置且与支撑架 4 转动连接的第一转轴 6，固定于第一转轴 6 底部的搅拌爪 7，用于驱动第一转轴 6 转动的驱动电机 8。调向刮板机构包括竖向设置且与支撑架 4 转动连接的第二转轴 9，固定于第二转轴 9 底部的转向刮板 10，用于驱动第二转轴 9 和转向刮板 10 转向的驱动气缸 11。碾轮机构包括导向板 12，设置于导向板 12 两侧且与支撑架 4 固定连接的导向槽 13，固定于导向板 12 底部的支撑轴 14 以及碾轮 15，导向板 12 与导向槽 13 滑动连接，支撑轴 14 水平贯穿碾轮 15 且与碾轮 15 转动连接。碾轮 15 进料端设有导向刮板 16。

湿碾机的操作：湿碾机是间歇工作的混合设备。为了减少物料在混合过程中再次被破碎，碾轮和碾盘之间必须留有足够的间隙。湿碾机的技术性能见表 9-5。

当碾盘转动时，装入盘内的物料被翻抖刮板推至碾轮下面受到挤压、碾轮靠物料的摩

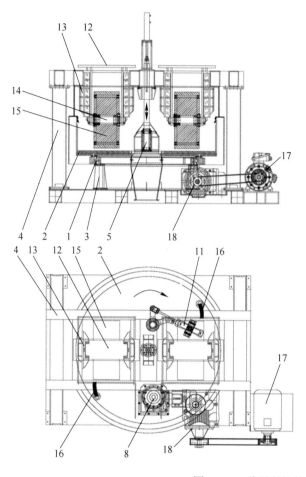
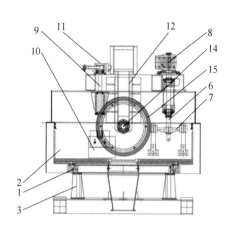

图 9-6 一种湿碾机的三视图

1—轴承体；2—碾盘；3—底架；4—支撑架；5—出料机构；6—第一转轴；
7—搅拌爪；8—驱动电机；9—第二转轴；10—转向刮板；11—驱动气缸；12—导向板；
13—导向槽；14—支撑轴；15—碾轮；16—导向刮板；17—主驱动电机；18—减速机

擦而被带动绕自身水平轴旋转，物料受挤压和离心力作用由碾轮下面向碾盘边缘滑动、刮板再次将碾盘边缘的物料挡住翻倒在碾轮下方，周而复始，一般需 8~25min，就可将泥料混合好。开动出料装置，将泥料排出机外。

表 9-5 湿碾机的技术性能

技术性能	规　格		
	$\phi 1600 \times 450$	$\phi 1600 \times 400$	$\phi 1000 \times 350$
碾轮尺寸（直径×宽度）/mm×mm	1600×450	1600×400	1000×350
碾轮质量（1个）/kg	4000	3380	1330
碾盘直径/mm	3140	2600	2000
碾盘转速/r·min⁻¹	20	22.5	25.5

9.5.1.2　湿碾机主要参数的计算

A　碾盘的转速

湿碾机工作时，应确保物料不致因碾盘的转动过快所产生的离心力而被甩向盘缘。碾盘必须有一个适宜的转速。

当物料随着碾盘旋转时，物料在径向受两个力作用，一个为离心力，欲将物料甩向盘缘或盘外，另一个为物料与碾盘之间的摩擦力，这个力阻止物料向外移动。若使混合作业能正常进行（即物料不致被甩出盘外），必须满足下式：

$$F = Gf \geqslant P_n = m \frac{v^2}{r_{平均}} \tag{9-20}$$

式中　F——物料与碾盘之间的摩擦力；

G——物料的质量，kg；

f——物料与碾盘之间的摩擦系数；

P_n——离心力；

m——物料的质量；

v——物料线速度 $\left(v = \frac{\pi r_{平均} n}{30} \right)$，m/s；

$r_{平均}$——物料距碾盘中心的距离，一般取碾轮绕主轴平均转动半径，m。

将 $v = \frac{\pi r_{平均} n}{30}$ 代入 $Gf = \frac{Gv^2}{g r_{平均}}$，整理得

$$n \leqslant 30 \sqrt{\frac{f}{r_{平均}}} \tag{9-21}$$

对于坚硬物料，取 $f = 0.3$ 时：

$$n \leqslant 30 \sqrt{\frac{0.3}{r_{平均}}} \leqslant \frac{16.5}{\sqrt{r_{平均}}} \tag{9-22}$$

对于潮湿物料，取 $f = 0.45$ 时：

$$n \leqslant 30 \sqrt{\frac{0.45}{r_{平均}}} \leqslant \frac{20}{\sqrt{r_{平均}}} \tag{9-23}$$

为了保证混合作业的正常进行，可将按上式计算的 n 值减小10%左右。

B　湿碾机的生产能力

由于湿碾机是间歇式作业，它的混合能力是不高的。湿碾机的生产能力取决于下述因素：每批物料的最大允许加入量、每批物料的混合周期（包括装料、混料、卸料及前后机组配合时间）、设备的有效作业率等，即与混合设备的生产能力与制品的品种及工艺要求、设备的规格及自动化程度、管理及维修水平等不同因素有关，到目前还没有一个将上述诸因素均考虑进去的理论公式。

对于不同品种的物料，适宜的混合周期应通过试验确定。

湿碾机的生产能力可按下式计算：

$$Q = V \gamma k$$

式中　Q——湿碾机生产能力，t/h；

V——一次装入物料的容积，m^3；

γ——物料的容重，t/m^3；

k——每小时混合循环次数。

或 $$Q = Wk \tag{9-24}$$

式中 W——每碾物料质量，t。

表 9-6 列出了两种规格湿碾机混合不同泥料时的混合周期与生产能力的设计指标。表 9-6 表明，泥料的混合时间与生产能力，由于泥料的品种、成型设备与成型压力的不同及对制品与工艺要求等因素不同，有较大出入。用放射性同位素研究混合过程表明，为了使泥料达到高度的均匀性，在轮碾机中混合时间应不少于 250s。

表 9-6 湿碾机设计指标

砖种	砖料名称	碾容量/kg		混合周期	生产能力/t·h⁻¹		作业率
		$\phi1600\times450$	$\phi1600\times400$	/min	$\phi1600\times450$	$\phi1600\times400$	/%
酸性泥料	一般机压砖	800	600	12~15	3.2~4.0	2.4~3.0	
	振动成型	700	500	18	2.3	1.7	
黏土砖泥料	一般机压砖	800	600	8	6.0	4.5	
	振动成型	700	500	10	4.2	3.0	70~75
高铝砖	Ⅰ、Ⅱ等砖料	800	600	18	2.5	2.0	
	Ⅲ等砖料	800	600	12	4.0	3.0	
碱性泥料	含镁泥料	900	700	12~15	2.7~3.5	2.1~2.8	

C 混碾机需要的功率

湿碾机所需的功率主要用来克服碾轮滚动时的摩擦、碾轮滑动时的摩擦以及传动装置及轴承之摩擦。求出上述所需功率之总和，即为湿碾机所需的功率。

设碾轮重量为 G_0，横梁作用在碾轮上的水平力 P 为：

$$P = k\frac{G_0}{R} \tag{9-25}$$

式中 k——滚动摩擦系数，$k = 0.01 \sim 0.03$；

R——碾轮半径，m。

令 N_1 为碾轮滚动时克服摩擦所需之功率（马力），i 表示碾轮的个数，当 i 个碾轮同时滚动时：

$$N_1 = \frac{Pv_{平均}i}{75} = \frac{G_0 k v_{平均}i}{75R}$$

即 $$N_1 = \frac{Pv_{平均}i}{75} = \frac{G_0 k v_{平均}i}{75R} \times 0.735 = 9.8 \times 10^{-3}\frac{G_0 k v_{平均}i}{75R} \text{ (kW)}$$

式中 N_1——碾轮滚动时所需之功率，马力或 kW；

G_0——碾轮质量，kg；

$v_{平均}$——碾轮平均滚动的圆周线速度，m/s；

i——碾轮个数，$i = 2$。

碾轮滚动平均圆周速度，可通过相对主轴的平均转动半径为 $v_{平均}$ 的一点 O_1 的速度

$v_{平均} = \dfrac{\pi r_{平均} n}{30}$ 来求得，则

$$N_1 = \frac{G_0 k \pi r_{平均} n i}{30 \times 75R} = \frac{G_0 k \pi r_{平均} n i}{716R}(马力) = \frac{G_0 k \pi r_{平均} n i}{R} \times 10^{-3}(\mathrm{kW})$$

式中　$r_{平均}$ ——碾轮绕主轴之平均转动半径，m；

　　　　n ——主轴转速，r/min。

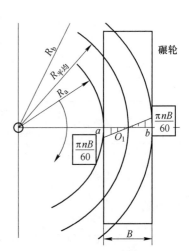

令 N_2 为碾轮克服滑动摩擦所需之功率。为求出 N_2 首先来分析碾轮的运动情况，见图 9-7。当主轴每分钟的转速为 n 时，可求得碾轮的内外缘与中间各点的线速度（m/s）为：

$$v_a = \frac{2\pi r_a n}{30}$$

$$v_{平均} = \frac{2\pi r_{平均} n}{30}$$

$$v_b = \frac{2\pi r_b n}{30}$$

图 9-7　碾轮的滑动摩擦

从图中可以看出，$r_b > r_{平均} > r_a$，所以 $v_b > v_{平均} > v_a$，这说明，不考虑料层之间的滑动时，在过 O_1 点作碾轮的横截面与轮缘相交之各点（为一圆周）相对碾盘是作无滑动的纯滚动，除此之外，轮缘上所有其余各点在滚动的过程中均有滑动产生。

碾轮内、外缘圆周上各点的滑动速度分别为 $v_{平均} - v_a$ 与 $v_b - v_{平均}$。

碾轮内侧缘圆周上所有各点的滑动速度 V_a 为：

$$V_a = v_{平均} - v_a = \frac{\pi r_{平均} n}{30} - \frac{\pi r_a n}{30} = \frac{\pi n}{30}(r_{平均} - r_a)$$

由图 9-7 中可知，$v_{平均} - v_a = \dfrac{B}{2}$，则得 $V_a = \dfrac{\pi n}{30} \times \dfrac{B}{2} = \dfrac{\pi n B}{60}$（m/s），碾轮外侧轮缘圆周上各点的滑动速度 V_b（m/s）为：

$$V_b = v_b - v_{平均} = \frac{\pi n}{30} \times \frac{B}{2} = \frac{\pi n B}{60}$$

除 O_1 点所在的圆周各点外，碾轮与碾盘各接触点其滑动速度是不等的。V_a 为内侧轮缘圆周上各点向前滑动的速度，V_b 为外侧轮缘圆周上各点向后滑动的速度。滑动速度由轮宽的中心 O_1 向两侧由零增至最大值，其平均滑动速度 $v_{平均}$（m/s）为：

$$v_{平均} = \frac{0 + \dfrac{\pi n B}{60}}{2} = \frac{\pi n B}{120}$$

从上式可以看出，碾轮越宽，碾轮相对碾盘的滑动速度越大，即碾轮对泥料的剪切作用将随着碾轮宽度的增加而加大，此剪切力使碾轮对泥料起到研磨（碾揉）作用。湿碾机混合泥料质量较好，就是因为碾轮对泥料以挤压为主，兼有碾揉作用。但碾轮越宽，能

量消耗将随之增加，一般碾轮的宽度控制在 $200 \sim 500mm$。

设滑动摩擦系数为 f（$f = 0.3 \sim 0.45$），则泥料与碾轮间的滑动摩擦力 $F = G_0 f$，每秒内克服滑动摩擦所需之功 W 为：

$$W = V_{平均} F$$

因此，克服滑动摩擦所需之功率 N_2 为：

$$N_2 = \frac{Wi}{75}（马力）$$

$$N_2 = 9.8 \times W \times i \times 10^{-3}（kW）$$

干碾机和湿碾机的构造基本相似，相关参数也适用于干碾机。在混碾过程中还应注意最大有效作用角及碾轮直径和给料块尺寸的关系。

9.5.2　行星式强制混合机

行星式强制混合机的中心立轴担有一对悬挂轮、两副行星铲和一对侧刮板，盘不转动，中心立轴旋转，带动悬挂轮、行星铲和侧刮板顺时针旋转，行星铲又作逆时针自转，泥料在三者间为逆流相对运动，在机内既作水平运动又被垂直搅拌，$5 \sim 6min$ 可使物料得到均匀混合，而颗粒不被破碎。根据工艺需要，可以增加加热装置。图9-8为立轴式行星混合机示意图。耐火行业常用的行星式强制混合机的主要技术性能如表9-7所示。

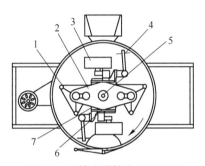

图 9-8　立轴式搅拌主机俯视图

1—行星铲；2—连接件；3—碾轮；4—刮刀；
5—减速机输出轴；6—连接杆；7—减速机

表 9-7　行星式强制混合机的主要技术性能

性　能	型　号				
	QHX-250	QNX-500	PZM-750	HNX-1000	HN-1500
混合容量/L	250	500	750	1000	1500
每次混合量/kg	300	500	800	1000	1500
混合盘直径×高度/mm×mm	1550×372	1800×350	2184×352	2400×630	2600×500
碾轮直径/mm	450	500	600	750	922
碾轮质量/kg	215	390	480	750	840
电机功率/kW	7.5	11	15	22	30
设备质量/t	3	4	5	8	9

9.5.3　高速混合机

高速混合机对泥料颗粒无二次破碎，混合均匀，混合效率高，能控制混合料的温度，特别适合于混合含炭耐火材料制品的泥料。

高速混合机由混合槽、旋转叶片、传动装置、出料装置和冷却、加热装置等组成。高速混合机的结构如图9-9所示。

混合槽是由空心圆柱形碾盘、锥台形壳体和圆球形顶盖组成的容器。下部碾盘为夹套式结构，由冷却、加热装置向夹套供给冷却水或热水，控制物料混合的温度。主轴上安装有特殊形状的搅拌叶，构成旋转叶片。旋转叶片的转速有两种，在工作过程中可以转换速度，从而使物料得到充分的混合。

传动装置由变频调速的电动机、皮带轮及减速机组成。

出料门是由安装在混合槽侧面的由连杆、气缸等机构组成的机构，混合好的物料由此出料门卸出。

冷却、加热装置由冷却水槽、热水槽、冷却和热循环、自动温度调控等装置组成。为了保证混合物料的温度，设计有冷、热水量自动调控装置，如图9-10所示。

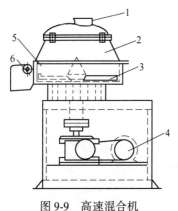

图9-9　高速混合机

1—入料口；2—锥形壳体；3—旋转叶片；
4—传动装置；5—碾盘；6—出料门

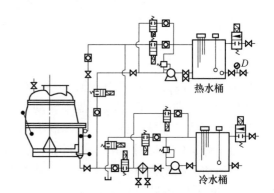

图9-10　冷却、加热装置系统

混合的各种物料（包括结合剂），由上部入料口投入，电动机通过皮带轮、减速机带动旋转叶片旋转，在离心力作用下，物料沿固定混合槽的锥壁上升，向混合机中心作抛物线运动，同时随旋转叶片作水平回转，处于立体旋转流动状态，对于不同密度、不同种类的物料，易于在短时间内混合均匀，混合比率比一般混合机高1倍以上。混合后的物料由混合槽的侧面出料口排出。为适应某些物料混合温度的要求，由冷却、加热装置对物料进行冷却、加热和保温等调控，从而可以获得高质量的混合料。高速混合机的主要技术性能指标见表9-8。

表9-8　高速混合机的主要技术性能指标

项　　目	技　术　参　数	
有效容积/L	600	800
每次混合量/kg	800	1000
壳体内径/mm	1550	1750
主传动电机功率/kW	40/55	47/67
搅拌机转速/r·min^{-1}	60/120	53/106
设备质量/kg	8832	12000

9.5.4 倾斜式强力混合机

倾斜式强力混合机通过旋转筒体，在带动物料做混合运动的同时，与搅拌机构配合使物料混合更加均匀。当一次混合周期完成后，由设在筒体中心下部的排料口卸料。

倾斜式混合机由传动装置、旋转筒体、排料口、搅拌机构、进料口、机架及液压装置等组成。倾斜式混合机的结构如图 9-11 所示，主要的技术性能指标见表 9-9。

倾斜式混合机适用于各种耐火材料的生产，包括添加黏性结构剂、各种纤维等，并具有造粒功能。可供铸造型砂、玻璃原料、石墨、炭粉电池原料及各种建筑塑性材料的混合。倾斜式混合机有如下特点：

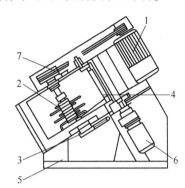

图 9-11 倾斜式混合机

1—传动装置；2—搅拌机构；3—排料口；
4—旋转筒体；5—机架；6—液压装置；7—进料口

（1）混合容器具有旋转功能，工作时不停地将有等混合的物料送到搅拌机构部位，形成速度差很高的相逆性混合物料流；

（2）混合周期缩短到几分钟，产量大大提高；

（3）针对各种不同粒度和不同密度的原料，均能使之分布均匀，不产生偏析；

（4）装配有倾斜式混合盘，即使混合机只部分装填，也可达到满意的混合效果；

（5）整体机体设有夹层，根据不同工艺要求，可增设加热或冷却装置。

表 9-9 倾斜式强力混合机主要技术性能指标

指 标	型 号							
	DX08	DX10	DX12	DX15	DX19	RV11	RV15	RV19
单次混合量/kg	80	160	200	800	1600	600	1200	2400
旋转筒体直径/mm	800	1000	1200	1500	1900	1100	1500	1900
电机功率/kW	4	5.5	7.5	11	22	7.5	9.2	18.5
传动装置电机功率/kW	11	18.5	30	45	80	22	45	75
出料液压系统电机功率/kW	2.2	2.2	2.2	2.2	2.2	1.5	2.2	2.2

9.6 重力式混合机

在耐火材料生产企业内，重力式混合机主要用于多种粉料与少量添加剂等的预混合。混合机的运转参数，除了混合时间外，还有转速、装料比和功率消耗。

9.6.1 最佳转速

目前仅对重力式混合机的转速问题比较清楚。粉料在旋转容器内的最佳转速条件，应使离心力与重力之比的 F_r 准数在某一范围内。

$$F_r = \frac{\omega^2 R_{\max}}{g} = \frac{\pi^2 n^2 R_{\max}}{900g} \tag{9-26}$$

式中　ω ——旋转角速度；

$\quad\quad R_{\max}$ ——最大旋转半径；

$\quad\quad n$ ——转速；

$\quad\quad g$ ——重力加速度。

如图 9-12 所示，容器旋转型混合机的转速有一最佳值 N，则其 F_r 准数相应也有一个最佳值：

圆筒式：$F_r = 0.7 \sim 0.9$；

双锥式：$F_r = 0.55 \sim 0.65$；

V 式：$F_r = 0.3 \sim 0.4$。

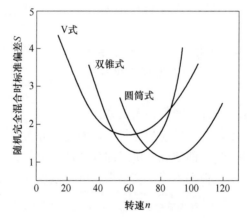

图 9-12　容器旋转型混合机的性能比较

在一定的最佳 F_r 值（即一定的混合机）下，最大回转半径与最佳转速的关系如图 9-13 和图 9-14 所示。

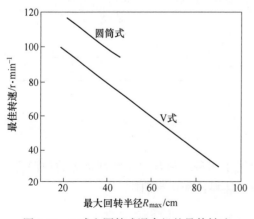

图 9-13　V 式和圆筒式混合机的最佳转速

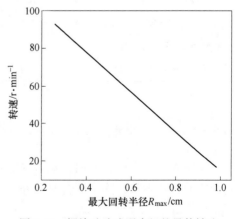

图 9-14　螺旋叶片式混合机的最佳转速

容器旋转型混合机的最佳转速还与物料的平均粒度有关，$n_{op} \propto d^{-\frac{1}{2}}$，如图 9-15 所示。

当粒度达到 0.074mm 以下时，粒子运动成为不连续性的，混合趋于恶化。转速较低时，粒子因圆筒内壁的阻力而作圆周运动，到达一定点时就脱离圆周运动，而沿料堆的表面呈混乱状态流下来，最后再随壁上升作圆周运动，如此反复变化。当转速增加时，脱离圆周运动时开始有粒子并不混乱流下，而作独立的抛物线运动，此时的转速称为临界转速。若再增加转速，则有更多的粒子参与抛物线运动，称为平衡状态，这就是一般球磨机所需要的正常运动状态。转速超过正常转速，则物料紧贴在机壁上连续作环状运动。根据用石灰石粒子作混合实验的结果，求得运动与转速的关系如下：

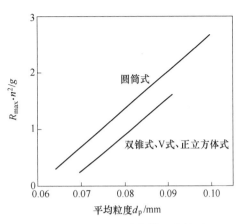

图 9-15　平均粒度与转速的关系

$$n = \frac{C}{D^{0.47} F^{0.14}} \tag{9-27}$$

式中　D——鼓形混合机的直径，m；

　　　F——混合料体积与机筒容积之比，即装料比，%；

　　　C——在各种状态下的常数：临界状态时 $C=54$，平衡状态时 $C=72$，贴在筒壁作环状运动时 $C=86$。

9.6.2 装料比

在一定转速下，随着装料程度的增加，径向混合将会减少。如图 9-16 所示，当装料比（即装入料容积占据机筒容积 V 的百分率）为 30% 时，混合得最快。另外，从几何学上，也可以从理论上推断出装料比为 50% 的混合区为最大，即混合区的面积与料层数都为最大。

9.6.3 功率消耗

混合机所需动力，目前尚无公式推导可循，只能将小型样机的数据进行扩大，即根据功率消耗 P 与机长 L、转速 n 之间的关系，如式 9-28 进行类推：

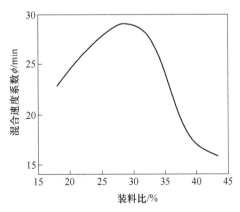

图 9-16　圆筒型混合机的装料比

$$P \propto L^5 \cdot n^3 \tag{9-28}$$

若有混合机，则：

$$\frac{P_1}{P_2} = \frac{L_1^5 \cdot n_1^3}{L_2^5 \cdot n_2^3} \tag{9-29}$$

设由最佳转速条件，可得：

$$N_1^2 \cdot L_1 = N_2^2 \cdot L_2 \tag{9-30}$$

将式 9-30 代入式 9-29，则得：

$$\frac{P_1}{P_2} = \left(\frac{L_1}{L_2}\right)^5 \left(\frac{N_1}{N_2}\right)^3 = \left(\frac{L_1}{L_2}\right)^{3.5} \tag{9-31}$$

即功率消耗 $\dfrac{P_1}{P_2}$ 与混合机的长度 $\dfrac{L_1}{L_2}$ 的 3~3.5 次方成正比。

图 9-17 为容器旋转型混合机功率消耗 N 和混合机的有效容积 V_e 与 F_r 准数的关系为线性关系：

$$N = (0.015 ~ 0.02) V_e F_r$$

图 9-17 中容器固定型的螺旋叶片式混合机的性能，其关系为：

物料的容积密度与功率消耗：$\left.\begin{array}{l} 0.8 ~ 1.2 \text{ 时，} N = 3.3 V_e F_r \\ 0.45 ~ 0.8 \text{ 时，} N = 2.6 V_e F_r \\ 0 ~ 0.45 \text{ 时，} N = 1.8 V_e F_r \end{array}\right\}$

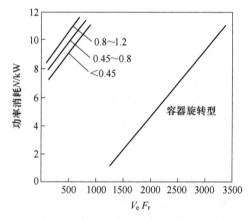

图 9-17　混合机功率与容器固定型螺旋叶片混合机物料容积密度的关系

复习思考题

9-1　简述物料混合的目的与意义。

9-2　简述常见的混合设备及其分类依据。

9-3　影响物料混合的因素有哪些，并说明如何提高物料的混合度。

9-4　耐火材料属于多组分非均质体系，在物料混合过程中既有大颗粒骨料，也有细粉基质，同时还可能包括含水量不同的干/湿料，请说明其加料顺序及其对混合均匀性的影响。

9-5　混合过程中湿碾机的碾盘转速是否越高越好？试分析碾盘转速对混合度的影响。

9-6　在选择湿碾机作为混合设备时，如何考虑碾轮的宽度？

9-7　含炭耐火材料生产时，最好用哪种混合设备？

10 贮料、给料与成型设备

本章要点

(1) 掌握贮料与给料设备的作用及基本要求；

(2) 熟悉防止物料在料仓内结拱的措施；

(3) 了解耐火材料生产时常用的给料设备；

(4) 熟悉主要成型设备的工作原理。

10.1 概述

在耐火材料生产过程中，为了保障生产的连续性与稳定性，广泛设置了贮料与给料设备。按物料的粒度，贮料设置可分为用于块状料的露天堆场与吊车库和用于粉粒状的贮料容器（料仓）两大类。贮料不仅起到了存储的作用，而且在物料的输送方向上具有输送速率控制、物料均化控制等作用。此外，定型制品的成型环节也与给料设备及系统密切相关。基于此，本章对物料的贮存、给料与成型所涉及的主机设备与辅助设备进行分类介绍。

10.2 贮料设备

10.2.1 贮料与给料设备分类

根据用途不同，料槽（仓）分贮料槽、供料槽与化验料槽等。

给料机（或配料机）分为连续给料机和间歇给料机。根据给料机结构形式不同可分为电磁振动给料机、格式给料机、圆盘给料机、板式给料机、槽式给料机、带式与螺旋给料机等。

对耐火材料生产而言，给料设备应满足如下基本要求：

(1) 应能保证一定的给料量，便于随时调节其给料量；

(2) 给料量的准确程度应能满足生产工艺的要求；

(3) 应满足生产过程中其他工艺要求，如加料周期、自动计量、自动控制、密封程度、输送距离和高度落差等；

(4) 给料设备应构造简单、紧凑，工作可靠，便于维护。

给料机的给料量如按容积法定量，因受物料的粒度、湿度等因素的影响，其精确度较差，误差约5%。

耐火材料厂的贮料槽一般有供破碎和磨碎用的供料槽,有供配料与成型用的贮料槽,还有其他种类的贮料槽,如竖窑与回转窑用的供料槽等,其容量按设计要求进行加工。

在加工料槽时,要考虑物料的重力流动性,所谓物料的重力流动性是指物料由于自身重力克服物料层内力所具有的流动性。物料层内力是由内摩擦力、黏结力和静电力等构成。

10.2.2 料仓内物料的流动情况

料仓内物料流动情况如图 10-1 所示。

(1) 整体流:"先进先出",所有物料都沿料仓壁运动,批次之间、料层之间不产生交流错位,物流不发生偏析、倾泻、结拱或抽心。

(2) 漏斗流:"先进后出",减少了料仓的有效仓容,会引起偏析和抽心现象,还会因容重变化和贮存时间较长而使物料结块,易突然涌动流出、塌落或结拱。

(3) 结拱:又称为拱桥。为避免物料在料槽内产生堵塞现象,料槽锥体部分倾斜角必须大

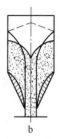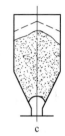

图 10-1 料仓内物料流动情况
a—整体流;b—漏斗流;c—结拱

于物料的自然休止角 (一般大于 10°)。在决定料槽锥体部分斜面的倾斜度时,还须考虑物料的压力、物料和斜壁的摩擦力以及物料的附着性能等因素的影响。

10.2.3 影响料仓结拱的因素

影响因素有料仓的结构形状、物料本身的物理性质 (如粗细度、含水量、摩擦系数) 以及储存时间等。

10.2.3.1 料仓的结构形状

对称的中间出口的料仓易结拱;当立筒库的高度超过仓直径或边长 4 倍,立筒库内压实现象严重,此时,物料与仓底排料口之间产生的剧烈摩擦,易形成结拱。料仓出料口的大小,当出料口直径小于仓的直径或边长的 1/4 时也容易结拱。因此要求仓壁与水平面夹角 (倾角) α 大于物料与仓壁的外摩擦角 (休止角) β。

10.2.3.2 物料本身的物理性质

(1) 粒度分布。粒度越小,物料间空隙越小,接触面越大,摩擦越大,故排料困难;粒度越大,则相反。

(2) 摩擦系数。摩擦系数与物料、仓壁的表面形状和粗糙程度有关,表面越粗糙,则摩擦系数就越大。

(3) 物料的含水量。物料含水量影响很大,物料含水量越高,就越能使粉体变软、变形、压得更实,孔隙更小,而水分的黏着力强 (影响物料间的摩擦系数),使排料更加困难,因此一般要求物料的水分应小于 15%。

10.2.3.3 储存时间

物料在静压的作用下,储存时间越长,压得越紧,物料间孔隙小,接触增加,造成排料越困难,越易结拱。

10.2.4 防止结拱的措施

防止结拱的措施具体如下：

（1）料仓的合理形状与尺寸：使粉料仓底部倾角 60°～75°，粒料仓底部倾角 45°～55°；卸料口形状越不对称越不易结拱；使卸料口最短边大于 200mm；加大卸料口或采用多出料口卸料，需特殊接料器或加高料仓高度。

（2）降低仓内粉体压力，降低筒料仓高度，仓内设置改变粉料流向的物体。

（3）减少仓壁摩擦阻力，料仓内壁涂光滑涂料。外装振动电机：振动状态下，仓壁摩擦力约为静态下的 1/10，粉体内部摩擦力和互相啮合的作用也降低了。应避免粉料被振实的副作用，合理选择振动频率、振幅、安装位置等。设置搅拌防拱、气流破拱装置，配合人工助流器等。

（4）改善粉体的物理性质，可对粉体进行加热处理，降低其含水量；将混入粉体的空气抽出；使粉体颗粒化等。

（5）定期维护与检视。

10.3 物料的填充性质与休止角

物料的填充性质直接关系到物料在贮料设备内防结拱的效果，提高料仓的使用效率。

10.3.1 空隙率

物料的填充性质系指料层内部粒子在空间中的排列状态，一般主要是研究静止时的粉体物料。填充性质由粉料的物理性质决定，它与粉体材料的压缩性、热学性质、电性质、填充层内的流体流动等问题有密切关系。

在耐火材料生产过程中，常常关注物料填充的两个极端，即最疏的与最密的填充状态。在耐火材料厂贮存粉料时，为了避免"起拱"而引起的料流阻塞，就需要粉料处于最疏填充状态。相反，在耐火材料配方设计时，需要考虑粗、中、细不同粒级的搭配，以达到最紧密堆积的效果；另外在连铸三大件生产时，常需要对配合料进行造粒处理，这时也需要粒子间的最紧密堆积。

10.3.1.1 均一球粒的填充

在图 10-2 中，列出了六种排列方式，有关的填充性见表 10-1。空隙率为 47.64% 的堆积是不稳定排列，而空隙率为 25.95% 的堆积为稳定排列。但实际上的单一粒子粉料的填充空隙率往往不超过正菱面体 $\varepsilon = 39.54\%$。

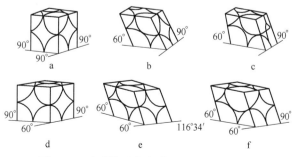

图 10-2　球形粒子的充填形式（单元体积）

表 10-1   均一球粒的填充性质

充填形式	单位体积	空隙体积	空隙率 ε/%	填充率/%	充填形式名称
图 10-2a	D^3	$0.48\,D^3$	47.64	52.36	立方体
图 10-2b	$0.87\,D^3$	$0.34\,D^3$	39.54	60.46	正菱机体
图 10-2c	$0.71\,D^3$	$0.18\,D^3$	25.95	74.05	斜方六面体
图 10-2d	$0.87\,D^3$	$0.34\,D^3$	39.54	60.46	正菱面体
图 10-2e	$0.75\,D^3$	$0.23\,D^3$	30.19	69.81	正方晶系楔形半面像
图 10-2f	$0.71\,D^3$	$0.18\,D^3$	25.95	74.05	斜方六面体

10.3.1.2　异径球粒的填充

就菱面体的填充而言，如图 10-3 所示，既有六个球粒所围成的四角孔空隙，也有由四个球粒所围成的三角孔空隙。在四角孔内能填入的较小的球称为 2 次球 J，而在三角孔内能填入更小球粒称为 3 次球 K。在上述填充剩下的孔隙可放入 4 次球、5 次球，甚至更小的球。根据几何学，可逐次计算出各次球的填充性质，见表 10-2。最终的空隙率可达 3.9%。

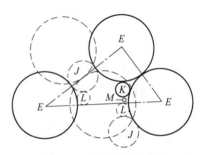

图 10-3   异径球粒的填充

表 10-2   异径球粒的填充性质

球序	球的半径	空隙率 ε/%
1 次球 E	r_1	25.95
2 次球 J	$0.414 r_1$	20.7
3 次球 K	$0.225 r_1$	19.0
4 次球 L	$0.177 r_1$	15.3
5 次球 M	$0.116 r_1$	14.9
$\vdots$	$\vdots$	$\vdots$
		3.9

对粒度不均匀的物料，因细粒子可以嵌入粗粒子之间，所以空隙率减小。如图 10-4 所示，不管粒度比（所谓粒度比是指原料中最大粒级与最小粒级之比）为多少，粗粒占 65% 左右时，ε 均为最小。对于不同粒子混合而成的粉料，一般是平均粒度越大，空隙率越小。当超过某一粒度时，大致趋于定值，如图 10-5 所示。

10.3.2　松装密度

松装密度 ρ_B 系指在一定填充空隙的状态下，单位容积内粉体物料的质量，它与空隙率的关系为：

$$\varepsilon = \frac{物料总体积 - 物料粒子真体积}{物料总体积} = 1 - \frac{物料质量/\rho_p}{物料质量/\rho_B} \qquad (10\text{-}1)$$

所以

$$\rho_B = (1 - \varepsilon)\rho_p \qquad (10\text{-}2)$$

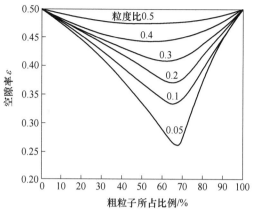

图 10-4 两种粒子混合时的空隙率

（单一粒子的空隙率均为 0.5 时）

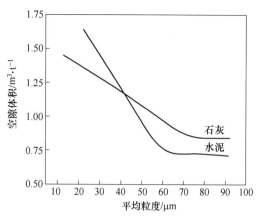

图 10-5 平均粒子与空隙体积的关系

10.3.3 休止角

粉体堆积层自由表面在静平衡状态下与水平面形成的角度，称为休止角或安息角。休止角是物料流动特性之一，犹如流体的"黏度"。休止角测量方法有多种，如图 10-6 所示，休止角是检验粉体流动性好坏最简便的方法。一般而言，休止角越小，摩擦力越小，粉体的流动性越好。如果粉体的休止角 $\alpha<30°$，其流动性好；若粉体的休止角 $\alpha>40°$（或 $45°$），则流动性差，在设计料仓时要考虑用仓壁振动器。

休止角与振动次数的关系如表 10-3 所示，同样往粉体内通压缩气使之松散，也会显著地减小休止角。

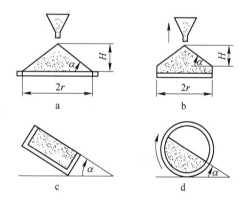

图 10-6 休止角的测定法

a—注入法；b—排出法；c—倾斜角法；d—转动圆筒法

表 10-3 振动对物料休止角的影响

振动频率/次·min^{-1}	0	50	100	100
振幅/cm	0	0.75~1.25	0.2	0.5
振动时间/s	0	5	5	20
休止角 α/(°)	41	15	11	7

10.4 给料设备

10.4.1 给料设备的要求

为使料仓内的静止状态物料恢复到生产作业线中应有的流动速度，必须在每个料仓加装给料装置，给料装置应满足如下要求：

（1）具有均匀而恒定的流量（以质量或容积计）；

（2）给料的流量在一定范围内可调且用自动智能化控制；

（3）料流形状（宽度与厚度）能符合生产工艺要求，且可随意调节；

（4）加料机件磨损小，不易沾料；

（5）扬料小，不漏料。

10.4.2　给料设备类型

耐火材料用的给料装置种类很多，常见的类型如图10-7所示。一般用在贮料仓出料和粉碎机加料的称为给料机或喂料机，用作回转窑、竖窑给料的称为投料机。其中电磁振动给料机是最常用的给料装置。

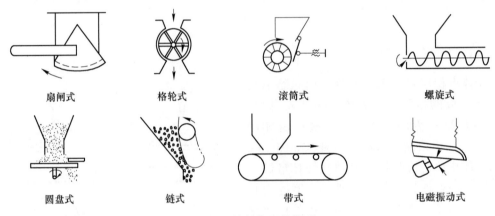

扇闸式　　　格轮式　　　滚筒式　　　螺旋式

圆盘式　　　链式　　　带式　　　电磁振动式

图 10-7　给料装置的类型

电磁振动给料机广泛应用于材料成型的定量给料，破碎设备、磨碎设备及混合设备的喂料，带式输送机、斗式提升机的加料，存料仓的卸料等。

电磁振动给料机结构简单，没有转动零件，无须润滑，质量轻，使用维护方便，给料均匀，给料量易调节，便于实现给料量的自动控制；用在卸料仓卸料时，有疏松物料的作用。给料粒度范围大，可由 0.66~500mm；物料呈跳跃前进，不在料槽表面滑动，故对料槽的磨损很小；驱动功率小，电能消耗少；可以输送低于 300℃ 的灼热物料。其缺点是第一次安装时调整较困难，对黏性较大和湿粉状物料不宜采用此没备。

电磁振动给料机构造如图 10-8 所示，由给料槽 b、激振器 c、减振器 a 等部分组成。

（1）给料槽：由钢板压制焊接而成，承受料仓下来的物料，经电磁振动将物料输送给下一个受料设备；

（2）减振器：由螺旋弹簧构成，其作用为减小传递给基础或框架上的振动力；

（3）激振器：又叫振动器，它使槽体产生振动。

以板弹簧电磁振动给料机为例，激振器由以下几个

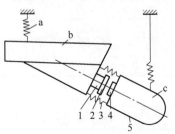

图 10-8　电磁振动给料机

a—减振器；b—给料槽；c—激振器；
1—连接叉；2—衔铁；3—弹簧组；
4—铁芯；5—振动器壳体

部分组成：1）连接叉。连接叉和槽体固定在一起，通过它将激振力传递给槽体。2）衔铁。用螺栓将衔铁固定在连接叉上，和铁芯形成磁力线回路，与铁芯保持一定间隙。3）弹簧组。弹簧组为储能机构，用它来连接前质量与后质量，形成双质体振动系统。4）铁芯。用螺栓将其固定在激振器壳体上，铁芯上绕有线圈，当电流通过时就有磁场产生。

10.5 成型设备

10.5.1 摩擦压力成型机

10.5.1.1 摩擦压力成型机的特点及工作原理

摩擦压力成型机，也称摩擦螺旋压力机，其结构示意图如图 10-9 所示，其构造简单，制造成本低，易于操作，维修简便，压出的砖坯质量较好，在耐火材料及陶瓷等工业的成型过程中应用较广。其主要缺点是冲模行程不固定、吨位较小、操作不够安全，空转耗电，因此很多工厂对原有的摩擦压砖机进行了不同程度的技术改造，制备出了利用变频技术的螺旋压砖机。

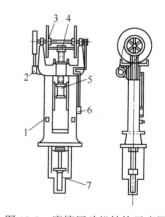

图 10-9 摩擦压砖机结构示意图
1—机架；2—传动装置；
3—横轴及摩擦立轮；4—飞轮及螺旋主轴；
5—滑块及冲头；6—操纵装置；7—出砖机

摩擦压砖机是通过摩擦轮来带动冲头进行压砖操作的，其工作原理如图 10-10 所示。

丝杆 4 由摩擦传动装置驱动。在横轴 2 上装两个摩擦盘 1，两个摩擦盘的转速相等、转向相同。在两个摩擦盘之间有一飞轮 3，水平安装在丝杆 4 的顶端，两个摩擦盘由一杠杆系统操纵可以随横轴一起左右移动。只能有一个摩擦盘靠紧飞轮或两个摩擦盘均与飞轮保持一定间隙。在后一种情况下，摩擦盘与横轴一起旋转时，飞轮并不转动。如将左摩擦盘压紧飞轮，当横轴带动摩擦盘回转时，由于摩擦作用摩擦盘朝一个方向转动，如图 10-10a 所示；如将右摩擦盘与飞轮压紧时，则飞轮向另一个方向回转，如图 10-10b 所示。飞轮带动丝杆在大螺母中转动的同时，作向上或向下移动，丝杆下端装有滑块和冲头，当冲头向上移动时，可进行加料和出砖等工作；当冲头向下移动时，则可完成压砖工作。

由于摩擦盘的转速不变，而飞轮在上下移动过程中，它与摩擦盘接触位置改变，所以飞轮的转速也就随着变化。设摩擦盘的转速为 n，则飞轮的转速 n_1 的变化范围如下：

若摩擦盘半径为 R，飞轮半径为 R_1，由于在摩擦盘与飞轮接触的某一位置时，它们的线速度大小相等，即 $v = v_1$，所以飞轮在距横轴 R_x 处的线速度 $v(\mathrm{m/s})$ 为：

$$v = \frac{2\pi R_x n}{60} = \frac{n\pi R_x}{30} \tag{10-3}$$

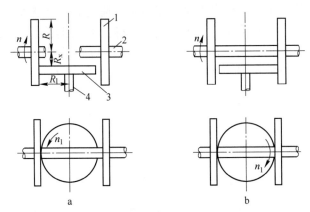

图 10-10　摩擦压砖机工作原理示意图
1—摩擦盘；2—横轴；3—飞轮；4—丝杆

此时摩擦盘的线速度 $v_1(\text{m/s})$ 为：

$$v_1 = \frac{2\pi R_1 n_1}{60} = \frac{n_1 \pi R_1}{30} \tag{10-4}$$

因 $v = v_1$，则得 $\dfrac{n\pi R_x}{30} = \dfrac{n_1 \pi R_1}{30}$，从而得飞轮转速 n_1 的变化范围为：

$$n_1 = n\frac{R_x}{R_1} = n\frac{R_0}{R_1} \sim n\frac{R}{R_1} \tag{10-5}$$

式中　n——摩擦盘的转速，m/s；

　　　R_0——飞轮处于最高位置时，飞轮轮缘距摩擦盘中心的距离，m；

　　　R_1——飞轮半径，m；

　　　R——摩擦盘半径，m。

10.5.1.2　摩擦压砖机的结构

摩擦压砖机的种类很多，构造方面存在较大区别，但一般都由传动系统、操纵系统、出砖机构和机架构成。

普通摩擦压砖机由电动机通过三角皮带、皮带轮、摩擦盘带动飞轮回转，并使丝杆作回转和上下移动。丝杆的下端与滑块相连，并在滑块内作自由转动。丝杆转动时，带动滑块沿机身两侧的导轨作上下移动，完成压砖和出砖的动作。由人工掌握操纵杆，通过杠杆机构将力传递到拨杈，迫使横轴连同摩擦盘一起向左或向右移动，以改变飞轮的回转方向。

出砖机构的作用是将已压制好的砖坯推出砖模。它由连杆、托架、顶砖杆等组成。两根连杆的上端连在滑块上，其下端紧固在顶砖托架上，连杆自由地穿过压砖机底座上的孔。在底座内设有导筒，上粗下细的顶砖杆装入导筒内。顶砖杆的下方正对着顶砖托架上的通孔，在通孔上设有手动或气动、液动的盖板。当不需要出砖时，托架上的通孔未被盖板盖住，顶砖杆可以自由通过此通孔，此时顶砖杆在导筒内的相对位置不变，砖坯不致被顶出。当需要出砖时，通过操纵机构（或人工）将盖板转至托架的通孔位置盖好，当滑块通过连杆带动顶砖托架上升到一定位置时，由托架上的盖板推动顶砖杆向上移动，顶砖杆经底模板将压制好的砖坯顶出砖模。

10.5.1.3　摩擦压力机参数的设计计算

A　公称压力

公称压力（*P*）是摩擦压砖机性能和设计的主要参数。各零部件在公称压力作用下除必须有足够的强度和刚度外，还必须有一定的安全度。摩擦压砖机的实际压力不等于其公称压力，因为实际压力的大小取决于操作方法、砖坯的变形量及机架等受力部件的刚性等。设计最大打击力一般为公称压力的两倍，实际测定，生产中压机的最大打击力有时超过公称压力的两倍，因此设计时应考虑足够的安全系数。当然，在操作过程中应极力避免过大打击力，以免机器损坏。

B　确定摩擦盘半径

摩擦盘的半径主要取决于滑块行程及横轴的直径，可按下式经验式进行初步计算：

$$R = R_0 + S \tag{10-6}$$

式中　*R*——摩擦盘半径，cm；

　　　S——滑块行程，cm；

　　　R_0——飞轮处于最高位置时，飞轮轮缘距摩擦盘中心的距离，cm。

其中 $R_0 = 14 + 0.193\sqrt{P}$，$S = 12 + 0.6\sqrt{P}$（*P* 为压制力，kN）。

C　摩擦盘转速

摩擦盘的转速（r/min）可按下式初选，然后按电动机及传动系统计算出实际转速：

$$n = 150 + \frac{1898}{\sqrt{P}} \tag{10-7}$$

D　飞轮直径

飞轮的直径越大，摩擦压砖机的能量及压制力也越大，飞轮的直径（cm）可按下式初选：

$$D = 10 + 2.53\sqrt{P} \tag{10-8}$$

E　冲击能量

摩擦压砖机工作时产生强烈的冲击压力，使物料受压，所产生的冲击能量由以下 3 部分组成：

（1）飞轮和丝杆的旋转运动所产生的动能 E_1（N·m）：

$$E_1 = \frac{1}{2}J_p\omega^2 \tag{10-9}$$

式中　J_p——飞轮和丝杆的转动惯量之和，kg·m²；

　　　ω——飞轮最大的角速度，1/s。

（2）各运动部件向下做直线运动所产生的动能 E_2（N·m）：

$$E_2 = \frac{1}{2} \times \frac{G}{g} \times v^2 \tag{10-10}$$

式中　*G*——向下做直线运动的飞轮、丝杆、滑块及冲头等部件的总重力，N；

　　　g——重力加速度，*g* = 9.8m/s²；

　　　v——丝杆向下运动时的线速度，m/s。

（3）压制开始到压制终了，飞轮、丝杆、滑块及冲头等部件沉降时的势能（N·m）：

$$E_3 = G \cdot \sigma \tag{10-11}$$

式中　G——向下运动各部件的总重力，N；

　　　σ——压制时泥料下沉深度，m。

10.5.2　电动螺旋压力机

电动螺旋压力机是通过使一组以上的外螺栓与内螺栓在框架内旋转产生加压形成的压力机械的总称。

电动螺旋压力机的问世始于20世纪40年代的德国，被称为一种重大的技术突破设备，是螺旋压力机发展史上的一次飞跃。

目前，德国万家顿（MÜLLE WEINGARTEN）、拉斯科（LASCO）等公司，采用变频技术使其达到一定批量的生产。

我国在1986年由青锻公司和山东工业大学联合研制成功了1600kN电机直驱式电动螺旋压力机，当时因为电力、电子、变频等技术落后，没能得到进一步深入研究和推广应用。

电动螺旋压力机一般采用开关磁阻电动机直接驱动，与摩擦压力机相比，不需要转动的横轴、摩擦盘和两个支臂；与液压机相比，不需要复杂的、要求较高的液相系统。因此零部件少，结构简单，设备体积小，动作平稳，传动噪声很小，传动链短，容易制造，质量轻，便于安装，造价低。

10.5.2.1　电动螺旋压力机的工作原理及特点

图10-11为电动螺旋压力机的示意图，其工作原理是：开关磁阻电动机3驱动飞轮4旋转，飞轮旋转带动螺杆5旋转，螺杆通过螺旋副驱动螺母6向下运动，从而带动滑块7向下运动，实现锻压成型，打击后飞轮系统能量全部释放完毕，然后电动机反转，将滑块提升到预定高度，电动机断电，制动器制动飞轮，使滑块停在初始位置，完成一个工作循环。

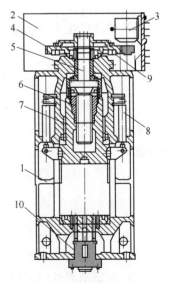

图 10-11　螺旋压砖机

1—机身；2—罩子；
3—开关磁阻电动机；4—飞轮；
5—螺杆；6—螺母；7—滑块；
8—平衡装置；9—制动器；
10—顶料器

电动螺旋压力机特点：

（1）电动机的转子是压力机飞轮的组成部分，直接驱动螺杆转动，减少了传统螺旋压力机的传动链，机械故障降至最低。

（2）电机装有位置传感器，位置信号反馈给控制器，控制器按程序数字化控制电机运转，打击力控制准确。

（3）机身采用预应力机架、机架与滑块之间采用矩形导轨，导向精度高、抗偏载能力强，适应于多模成型。

（4）电机起动电流小，当起动转矩为额定转矩的150%时，起动电流仅为额定数值的30%，对电网冲击小。滑块静止时，主电机不工作，电量消耗低，节电效果显著。

（5）制动器为瓦块式结构，性能可靠，加上电机自身有制动功能，双重刹车，可有效避免设备及人身伤害，安全性能高。

（6）与液压传动的螺旋压力机相比，不需要复杂的液压驱动设备，不存在液压油泄漏污染环境和出现液压故障问题。

（7）与摩擦螺旋压力成型机相比，无摩擦盘、横轴等中间传动装置和摩擦易损件，零部件少，可靠性高，精度好，效率高。

10.5.2.2 电动螺旋压力成型机的分类

电动螺旋压力成型机是利用可逆式电动机不断作正反方向的换向转动，带动飞轮和螺杆旋转，使滑块作上下运动。按其传动特征分为两类。

（1）电动机直接传动式。这种电动螺旋压力成型机无单独的电动机，定子固定在压力机机架的顶部，电动机的转子就是压力机的飞轮或飞轮的一部分，利用定子的旋转磁场，在转子（飞轮）外缘表面产生感应电动势和电流，由此产生电磁力矩，驱动飞轮和螺杆转动。定子与飞轮间有空气间隙，主要传动部件之间是无接触传递能量，所以称为无接触式传动。

（2）电动机机械传动式。由一台或几台异步电动机通过小齿轮带动有大齿圈的飞轮旋转，飞轮只起传动和蓄能作用，飞轮和螺杆只作旋转运动，通过装在滑块上的螺母，使滑块作上下直线运动。

表 10-4 为国产电动螺旋压力机的技术参数。

表 10-4 电动螺旋压力成型机的主要技术参数

型号	公称力 /kN	允许用力 /kN	运动部分能量/kJ	滑块行程 /mm	行程次数 /次·min^{-1}	最小封闭高度 /mm	工作台垫板厚度 /mm	工作台面尺寸（前后×左右）/mm×mm
EPC-400	4000	6300	36/18	400	24	570	120	750×700
EPC-500	5000	8000	50/25	425	22	650	120	750×700
EPC-630	6300	10000	72/36	450	20	780	140	800×750
EPC-8000	8000	12500	100/50	475	19	860	160	900×800
EPC-1000	10000	16000	140/70	500	18	950	180	1000×900
EPC-1250	12500	20000	200/100	525	17	1050	180	1100×1000
EPC-1600	16000	25000	280/140	550	16	1100	200	1200×1100
EPC-2000	20000	32000	360/180	600	15	1200	150	1350×1200
EPC-2500	25000	40000	500/250	650	14	1300	280	1400×1250
EPC-3150	31500	50000	700/350	700	13	1400	280	1500×1350
EPC-4000	40000	63000	1000/500	750	11	1500	300	1900×1600
EPC-5000	50000	80000	1120/560	800	9	1600	300	2000×1700
EPC-6300	63000	100000	1600/800	850	8	1700	320	2150×1800
EPC-8000	80000	125000	2280/1140	900	8	1800	320	2350×2000

10.5.3 自动液压成型机

自动液压成型机是利用液压压力压制砖坯的成型设备，在压砖过程中，泥料计量、填模、压制成型到砖坯移送等全程自动程序控制，其结构示意图如图 10-12 所示。

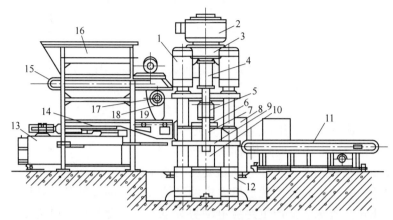

图 10-12　上压式液压压砖机构造示意图

1—主机上横梁；2—充液油箱；3—主油缸；4—浮动台油缸；5—上模头；6—夹砖器；7—模套；
8—砖厚检测装置；9—浮动台；10—下模头；11—砖坯运输机；12—主机底座；13—液压传动装置；
14—送料滑架；15—给料机；16—储料斗；17—搅拌机；18—定料斗；19—进料箱

一般液压机均由三部分组成，主机、液压系统和控制系统，主机包括机身、主缸、顶出缸及充液装置等，液压系统由油箱、高压泵、低压控制系统、电动机及各种压力阀和方向阀等组成，在电气系统的控制下，通过液压泵和油缸及各种液压阀实现能量的转换，实现各个动作的循环运行。

全自动液压压砖机是利用帕斯卡的工作原理设计，利用液压油压强传动实现对砖坯的压制成型。液压缸是液压压砖机工作原理中比较重要的一个部件，它将液压能转化为机械能，利用液体压力来传递动力和进行控制，其他液压元件在设备工作原理中起到辅助作用，与液压缸相互协作，实现设备的稳定、平稳运行。液压泵是液压压砖机的动力来源，通过液压泵的驱动将高速高压液压油输送到液压管路和液压缸的不同腔。对于设备的布料、压制成型、脱模和出砖等动作，都与液压缸有关，通过油路就可控制油缸的来回往复运动，从而实现设备连续不间断工作。

10.5.4　冷等静压成型机

等静压机能在各个方向上对密闭的物料同时施加相等的压力而使其成型。耐火材料工业生产中常用在常温状态下实现等静压压制技术，又称冷等静压，其组成系统如图 10-13 所示。

在耐火材料行业中，总尺寸大、长径比大、中空、形状复杂等难于压制成型的制品，常用等静压压制。如长水口、浸入式水口、出钢口、塞棒等。

等静压成型机通常采用水的乳化液（部分采用油）作为传递压力的介质，以橡胶或塑料作为包模具材料。

常用的冷等静压机的压力缸内径为 100~1250mm，有效高度为 320~3000mm，额定工作压力不大于 600MPa。其主要缺点在于成型周期长，能效较低。

冷等静压机是根据帕斯卡原理，依靠高压液体或气体从各方向对物料施加相同压力的成型设备。耐火材料工业中主要用于成型长水口、浸入式水口等长柱形制品，其构造原理图如图 10-14 所示。

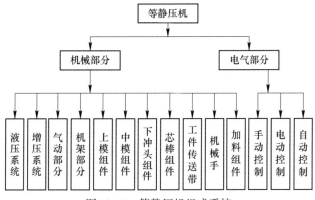

图 10-13　等静压机组成系统

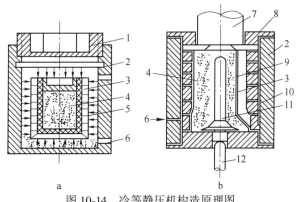

图 10-14　冷等静压机构造原理图

a—湿袋法；b—干袋法

1—顶盖；2—高压容器；3—弹性模具；4—粉料；5—框架；6—油液；7—压力冲头；8—螺母；9—砖坯；
10—限位器；11—芯棒；12—顶砖器

　　按模具在油缸中的存在形式可分为浮动模具法与固定模具法。前者又称湿袋法，如图10-14a 所示。将弹性模具放入框架中，悬浮于缸内的液体中。可以同时放入几个模具或框架，它适合批量小、外形复杂或尺寸小的制品。后者又称干袋法，此法是将弹性模具通过限位器固定于高压缸内。操作时提升冲头将粉料加入模内，用冲头封闭上口后加压。此法适合生产量大的制品。

　　泥料在高压缸中受到来自各方面高压液体的均匀压力。压制过程分为三个阶段：升压阶段、恒压阶段与卸压阶段。升压速度取决于制品的大小与形状。保压可以提高坯体密度，但时间不宜太长，一般为数分钟。卸压速度的控制十分重要，卸压太快容易因弹性后效而导致坯体开裂，特别是对大型制品应特别注意。

10.6　成型模具

10.6.1　模具的作用与分类

　　在高温工业中，需要各种规格与型号的耐火材料制品。图 10-15 是一些不同规格的砖型，这些耐火砖的成型模具的设计和制作在耐火材料生产中占有相当重要的地位。

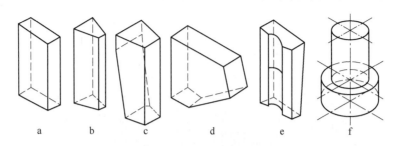

图 10-15　耐火材料砖型

a—直形砖；b—楔形砖；c—环形用砖；d—拱脚砖；e—安装压力计用砖；f—塞孔砖

10.6.1.1　模具的作用

成型模具对耐火材料制品的质量、产量及成本起着重要的影响。模具各部件放尺（或缩尺）和脱模锥度选取得是否合理，将直接影响制品的外形尺寸是否符合公差要求。

加工模具各部件所采用的方法及粗糙度将影响顶砖力的大小，由于砖坯上下存在压力差，易造成制品体积密度的差异。

当制品形状比较复杂时，其断面变化处的圆角半径要选取得合理，若半径过小，可能由应力集中而造成边角裂纹以致破损。

模具与泥料接触部分的硬度若不均匀，会使模具在制品生产中出现软点、产生疲坑和波形槽（特别是在冲头以下砖坯和侧模板接触的上缘部分），这些疲坑和波形槽在出砖的过程中会使砖坯出现层状裂纹。

当模具的芯杆（压制中空制品时）或侧模板使用一段时间老化以后，其与泥料接触部位（特别是侧压力较大的部位）会由于磨损而变细（对芯杆）或变薄（对侧模板），与此部位相对应的砖坯断面会因之而加大。当在此种模具中成型的砖坯出砖时，被加大的砖坯断面必然要通过模腔断面较小的部位（即磨损较轻的部位），这将使砖坯受到相当大的挤压力而产生树枝状的发裂或嘴边裂纹。从外观看，砖坯具有发裂的部位颜色较深，并呈现有光亮的黑色。

如果模具的模板和模套（模框）之间不能很好吻合而有间隙存在，成型过程中就会出现以下情况：当冲头下降进行加压时，泥料对周围模板将产生很大的挤压力，这个挤压力使模板紧贴模套并消除间隙；而当冲头提起，外压力消失后，模板则依靠弹性作用向原位弹回，此时间隙又再度出现。由于砖坯反复承受模板的弹性作用，产生局部应力，并由此局部应力而产生纵向裂纹或扭曲。

在模具装配时，应力求做到冲头、模腔以及出砖器三者的中心线在一直线上。如果冲头中心线与模腔中心线不在一直线，则在压制时压制力就会偏向一侧，造成砖坯一部分密实，一部分疏松的现象，而这种内应力不均衡的现象往往会使砖坯开裂破损。如果出砖器中心线不能与模腔中心线重合（对于砖坯断面不对称的制品，往往还应考虑砖坯重心位置甚至出砖摩擦阻力合力的作用位置），则在出砖过程中，顶砖力也会偏向砖坯的某一侧而造成砖坯受力不均，在这种情况下，砖坯也很容易出现开裂破损现象。

此外，底模、上冲模（或模盖）如与模壁的间隙过大会使砖坯出现飞边；在压方管状砖时，如模芯不直会造成砖坯的顺向裂纹；底板或冲头的变形会使砖坯产生扭曲；上模板的沾料将会使砖坯产生麻面等现象。

一套设计和装配正确且材质良好的模具可以压制几万块以上的制品而无须更换，而质量低劣的模具有时只生产几百块甚至几十块制品就报废，更换模具费时费力。更换模具期间压机无法进行生产，压机产量降低。

模具的设计和组装是否合理，能否在压机上直接换模，能否实现自动脱模和自动抽芯（当生产中空制品时）等，也对产量有着很大的影响。

10.6.1.2　模具的分类

模具部件的几何形状是多种多样的，典型的有平板、圆管、芯轴、小轴、漏斗管等。通常，模具按以下几种方法进行分类。

（1）按模具所使用的材质可分为：1）木质模具手工成型、夹板锤成型及振动成型用；2）橡胶模具等静压成型用；3）石膏模具可塑法成型用；4）金属模具机压半干法成型用。其中半干法机压成型所用的金属模具应用最为广泛。

金属模具是最常用的一种模具，它又分为钢质模具（包括普通碳素钢、优质碳素钢及合金结构钢模具等）和铸铁模具（包括白口铸铁、激冷铸铁和球墨铸铁模具等）两大类。

（2）按不同的成型方法可分为：1）手工成型及夹板锤成型用模具；2）机压成型（又分为单面加压、双面加压及浮动加压成型）用模具；3）振动成型用模具，多使用金属模具或外包铁皮的木质模具；4）湿法成型及可塑法成型用模具；5）等静压成型用模具。

（3）按模具的结构可分为：1）自动脱模或自动抽芯（对中空制品而言）模具；2）人工脱模或人工抽芯模具。

10.6.2　模具的材质与加工

10.6.2.1　对模具材质的几点要求

半干法成型所使用的模具应能满足以下几点要求：

（1）强度和硬度的要求。压机的成型压力往往在100MPa以上，冲击成型时每分钟的冲击振动次数将超过几十次，模具材质必须具有足够的强度和韧性。

除了模具材质所具有的性质外，砖坯泥料的性质（如含碳化硅质、刚玉质、镁质、黏土质及其配比和物料颗粒的形状及硬度等）及操作条件（例如是否对模具涂油等）对模具磨损的速度有较大的影响。

就一块模板而言，其磨损情况是不均匀的，其最大磨损区域是在模板与砖坯相接触的上缘部分，也就是侧压力最大的区域。就一套模具来说，其各部位模板的磨损情况也是不同的。因此，模具各部件的抗磨性也应相互配合以提高模具的使用寿命。

（2）对刚度的要求。在成型过程中，模具产生相应的弹性变形，当上冲头离开砖坯以后，模具的弹性变形得到恢复，并从而使砖坯两侧受挤压，这个侧压力会迫使砖坯发生横向收缩，严重时还会使砖坯遭到破坏。因此，模具应具有足够的刚度。

一般应当采用整体式的刚性压模，不加垫板。对于刚性压模，通常可使用带外套的模体，外套是用热压配合的方法套在模体上的。

（3）经济的合理性。所选用的材质应当便于进行机械加工，加工费用较低；要尽量节约钢材，特别是节约各种合金钢材，能用铸铁代替的就用铸铁代替；在需要进行各种热处理和化学处理时，应对模具寿命的提高及各种处理的费用进行综合的分析比较；应考虑模具的多次使用，即一套模具磨损后经过加工即可组装成另一型号制品的模具；改进模具设计并应尽量提高模具的加工质量。

10.6.2.2　铸铁模具

铸造生铁硬度高，抗压强度大，有良好的抗磨能力，价格便宜，故广泛应用于模具制造。

模具铸铁含碳量一般在 2%~4%，为亚共晶生铁。按其碳素存在的形态不同，成型模具所用的铸铁主要是白口铸铁（变质铸铁）、激冷铸铁和球墨铸铁。

（1）白口铸铁（变质铸铁）模具。铸铁的化学成分直接影响其组织结构和耐磨性。Fe_3C 具有很高的硬度，而游离状石墨的强度和硬度非常低。要使铸铁白口化，就必须减少促使石墨化的元素成分和增加阻止石墨化的元素成分。一般说来，Si、C 是促进石墨化的元素；Mn、S 是促使铸铁白口化的元素；Cr 也是一种白口化元素，它能与 Fe_3C 形成特殊的碳化物且能促进珠光体的形成。在 Cr 含量仅为 0.25% 时，铸铁的耐磨性已有增加，因此，在有条件的情况下加入一定数量的 Cr（多由废钢带入）对改善白口铸铁的性能及提高模具的使用寿命是有好处的。

（2）球墨铸铁模具。在球墨铸铁中，石墨呈球状存在。经过处理的球墨铸铁其力学性能大大超过灰口铁，甚至不亚于碳素钢。因此，有的耐火材料厂采用球墨铸铁来制作模具。由于稀土族合金可以使球墨铸铁具有激冷作用且可使碳化物含量增加，因此用稀土镁球墨铸铁制成的模具具有良好的性能。

10.6.2.3　钢质模具

铸铁模具粗大的初生碳化物及其树枝状的碳化物骨架使模具具有很大的脆性，这就限制了它的使用范围。钢质是制作耐火制品成型模具的主要材料。

目前我国用于制作模具的钢种主要是普通碳素钢（如 A3 等）和各类优质碳素钢（如10 号镇静钢、20 号钢、45 号钢等）。除 45 号钢外，其余均为低碳钢种。

含铁素体及稳定奥氏体基体的合金，不论其碳化物组分的含量多少，其抗磨性都低于含马氏体基体的合金。但是，含马氏体的合金很脆，实际上不能作为制作模具的材料，而含大量不稳定残余奥氏体的基体，却比含铁素体、稳定奥氏体及马氏体的基体的抗磨性能都好。此种基体能把碳化物牢固地结合住，使其在磨损的过程中不致脱落。

残余奥氏体使模具具有必要的韧性，在使用过程中，工作层发生组织转变，析出新的相，整个工作体中生成分布均匀的、致密的断层，使模具具有较高的耐磨性。

正因为不稳定残余奥氏体及少量马氏体是耐磨合金最好的基体，所以在进行热处理时宁可降低一点材料的硬度来取得残余奥氏体含量多的组织结构，这对于同样的模具材料来说，会使抗磨性显著改善，模具的使用寿命也会显著延长。

10.6.2.4　钢质模具的加工过程

钢质模具的加工可分为下料、切料、切削加工、渗碳及渗其他元素、淬火、检验及装配等步骤。

（1）模具毛坯的下料。下料是将钢材通过锻压或氧气切割制成模具毛坯，以便为下一步的机械切屑加工作准备。

铸造合金经过锻压，可以使碳化物的组分均匀，可提高模具的韧性，大大减少其破损。锻压造成的内应力及气割的热影响区可能造成局部脱碳从而使以后的渗碳不均匀，所以经过锻压或者氧气切割的模具毛坯一般都要经过退火处理。

（2）机械切屑加工。下料以后的模具毛坯要根据设计的不同要求进行机床加工：刨、铣端面、打印、磨削平面、钻工艺孔（这是为掺碳等作准备而钻的小螺孔）。

以上工序完成后，即可对其进行热处理。

（3）渗碳、渗氮、渗硼。渗碳的目的是提高模具表面的硬度和耐磨性而保持中心部分仍具有足够的韧性。目前采用的模具渗碳方法有固体渗碳、液体渗碳和气体渗碳三种，以固体渗碳最为普遍。一般模具的渗碳层深度为 $1.5 \sim 2.5mm$。液体渗碳主要用于小型模具。

为了提高模具表面层的硬度，渗碳后还必须进行其他热处理。

渗氮可提高模具表面的硬度及耐磨性，还可提高模具的耐蚀性。渗氮层的深度一般为 $0.5 \sim 0.6mm$。渗氮常用于合金结构钢模具。

有的耐火厂采用氮-碳共渗（即氰化）的方法。用这种方法不仅可以提高模具表面的硬度和耐磨性，而且提高它的疲劳极限。共渗后其渗层深度可达 $0.8 \sim 1mm$，硬度（HRC）为 $62 \sim 64$。

所谓渗硼，就是钢质模具被熔融硼砂中的硼所饱和，析出的硼在钢中扩散并与其中的铁和碳组成硼化铁（Fe_2B）及碳化硼（B_4C）等，硼化铁和碳化硼均具有很高的硬度和耐磨性。

为了进一步提高模具的使用寿命，一些耐火厂目前正在使用或试验用碳、氮、硼三元共渗的方法。使用这种方法处理过的模具，可压制一万多块制品。

（4）钢质模具的淬火与回火。对于尺寸较大的模具，可采用表面高频淬火的处理方法。

为了消除或减少模具在淬火后所产生的内应力，淬火后还须进行回火处理。通过回火，可以使具有歪扭正方晶格的马氏体以及过冷后碳在 α-Fe 中的固溶体（残余奥氏体）转变为较稳定的组织。

（5）模具的检验与装配。模具热处理后，用硬度计检验硬度，然后检查有无裂纹及淬火后的变形情况。在确认无淬火裂纹的情况下，对模具进行校直。校直分冷校直及热校直两种，如采用热校直，则应在校直后入水冷却。校直工作可以直接在摩擦压力机上进行，也可以采用其他方法进行。

模具校直以后即可进行装配（包括装箱及配上、下模板等）。因为模具在淬火后脆性较大，在装配时应当避免重力敲打，以防止装配裂损。对于比较复杂的模具，在机械切削加工以后（一般在刨削以后），应当预先进行一次装配检验，以免造成返工。

为了提高钢质模具的抗磨性、抗蚀性和抗氧化性能，有时还采用镀铬的方法。涂铬层的厚度一般为 0.1mm（对耐磨性镀铬，可以达到 0.6mm），鉴于镀铬层具有较低的摩擦系数，这种模具还可以减小泥料和侧壁间的摩擦力。

10.6.3　模具设计的基本原则与考虑因素

模具设计应遵循的基本原则与需要考虑的因素具体如下：

（1）在保证制品外形尺寸的条件下模具设计应力求简单，还应尽量做到加工容易和装配方便。

（2）能方便地更换模具，并争取能在机上更换模具。

（3）尽可能双面加压和浮动成型（特别是当砖坯厚度超过 100mm 的条件下），以改善制品体积密度的均匀性。

（4）所设计的模具应能方便地进行加料并能防止棚料（如带芯子的模具）。

（5）根据制品的不同形状，应能轻易地出砖。为此，应考虑一定的出砖锥度，根据实践经验，一般规定：对于方砖，其锥度为 1%；对于双面加压的方管、圆管、中心注管和圆柱形制品，其锥度可考虑为 0.6%~0.8%。此外，制品的出砖锥度不应超过公差所允许的尺寸范围。

（6）为避免砖坯由于弹性后效而出现层裂，应考虑在成型过程中的空气排出问题，一般应预留排气孔。

（7）应考虑制品的受压方向，并尽可能使成型压力作用于制品断面尺寸较小（或较薄）的部位。因为当受压断面厚度不超过 30mm 时，不易出现层裂现象，如果厚度过大，则可能由于压不透而造成层裂。

（8）在设计压模的高度时，应当考虑泥料的加料深度。机压成型的加料深度一般为制品厚度的 1.7~2 倍。对于截面小的制品，加料深度应当大一些，而截面大的制品，则加料深度可以小一些。硅质制品，加料深度应当大一些，而高铝及黏土质制品，加料深度可以小一些。压机冲程受限制时，加料深度也可以适当减小一些。另外，模具的高度要尽量做到标准化和通用化，同时也应考虑和模框的配合问题。

（9）根据不同的砖型及组成模具的不同部件，应对模具材质进行正确的选择。例如在设计某些钢包衬砖模具时，由于这些部件很厚，机械加工相当困难，宜采用变质铸铁。而对顶板、底板等，因要承受较大的冲击载荷，应使用渗碳钢制作。

（10）在进行模具设计时，应当考虑能自动脱模和自动抽芯（当压制中空制品时），以提高成型的自动化程度。

（11）鉴于模具在使用过程中其表面被磨损，所以在设计时应考虑模具的多次回收利用，即因磨损而被拆换下来的模具在经过加工修复后，应能继续使用于其他型号制品的压制。

复习思考题

10-1　粉体物料贮存于料仓中有几种流动形态？如何防止贮料仓结拱？

10-2　耐火材料的成型是物料紧密接触的关键步骤，试分析耐火材料成型工艺应注意哪些影响因素。

10-3　请结合机压成型设备的优缺点，试分析耐火材料成型工艺/设备的发展趋势。

10-4　在设计耐火制品成型模具时，对模具材质有哪些要求？

10-5　某耐火材料企业采用摩擦压砖机生产 MgO-C 砖，所成型的砖坯大量出现层状裂纹，请分析可能存在的原因。

11 除尘设备

本章要点

（1）了解各种粉尘的特性及耐火材料生产过程中粉尘的主要来源；
（2）熟悉常用除尘设备的工作原理。

在耐火材料企业，工业粉尘主要来源于各种原料的机械破粉碎和研磨加工过程中，粉状物料的混合、筛分、包装及运输过程、燃料燃烧时的烟尘等，都需要进行通风排气处理。

通风排气中的粉尘必须经过净化处理，达到排放标准才能排入大气，此外，有些生产过程排出的粉尘是生产原料或成品，具有回收利用的重要价值。

从生产流程看，耐火材料生产企业产尘量最大的是破粉碎作业，其次是成型作业；从产品类型看，危害最严重的是硅砖，其次是黏土砖、高铝砖、镁砖等；从工人肺尘埃沉着病情况来看，发病率最高的是从事破粉碎和成型作业的工作，其次是烧成、装窑作业的工人。因此耐火材料企业必须重视粉尘对工人身体健康的影响。

除尘就是通过除尘器分离空气中的粉尘以达到净化空气或回收物料的目的。

除尘的效果取决于粉尘的性质和除尘器的性能。因此，本章主要介绍粉尘性质，除尘器的工作原理、结构、性质及类型和特点。

11.1 粉尘的特性

（1）粒径。粒径也称为粒度，是衡量粉尘颗粒大小的尺度。实际防尘中采用粉尘的投影定向长度表示粉尘的粒径，用 d 表示，单位为微米（μm）。

尘粒是较粗的颗粒，粒径>75μm；

粉尘的粒径为 1~75μm 的颗粒，一般是由工业生产上的破碎和运转作业所产生；

$d \leq 5\mu m$ 的粉尘称为呼吸性粉尘，可随呼吸进入并沉积在肺部，危害最大。

亚微粉尘：粒径小于 1μm 的粉尘；炱是燃烧、升华、冷凝等过程形成的固体颗粒，粒径一般小于 1μm。

雾尘是工业生产中的过饱和蒸汽凝结和凝聚、化学反应和液体喷雾所形成的液滴。粒径一般小于 10μm。

雾是由大量悬浮在近地面空气中的微小水滴或冰晶组成的气溶胶系统；

空气中的灰尘、硫酸、硝酸等颗粒物组成的气溶胶系统造成视觉障碍的过饱和蒸汽凝结和凝聚而成的液雾叫霾；

烟是由固体微粒和液滴所组成的非均匀系，包括雾尘和炱，粒径为 0.01~1μm。

粉尘由于粒径不同，在重力作用下，沉降特性也不同，如粒径小于 $10\mu m$ 的颗粒可以长期飘浮在空中，称为飘尘，其中 $10 \sim 0.25\mu m$ 的又称为云尘，小于 $0.1\mu m$ 的称为浮尘。而粒径大于 $10\mu m$ 的颗粒，则能较快地沉降，因此称为降尘。

所有的尘对人体都有危害。细颗粒物造成的灰霾天气对人体健康的危害甚至要比沙尘暴更大。$d>10\mu m$ 颗粒物，能被挡在人的鼻子外面；d 在 $2.5 \sim 10\mu m$ 之间的颗粒物，能进入上呼吸道，部分通过痰液排出体外，对人体健康危害相对较小；$d<2.5\mu m$ 的细颗粒物，被吸入人体后会进入支气管，干扰肺部的气体交换，引发包括哮喘、支气管炎和心血管病等方面的疾病。

在欧盟国家中，$PM_{2.5}$（particulate matter ）导致人们的平均寿命减少8.6 个月。而 $PM_{2.5}$ 还可成为病毒和细菌的载体，为呼吸道传染病的传播推波助澜。

（2）粉尘分散度。各粒径粉尘所占总粉尘的百分比称为粉尘分散度，又分为质量分散度和数量分散度。质量分散度 P_m 是指各粒径粉尘的质量（mg）占粉尘的总质量（mg）的百分比。数量分散度 P_n 是指各粒径粉尘的颗粒数占粉尘颗粒数的百分比。计算公式如下：

$$P_m = \frac{m}{\sum m} \times 100\%$$

$$P_n = \frac{n}{\sum n} \times 100\%$$

式中　m——某级粒径粉尘的质量，mg；
　　　n——某级粒径粉尘的颗粒数，颗。

（3）单位体积粉尘的质量——粉尘密度。粉尘密度为单位体积粉尘的质量，单位为 kg/m^3 或 g/cm^3。按是否包含粒间空隙体积，分为真密度与假密度（表观密度），假密度与堆积状态有关；真密度——排除粉尘间空隙以纯粉尘的体积计量的密度；表观密度——包括粉尘间空隙体积和粉尘纯体积计量的密度，与堆积状态有关。

粉尘比重——指粉尘的质量与同体积水的质量之比，系无因次量。

（4）粉尘湿润性。粉尘湿润性指粉尘被水湿润的难易程度。湿润现象，是分子力作用的一种表现，水滴内部与水滴表面间的分子引力为水的表面张力，当水的表面张力小于水与固体间的分子引力时，固体容易被湿润，反之，固体则不易被湿润。依此粉尘可分为亲水性与疏水性两类。

衡量湿润性指标用湿润接触角（θ）。$\theta<60°$时，表示湿润性好，为亲水性；$\theta>90°$时，湿润性差，属于憎水性。粉尘的湿润性是湿式防尘和除尘的依据。

影响粉尘湿润性因素：粉尘成分、粒径、荷电状况及水的表面张力等因素。湿润性强的粉尘有利于湿式除尘。

（5）粉尘荷电性。粉尘荷电性指粉尘能被荷电的难易程度。悬浮空气中粉尘荷电的原因有破碎时的摩擦、粒子间撞击或放射性照射、外界离子或电子附着等。

影响荷电量大小因素有粉尘的成分、粒径、质量、温度、湿度等有关。衡量粉尘荷电性的指标：粉尘比电阻。比电阻测定采用圆板电极法测定，粉尘的比电阻的单位为 $\Omega \cdot cm$，粉尘比电阻是除尘的依据。比电阻在 $10^4 \sim 10^{11}\Omega \cdot cm$ 范围内，电除尘的效果较好。

粉尘比电阻的表达式：

$$\rho = \frac{V}{I} \times \frac{A}{d}$$

式中　ρ——粉尘的比电阻，$\Omega \cdot cm$；

　　　V——施加在粉尘层上的电压，V；

　　　I——通过粉尘层的电流，A；

　　　A——粉尘层的面积，cm^2；

　　　d——粉尘层的厚度，cm。

（6）粉尘的比表面积。单位质量粉尘的总表面积称为比表面积（m^2/kg）。比表面积与粒径成反比，粒径越小，比表面积越大。比表面积增大，强化了表面活性。它对粉尘的湿润、凝聚、附着以及燃烧和爆炸等性质都有明显的影响。

（7）爆炸性。能发生爆炸的粉尘称为可爆尘。井下具有爆炸性的粉尘主要是硫化粉尘和煤尘。粉尘爆炸能产生高温、高压，同时生成大量的有毒有害气体，对安全生产有极大的危害，应注意采取防爆、隔爆措施。

11.2 除尘设备

所谓除尘，就是利用一定的外力作用使粉尘从空气中分离出来，它是一个物理过程，使粉尘从空气中分离的作用力主要有：机械力、重力、离心力和惯性力。

评价除尘器工作性能的指标称为除尘器的评定指标，主要有除尘效率、阻力、经济性等。

除尘效率（η）系指除尘器捕集下来的粉尘量与进入除尘器的粉尘量之比，根据总除尘效率，除尘器可分为低效除尘器（50%~80%）、中效除尘器（80%~95%）和高效除尘器（95%以上）。

阻力是指表示气流通过除尘器时的压力损失。按阻力大小，除尘器可分为低阻除尘器（$\Delta p < 500Pa$）、中阻除尘器（$\Delta p = 500 \sim 2000Pa$）和高阻除尘器（$\Delta p = 2000 \sim 20000Pa$）。

经济性是评定除尘器的重要指标之一，它包括除尘器的设备费和运行维护费两部分。在各种除尘器中，以电除尘器的设备费最高，袋式除尘器次之，文氏管除尘器、旋风除尘器最低。

除尘器除尘的机理：

（1）阻留作用，包括介质的筛滤作用、尘气绕流的接触阻留作用和扩散接触阻留作用；

（2）凝聚作用，通过加湿、蒸汽凝结、超声波等作用，使细尘粒凝聚而从空气中分离；

（3）静电力，利用静电力使带电尘粒从空气中分离；

（4）扩散，在含尘气流中，有些很微细的尘粒（粒径小于 $0.3\mu m$ 的粉尘），像气体分子一样做布朗运动，这就增加了与集尘物体表面接触或碰撞的机会，使尘粒被捕获。

根据除尘机理常将除尘器分为四大类：机械式除尘器、过滤式除尘器、湿式除尘器和电除尘器（表 11-1）。

据净化要求不同，净化分为：（1）粗净化，多为第一级净化；（2）中净化，用于通风除尘系统，净化后浓度不超过 $200mg/m^3$；（3）细净化：净化后浓度不大于 $1\sim2mg/m^3$；

（4）超净化：1μm以下，用于清洁度要求较高的洁净房间，净化后的空气含尘浓度视工艺要求而定。

表 11-1　除尘设备分类

类　别	作用原理	设　备
机械式	惯性力	重力沉降室 旋风除尘器
湿式	水流冲洗	水膜除尘器
过滤式	过滤介质捕集	布袋除尘器
电除式	静电力	静电除尘器

11.2.1 重力沉降室除尘器

11.2.1.1 粉尘重力沉降原理

重力沉降室是通过重力使尘粒从气流中分离的，图 11-1 所示为一水平气流重力沉降室，其基本结构是一根底部设有贮灰斗的长形管道。含尘气体在风机作用下进入沉降室，由于沉降室内气流通过的横截面突然增大，使得含尘气体在沉降室内的流速比输送管道内的流速小得多。开始时尽管尘粒和气流具有相同的速度，但气流中质量和粒径较大的尘粒在重力场作用下，获得较大的沉降速度，经过一段时间后，尘粒降落至室底，从气流中分离出来，从而达到除尘的目的。尘粒的受力分析见图 11-1。

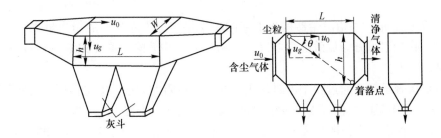

图 11-1　沉降室内气流与尘粒的运动

尘粒的运动由两个分速度组成，一个是在气流流动方向尘粒和气流具有的相同的水平速度 u_0；另一个是垂直于气流流动方向，每个尘粒以其沉降速度 u_g 独立沉降。同时如果忽略含尘气体的浮力，而仅考虑重力和气体阻力的作用，则只要尘粒能在气流通过沉降室的时间内降至底部，就可以从气流中完全分离出来。气流通过沉降室的时间必须大于等于尘粒从沉降室顶部降至底部所需要的时间。这是沉降室设计的基本要求，即

$$\frac{L_3}{u_0} \geqslant \frac{h}{u_g}$$

11.2.1.2 重力沉降室的结构

重力沉降室的结构一般可分为水平气流沉降室和垂直气流沉降室两种。如图 11-2 所示，水平气流沉降室在实际运动时，都要在室内加设各种挡尘板，以提高除尘效率。研究

发现，用人字形挡板和平行隔板结构形式的除尘效率较高，这是因为人字形挡板能使刚进入沉降室的气体很快扩散并均匀地充满整个沉降室，而平行隔板可减少沉降室的高度，使粉尘降落的时间减少，致使相同沉降室的除尘效率比一般沉降室提高15%左右。沉降室也可用喷水来提高除尘效率。

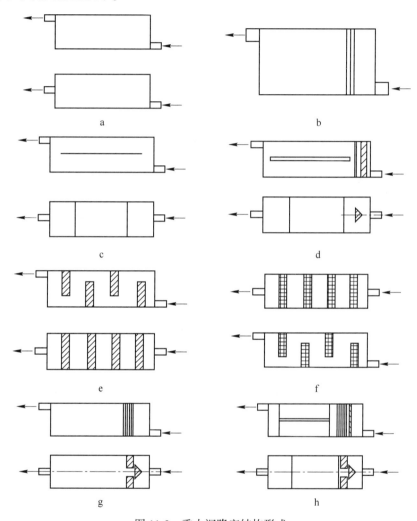

图 11-2　重力沉降室结构形式

a—空沉降室；b—人字形挡墙；c—平行隔板；d—人字形挡板+平行隔板；e—垂直形挡墙；
f—水平形挡墙；g—人字形挡板+两短墙；h—人字形挡板+两短墙+水平隔板

11.2.2　惯性除尘器

11.2.2.1　惯性除尘器的工作原理与分类

利用粉尘与气体在运动中的惯性力的不同，将粉尘从气体中分离出来。一般都是在含尘气流的前方设置某种形式的障碍物，使气体的方向急剧改变。此时粉尘由于惯性力比气体大得多，尘粒便脱离气流而被分离出来，得到净化的气体在急剧改变方向后排出。

惯性除尘器是使含尘气体与挡板撞击或者急剧改变气流方向，利用惯性力分离并捕集粉尘的除尘设备。惯性除尘器亦称惰性除尘器。由于运动气流中尘粒与气体具有不同的惯性力，含尘气体急转弯或者与某种障碍物碰撞时，尘粒的运动轨迹将分离出来使气体得以净化的设备称为惯性除尘器或惰性除尘器。惯性除尘器结构示意图如图11-3所示。

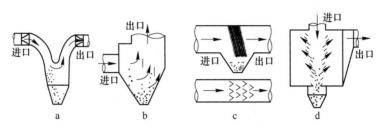

图 11-3　惯性除尘器结构示意图
a—回流式；b—钟罩式；c—百叶窗式；d—碰撞式

惯性除尘器分为碰撞式、回流式、钟罩式和百叶沉降式四种。

碰撞式惯性除尘器的特点是：用一个或几个挡板阻挡气流直线前进，在气流快速转向时，粉尘颗粒在惯性力作用下从气流中分离出来；碰撞式惯性除尘器对气流的阻力较小，但除尘效率也较低；与重力除尘器不同，碰撞式惯性除尘器要求较高的气流速度（18~20m/s），气流基本上处于紊流状态。

回流式惯性除尘器的特点是，把进气流用挡板分割成小股气流。为了使任意一股气流都有相同的较小回转半径和较大回转角，可以采用各种百叶挡板结构。

百叶挡板能提高气流急剧转折前的速度，有效地提高分离效率。但速度不宜过高，否则会引起已捕集的颗粒粉尘的二次飞扬，所以一般都选用 12~15m/s 的气流速度。百叶挡板的尺寸对分离效率也有一定影响，一般选用的挡板长度（沿气流方向）为 20mm 左右；挡板之间的距离为 3~6mm；挡板的安装斜角（与铅垂线夹角）为 30° 左右，使气流回转角为 150° 左右。

理论分析与实践均已证明，百叶窗回流式惯性除尘器的除尘效率与粉尘颗粒直径及密度，气流的回转角度、回转速度、回转半径，气体黏度等有一定的关系。例如，含尘气流进入后（图11-3），不断从百叶板间隙中流出，颗粒粉尘也不断被分离出来。但是，越往下气体流量越小，气流速度也逐渐变慢，惯性效应也随之减小，分离效率就逐渐降低。因此，若能在底部抽走 10% 的气体流量，即带有下泄气流的百叶板式分离器，将有助于提高除尘效率。此外，百叶挡板还可以做成弯曲的形状，以防止已被捕集的颗粒粉尘被气流冲刷而二次飞扬。由于采用弯曲形状的百叶挡板，使气流的路线弯弯曲曲，故可称为迷宫式惯性分离器。

百叶沉降式除尘器适用于小型立式锅炉，可直接安装在钢板卷制的烟囱上，对于粗大尘粒其除尘效率一般可达 60% 左右。百叶窗式惯性除尘器由百叶窗式拦灰栅和旋风除尘器组成，其中的百叶窗式拦灰栅主要起浓缩粉尘颗粒的作用，有圆锥形和"V"形两种形式。百叶窗式惯性除尘器也是利用气流突然改变方向，使颗粒粉尘在惯性力作用下与气体分离。

钟罩式惯性除尘器结构简单，阻力小，不需要引风机，并可直接安装在排气筒或风管上。但这种除尘器的除尘效率较低，一般仅为 50% 左右。钟罩式除尘器主要是利用碰撞和气流急速转向，使部分尘粒产生重力沉降原理设计的。从图 11-3b 可以看出，当含尘烟气由长烟管进入大截面的沉降室前，由于锥形隔烟罩的阻挡而急速改变流向，同时因为截面扩大烟气流速锐减，从而有部分烟尘受重力作用而沉降分离出来。分离出来的尘粒由沉降室下部排灰口排出。净化后的烟气由沉降室上部的烟管排入大气。

11.2.2.2 惯性除尘器的结构形式

在惯性除尘器内，主要是使气流急速转向或冲击在挡板上再急速转向，其中颗粒由于惯性效应，其运动轨迹就与气流轨迹不一样，从而使两者获得分离。气流速度高，这种惯性效应就大，所以这类除尘器的体积可以大大减少，占地面积也小，对细颗粒的分离效率也大为提高，可捕集到 $10\mu m$ 的颗粒。惯性除尘器的阻力在 600~1200Pa 之间，根据构造和工作原理，惯性除尘器的结构分为两种，即碰撞式和回流式。

（1）碰撞式除尘器。这种除尘器的特点是用一个或几个挡板阻挡气流的前进，使气流中的尘粒分离出来。该形式除尘器阻力较低，效率不高。

（2）回流式除尘器。该除尘器的特点是把进气流用挡板分割为小股气流。为使任意一股气流都有同样的较小回转半径及较大回转角，可以采用各种挡板结构，最典型的是百叶挡板。百叶挡板能提高气流急剧转折前的速度，可以有效地提高分离效率；但速度过高，会引起已捕集颗粒的二次飞扬，所以一般都选用 12~15m/s。

不同除尘方式的除尘器，其除尘效率 h 差别较大，如表 11-2 所示。

表 11-2 各类除尘器除尘效率 h

除尘方式	$h/\%$	除尘方式	$h/\%$
干式沉降	63.4	板式静电	89.7
冲击、湿法喷淋、降尘	76.1	百叶窗加电除尘	95.2
旋风	84.6	湿式文丘里除尘	96.8
玻璃纤维布袋	96.2	布袋除尘	99~99.99

11.2.3 旋风除尘器

11.2.3.1 结构与原理

旋风除尘器的结构由进气口、圆筒体、圆锥体、排气管、排尘装置组成。

当含尘气流以 12~25mm/s 速度由进气管进入布袋除尘器时，气流将由直线运动变成圆周运动。旋转气流的绝大部分沿器壁自圆筒筒体呈螺旋形向下（即外旋气流），朝锥体流动。含尘气体在旋转过程中产生离心力，将密度大于气体的尘粒甩向器壁。尘粒一旦与器壁接触，便失去惯性力而靠入口速度的动量和向下的重力沿壁面下落，进入排灰管，如图 11-4 所示。

11.2.3.2 特点

旋风除尘器的优点具体如下：

（1）结构简单，器身无运动部件，不需特殊的附属设备，占地面积小，制造、安装投资较少。

（2）操作、维护简便，压力损失中等，动力消耗不大，运转、

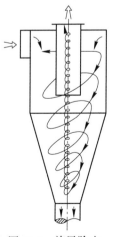

图 11-4 旋风除尘器的结构

维护费用较低。

（3）操作弹性较大，性能稳定，不受含尘气流的浓度、温度的限制。对于粉尘的物理性质无特殊要求，同时可根据工业生产的不同要求，选用不同材料制作，以提高使用寿命。

（4）阻力中等，器内无运动部件，操作维修方便等。

旋风除尘器一般用于捕集 $5\mu m$ 以上的颗粒，除尘效率可达 80% 以上，近年来经改进后的特制旋风除尘器，其除尘效率可达 85% 以上。旋风除尘器的缺点是捕集微粒小于 $5\mu m$ 的效率不高。

11.2.3.3　旋风除尘器内气流与尘粒的运动

旋转气流的绝大部分沿器壁的圆筒体，呈螺旋状由上而下向圆锥体底部运动，形成下降的外旋含尘气流，在强烈旋转过程中所产生的离心力将密度远远大于气体的尘粒甩向器壁，尘粒一旦与器壁接触，便失去惯性力而靠入口速度的动量和自身的重力沿壁面下落进入集灰斗。旋转下降的气流在到达圆锥体底部后，沿除尘器的轴心部位转而向上，形成上升的内旋气流，并由除尘器的排气管排出。

自进气口流入的另一小部分气流，则向旋风除尘器顶盖处流动，然后沿排气管外侧向下流动，当达到排气管下端时，即反转向上随上升的中心气流一同从排气管排出，分散在其中的尘粒也随同被带走。

11.2.3.4　旋风除尘器内的流场

外涡旋为沿外壁由上向下旋转运动的气流；内涡旋为沿轴心向上旋转运动的气流；涡流为由轴向速度与径向速度相互作用形成的涡流。涡流包括上涡流和下涡流。上涡流，在旋风除尘器顶盖，排气管外面与筒体内壁之间形成的局部涡流，它可降低除尘效率；下涡流，在除尘器纵向，外层及底部形成的局部涡流。

11.2.3.5　旋风除尘器的参数计算

A　临界粒径（分割粒径）

所谓临界粒径，是指使离心力 F_1 与向心气流作用力 P 相等的尘粒直径，从概率统计的观点看，这种尘粒的分离效率为 50%，因此临界直径用 d_{c50} 表示。根据 $F_1 = P$ 即可推得 d_c 的计算式。

下面简要介绍一种计算方法，以说明旋风除尘器的除尘原理。

处于外涡旋的尘粒在径向会受到两个力的作用：

（1）惯性离心力：

$$F_1 = \frac{p}{6}d_c^3 r_c v_t^2 / r$$

式中　v_t——尘粒的切线速度，可以近似认为等于该点气流的切线速度，m/s；

　　　r——旋转半径，m。

（2）向心运动的气流给予尘粒的作用力：

$$P = 3pmwd_c$$

式中　w——气流与尘粒在径向的相对运动速度，m/s。

这两个力方向相反，因此作用在尘粒上的合力：

$$F = F_1 - P = \frac{p}{6}d_c^3 r_c v_t^2 / r - 3pmwd_c \qquad (11\text{-}1)$$

由于粒径分布是连续的，必定存在某个临界粒径 d_k 作用在该尘粒上的合力之和恰好为零，即 $F = F_1 - P = 0$。这就是说，惯性离心力的向外推移作用与径向气流造成的向内飘移作用恰好相等。对于粒径 $d_c > d_k$ 的尘粒，因 $F_1 > P$，尘粒会在惯性离心力推动下移向外壁。对于 $d_c < d_k$ 的尘粒，因 $F_1 < P$，尘粒会在向心气流推动下进入内涡旋。如果假想在旋风除尘器内有一张孔径为 d_k 的筛网在起筛分作用，粒径 $d_c > d_k$ 的被截留在筛网一面，$d_c < d_k$ 的则通过筛网排出。那么筛网置于什么位置呢？在内、外涡旋交界面上切向速度最大，尘粒在该处所受到的惯性离心力也最大，因此可以设想筛网的位置应位于内、外涡旋交界面上。对于粒径为 d_k 的尘粒，因 $F_1 = P$，它将在交界面不停地旋转。实际上由于气流紊流等因素的影响，从概率统计的观点看，处于这种状态的尘粒有 50% 的可能被捕集，有 50% 的可能进入内涡旋，这种尘粒的分离效率为 50%，因此 $d_c = d_k$。根据公式 11-1，在内、外涡旋交界面上，当 $F_1 = P$ 时：

$$\frac{p}{6}d_{c50}^3 r_c v_{0t}^2 / r_0 = 3pmw_0 d_{c50} \qquad (11\text{-}2)$$

旋风除尘器的分割粒径：

$$d_{c50} = \sqrt{\frac{18mw_0 r_0}{rv_0}} \qquad (11\text{-}3)$$

式中　r_0——交界面的半径，m；

　　　w_0——交界面上的气流径向速度，m/s；

　　　v_0——交界面上的气流切向速度，m/s。

应当指出，粉尘在旋风除尘器内的分离过程是很复杂的，上述计算方法具有某些不足之处。例如它只是分析单个尘粒在除尘器内的运动，没有考虑尘粒相互间碰撞及局部涡流对尘粒分离的影响。由于尘粒之间的碰撞，粗大尘粒向外壁移动时，会带着细小的尘粒一起运动，结果有些理论上不能捕集的细小尘粒也会一起除下。相反，由于局部涡流和轴向气流的影响，有些理论上应被除下的粗大尘粒却被卷入内涡旋，排出除尘器。另外有些已分离的尘粒，在下落过程中也会重新被气流带走。外涡旋气流在锥体底部旋转向上时，会带走部分已分离的尘粒，这种现象称为返混。因此理论计算的结果和实际情况仍有一定差别。

B　除尘效率计算

根据除尘器的分级效率计算式，通过积分即可求出除尘器的总效率。

质量计算法——收尘效率是评价除尘器除尘效果的主要指标。它是指除尘器收集到的总粉尘量与进入收尘器的总粉尘量之比，以百分数表示。除尘器出口的空气含尘浓度单位为 g/m³。

$$\eta = \frac{G_1 - G_2}{G_1} \qquad (11\text{-}4)$$

式中　η——除尘效率；

　　　G_1——进入除尘器的粉尘总质量；

　　　G_2——除尘器出口的粉尘总质量。

浓度计算法——如果除尘器结构严密, 无漏风, 除尘器入口风量与排气口风量相等, 均为 Q, 则:

$$\eta = \frac{Qy_1 - Qy_2}{Qy_1} \tag{11-5}$$

式中　Q——除尘器处理的空气量, m^3/s;

　　　y_1——除尘器进口的空气含尘浓度, g/m^3;

　　　y_2——除尘器出口的空气含尘浓度, g/m^3。

C　阻力计算

按局部阻力计算式计算。由于气流运动的复杂性, 旋风除尘器阻力目前还难于用公式计算, 一般要通过试验或现场实测确定。

旋风除尘器的阻力:

$$\Delta P = \xi \frac{u^2}{2} r \tag{11-6}$$

式中　ξ——局部阻力系数, 通过实测求得;

　　　u——进口速度, m/s;

　　　r——气体的密度, kg/m^3。

11.2.3.6　影响旋风除尘器性能的因素

进口速度 u 提高, 则 d_{c50} 下降, η 提高, ΔP 提高, 但 u 过大, 二次扬尘增加, 一般 $u = 12 \sim 25m/s$。降低筒体直径 D, 则 η 提高, 一般 $D \leq 0.8m$; 降低排气口的管径 D_p, 则 η 提高, 一般 $D_p = (0.5 \sim 0.6)D$。

筒体和锥体总高度 $H = 5D$ 为宜, 长锥体可提高效率。除尘器下部的严密性, 渗入外部空气, 可使效率显著下降。

运行参数改变的影响: 处理风量、气温 (气体黏度)、粉尘密度等参数的变化, 都影响除尘器的效率, 通过实验结果可确定变化关系。

11.2.3.7　旋风除尘器类型

多管式旋风除尘器: 由若干个并联的旋风子组合在一个壳体内的除尘设备, 具有处理风量大、除尘效率较高的特点。

旁路式旋风除尘器: 设有旁路分离室, 利用上旋涡分离粉尘, 从而提高除尘效率。为了使除尘器顶部空间形成明显的上旋涡, 进气口上沿离顶盖要相距一定的距离。

锥体弯曲的水平旋风除尘器: 可节省占地面积, 简化管路系统。进口速度较大时, 除尘效率与立式的相差不大, 主要用于中小型锅炉的烟气除尘。

扩散式旋风除尘器: 它是一种具有呈倒锥体形状的锥体, 并在锥体的底部装有反射屏的旋风除尘器, 反射屏可防止上升气流卷起粉尘, 从而提高除尘效率。

11.2.4　湿式除尘器

湿式除尘器的除尘机理可概括为两个方面: 一方面是尘粒与水接触时直接被水捕获; 另一方面是尘粒在水的作用下凝聚性增加。这两种作用而使粉尘从空气中分离出来, 如图 11-5 所示。

水与含尘气流的接触主要有水滴、水膜和气泡三种形式。

使尘粒与水接触的作用机理主要有惯性碰撞、截留和扩散。

湿式除尘的优点在于可同时除尘和除有害气体，结构简单，造价低，能处理湿度大、温度高的气体。主要缺点在于能耗大，耗水量大，有废液、泥浆处理问题，在寒冷地区使用需防冻。

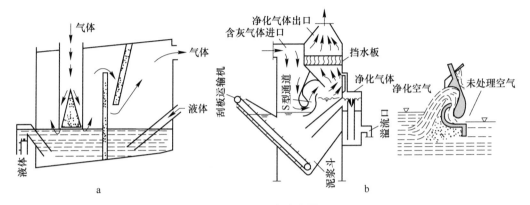

图 11-5 湿式除尘器

a—水浴除尘器；b—冲击式除尘器

11.2.5 过滤式除尘器

11.2.5.1 袋式除尘器的除尘机理

主要依靠滤料表面形成的粉尘初层和集尘层进行过滤作用，它通过以下几种效应捕集粉尘。

(1) 筛滤效应：当粉尘的粒径比滤料空隙或滤料上的初层孔隙大时，粉尘便被捕集下来。

(2) 惯性碰撞效应：含尘气体流过滤料时，尘粒在惯性力作用下与滤料碰撞而被捕集。

(3) 扩散效应：微细粉尘由于布朗运动与滤料接触而被捕集。

11.2.5.2 袋式除尘器的性能参数

A 除尘效率

袋式除尘器的除尘效率与滤料表面的粉尘层有关，滤料表面的粉尘初始层比滤料起着更重要的捕集作用，以滤料在不同运行状态下的分级除尘效率变化曲线即可看出这个结论，由于过滤过程复杂，难于从理论上求得袋式除尘器的除尘效率计算式。

B 过滤风速

单位时间通过每平方米滤料表面积的空气体积即为过滤风速，其单位为 $m^3/(m^2 \cdot min)$。

过滤风速对除尘器的性能有很大的影响。过滤风速增大，过滤阻力增大，除尘效率下降，滤袋寿命降低；在低的过滤风速的情况下，阻力低，效率高，但需设备尺寸增大。

一般要求，细粉尘的过滤风速要比粗粉尘的低，大除尘器的过滤风速要比小除尘器的低。

C   阻力

袋式除尘器的阻力（ΔP）由除尘器的结构阻力（ΔP_g）、滤料阻力（ΔP_0）和粉尘层阻力（ΔP_c）三部分组成，即：$\Delta P = \Delta P_g + \Delta P_0 + \Delta P_c$

结构阻力也称为机械阻力，它与设备的进出口及内部通道有关。在正常过滤速度下，该项阻力一般为 200~500Pa。

滤料阻力是指过滤粉尘前清洁滤料的阻力（Pa），它与过滤风速 v_F（$m^3/(m^2 \cdot min)$，化简后 m/min）、空气动力黏度 μ(Pa·s) 成正比，即

$$\Delta P_0 = \frac{\xi_o m v_F}{60}$$

式中，ξ_o 为滤料的阻力系数，m^{-1}。

粉尘层阻力 ΔP_c（Pa）影响的因素较多，它与过滤风速 v_F、空气动力黏度 μ、粉尘层厚度 d_c、粉尘密度 r_c 成正比，即

$$\Delta P_c = \alpha_m \delta_c \rho_c \cdot \mu v_F / 60$$

式中，α_m 为粉尘层的平均比阻，m/kg，它随粉尘粒径、真密度及粉尘层内部空隙率的减小而增加。

11.2.5.3 袋式除尘器的基本结构

A   清灰方式

常用有以下几种清灰方式：

（1）机械清灰。这是一种最简单的方式，包括人工振打、机械振打、高频振荡等。清灰时，振打方式有水平振打、垂直振打和快速振动。机械清灰简单，但振动分布不均匀，过滤风速低，对滤袋损害较大。

（2）逆气流清灰。采用室外或循环空气以与含尘气流相反的方向通过滤袋，滤袋上的尘块脱落，掉入灰斗中。逆气流清灰有两种工作方式：反吹风清灰和反吸风清灰，前者以正压将气流吹入滤袋，后者则是以负压将气流吸出滤袋。

（3）脉冲喷吹清灰。它以压缩空气通过文氏管诱导周围的空气在极短的时间内喷入滤袋，使滤袋产生脉冲膨胀振动，同时在逆气流的作用下，滤袋上的粉尘被剥落掉入灰斗。这种方式的清灰强度大，可以在过滤工作状态下进行清灰，允许的过滤风速高。

（4）声波清灰。它是采用声波发生器使滤料产生附加的振动而进行清灰的。

B   含尘气流进入滤袋的方向

含尘气流进入滤袋的方向有向外式和向内式。前者含尘气流首先进入滤袋内部，由内向外过滤，粉尘积于滤袋内表面。向外式的滤袋外部为干净气体侧，便于检查和换袋。向内式的含尘气流由滤袋外部通过滤料进入滤袋内，净化后的气体由袋内排出。向内式适用于脉冲喷吹和高压气流反吹的袋式除尘器。

C   除尘器内的压力

除尘器内的压力有负压式和正压式，前者的除尘系统中风机置于除尘器的后面，使除尘器处于负压，含尘气流被吸入除尘器中进行净化。这种方式的特点是进入风机的气流是已经净化的气流可以防止风机被磨损，正压式的除尘系统中风机置于除尘器的前面，除尘器在正压下工作。正压式的特点是管道布置紧凑，对外壳结构的强度要求不高，但风机易磨损，不适用于浓度高、颗粒粗、硬度大、磨损性强的粉尘。

（1）进气口位置：有下进风式和上进风式。前者的含尘气流由除尘器下部、灰斗部分进入除尘器内。该方式除尘器结构简单，但气流方向与粉尘下落方向相反，容易使部分细粉尘返回滤袋表面上，降低清灰效果，设备阻力增加。上进风式的含尘气流由除尘器上部进入除尘器内。该方式的气流与粉尘下落方向一致，下降的气流有助于清灰，设备阻力可降低15%~30%，除尘效率也有所提高。

（2）滤料：要求滤料耐温，耐腐，耐磨，有足够的机械强度，除尘效率高，阻力低，使用寿命长，成本低等。

D　常用袋式除尘器类型

（1）简易清灰袋式除尘器：特点是效率高，性能稳定，结构简单，投资省，对滤料要求不高，维修量少，滤袋寿命长，但过滤风速低。

（2）大气反吹和振动联合清灰袋式除尘器：将风机反转，在负压作用下形成反吹，在弹簧作用下产生微振动，使粉尘脱落。

（3）回转反吹袋式除尘器：滤袋为扁袋形，按圆形辐射状布置，由反吹风机提供反吹空气，通过旋臂进行反吹。

（4）脉冲喷吹袋式除尘器：由压缩空气反吹，含尘气流的运动方向为向内式，粉尘阻留在袋外。

11.2.6　静电除尘器

11.2.6.1　静电除尘器的原理

在正、负电极之间形成高压电场，使空气电离，当含尘气体通过电场时，粉尘被荷电，从而使尘粒向集尘极运动并沉积于集尘极上，使气体得到净化。其除尘原理如图11-6所示。

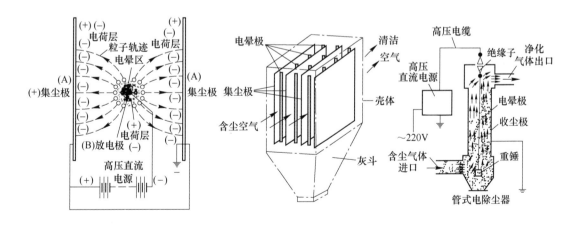

图11-6　静电除尘器的结构与类型

驱进速度：尘粒在静电力的作用下向集尘板运动的速度。

尘粒静电力：$F = q \cdot E_j$。

尘粒横向运动阻力：$P = pmd_c W$。

驱进速度：$W = \dfrac{qE_j}{3pmd_c}$。

11.2.6.2　静电除尘器性能参数计算

理论驱进速度：当粉尘所受的静电力与空气阻力相等时，粉尘的横向运动速度即为理论驱进速度。

粉尘所受的静电力为：$P_e = q \cdot E$，其中 q 为粉尘所带的电荷量，E 为电场强度。

粉尘在横向运动所受的空气阻力为：$P_r = 3pmW \cdot d_c$，其中 μ 为空气动力黏度，d_c 为粉尘直径，W 即为理论驱进速度。

根据定义，$P_e = P_r$，即得理论驱进速度的计算式为：$W = qE/(3\pi\mu d_c)$。

11.2.6.3　除尘效率计算

对一定的电除尘器，通过试验测出其效率 η_o，其处理量为 L_o，设除尘器的总集尘面积为 A_o，则效率公式为：$\eta = 1 - \exp(-A \cdot W/L)$。

11.2.6.4　影响电除尘效果的因素

（1）粉尘的比电阻：比电阻在 $10^4 \sim 10^{11}\,\Omega \cdot cm$ 之间的粉尘，电除尘效果好。当粉尘比电阻小于 $10^4\,\Omega \cdot cm$ 时，由于粉尘导电性能好，到达集尘极后，释放负电荷的时间快，容易感应出与集尘极同性的正电荷，由于同性相斥而使"粉尘形成沿极板表面跳动前进"，降低除尘效率。当粉尘比电阻大于 $10^{11}\,\Omega \cdot cm$ 时，粉尘释放负电荷慢，粉尘层内形成较强的电场强度而使粉尘空隙中的空气电离，出现反电晕现象。正离子向负极运动过程中与负离子中和，而使除尘效率下降。影响比电阻的因素有烟气的温度和湿度。

（2）气体含尘浓度：粉尘浓度过高，粉尘阻挡离子运动，电晕电流降低，严重时为零，出现电晕闭塞，除尘效果急剧恶化。

（3）气流速度：随气流速度的增大，除尘效率降低，其原因是，风速增大，粉尘在除尘器内停留的时间缩短，荷电的机会降低。同时，风速增大二次扬尘量也增大。

复习思考题

11-1　简述除尘的目的与意义。

11-2　粉尘具有哪些典型特性？

11-3　除尘效果取决于哪些方面的影响？使粉尘从空气中分离的作用力有哪些？

11-4　什么叫飘尘、云尘、降尘？粉尘对人体的危害包括哪些方面？

11-5　除尘器的评定指标有哪些？

11-6　根据除尘机理常将除尘器分为哪四大类？耐火材料厂应该用哪种除尘器最好？

参 考 文 献

[1] 张庆今. 无机非金属材料工业机械与设备 [M]. 广州：华南理工大学出版社，2011.

[2] 刘胜利. 矿山机械 [M]. 北京：煤炭工业出版社，2014.

[3] 刘树英. 破碎粉磨机械设计 [M]. 沈阳：东北大学出版社，2001.

[4] 姜金宁. 硅酸盐工业热工过程及设备 [M]. 北京：冶金工业出版社，1994.

[5] 郎宝贤，郎世平. 破碎机 [M]. 北京：冶金工业出版社，2008.

[6] 励世鳌. 电瓷生产机械设备 [M]. 北京：机械工业出版社，1983.

[7] 蒋文忠. 炭素机械设备 [M]. 北京：冶金工业出版社，2010.

[8] 徐小荷，余静. 岩石破碎学 [M]. 北京：煤炭工业出版社，1984.

[9] 邢雪阳. 粒子冲击高效破碎岩石理论与技术 [M]. 青岛：中国海洋大学出版社，2020.

[10] 李楠，顾化志，赵惠忠. 耐火材料学 [M]. 2 版. 北京：冶金工业出版社，2022.

[11] 李红霞. 耐火材料手册 [M]. 2 版. 北京：冶金工业出版社，2021.

[12] EVERTSSON C M. Cone Crusher Performance [M]. Sweden：Machine & Vehicle Design Chalmers University of Technology GÖTEBORG, 2000.

[13] 李爱莲，岳峰. 基于 STM 32 的液压圆锥破碎机的智能控制 [J]. 矿山机械，2012，40（8）：68-73.

[14] 赵书玲，吴银凤，李钟侠. 模糊仿人智能控制在圆锥破碎机控制中的应用 [J]. 金属矿山，2005，343（1）：51-52, 70.

[15] 樊碧波. 圆锥破碎机智能给料技术的研究与实践 [J]. 工程技术，2017，51：96, 98.

[16] 刘基博，张子扬. 球磨机装球量的准确计算 [J]. 矿山机械，2014，42（8）：87-90.

[17] 侯庆慈，王为国，黄永辉. 高速保温造粒混合机：ZL92216003. 1 [P]. 1993-05-26.

[18] 郭世林，莫家永，黄维，等. 一种生产色母用的高速加热混合机：CN216682855U [P]. 2022-06-07.

[19] 王新国，谢良水，翟林峰. 一种材料混合用高速混炼机：CN209718315U，[P]. 2019-12-03.

[20] 李献明. 一种耐火材料生产用高速混合机：CN211514361U [P]. 2020-09-18.

[21] 王东明，宋俊青，李兴玉. 一种行星式轮碾混合机：CN202751963U [P]. 2013-02-27.

[22] 廖振中. 行星式新型搅拌机的应用 [J]. 技术与装备，2007，4：65-67.

[23] 刘业，刘同亮. 湿碾机：CN214974465U [P]. 2021-12-03.

[24] 徐纪兴. 双盘摩擦压砖机的计算与设计 [J]. 鞍钢技术，1989，171（9）：22-31.

[25] 朱元胜，张元良，尤新，等. 电动螺旋压砖机：CN103419273A [P]. 2013-12-04.

[26] 王英俊，张宝裕，黄骁民，等. 圆锥破碎机排料口尺寸智能调整方法、装置及可读介质：CN114768922A [P]. 2022-07-22.

[27] 张国旺. 破碎粉磨设备的现状及发展 [J]. 粉体技术，1998，4（3）：37-42.

[28] 侯英，印万忠，丁亚卓，等. 不同破碎方式下产品磨矿特性的对比研究 [J]. 有色金属（选矿部分），2014，1：5-8, 34.

[29] 王春旭. 选煤厂破碎及破碎机械的性能分析 [J]. 价值工程，2011，4：23.

[30] 陈瑶. 颚式破碎机内物料破碎机理及破碎功耗研究 [D]. 太原：太原理工大学，2016.

[31] Khaled Ali. Abuhasel. Simulation of energy consumption in jaw crusher using artificial intelligence models [J]. Renewable Energies and Power Quality , 2022，20（9）：67-72.

[32] SINHA R S, MUKHOPADHYAY A K. Failure rate analysis of jaw crusher using Weibull model [J]. Journal of Process Mechanical Engineering, Part E, 2016，231（4）：760- 772.

[33] JOHANSSON M, QUIST J, EVERTSSON M, et al. Cone crusher performance evaluation using DEM simulations and laboratory experiments for model validation [C]. Sweden：10th International Comminution

Symposium, 2018: 1-14.

[34] LICHTER J, LIM K, POTAPOV A, et al. New developments in cone crusher performance optimization [J]. Minerals Engineering, 2009, 22 (8): 613-617.

[35] CUMMINS S, DELANEY G, MORRISON R, et al. Analysis of cone crusher performance with changes in material properties and operating conditions using DEM [J]. Minerals Engineering, 2017, 100: 49-70.

[36] DOROSZUK B, KROL R, et al. Industry scale optimization: Hammer crusher and DEM simulations [J]. Minerals, 2022, 12 (2): 1-20.

[37] NIKOLOV S. A performance model for impact crushers [J]. Minerals Engineering, 2022, 15: 715-721.

[38] Emerson Reikdal da Cunha, Rodrigo M. de Carvalho, Luís Marcelo Tavares. Simulation of solids flow and energy transfer in a vertical shaft impact crusher using DEM [J]. Minerals Engineering, 2013, 43: 85-90.

[39] BENGTSSON M, EVERTSSON C M. Measuring characteristics of aggregate material from vertical shaft impact crushers [J]. Minerals Engineering, 2006, 19 (15): 1479-1486.

[40] HESSE M., LIEBERWIRTH H., HILLMANN P. Dynamics in double roll crushers [J]. Minerals Engineering, 2017, 103: 60-66.

[41] TAVARES L M. A review of advanced ball mill modelling [J]. KONA Powder and Particle Journal, 2017, 34: 106-124.

[42] BARABASH V M, ABIEV R Sh, KULOV N N. Theory and practice of mixing: A review [J]. Theoretical Foundations of Chemical Engineering, 2018, 52: 473-487.